"十二五"职业教育国家规划教材
经全国职业教育教材审定委员会审定

INDUSTRY AND INFORMATION TECHNOLOGY TRAINING PLANNING MATERIALS
TECHNICAL AND VOCATIONAL EDUCATION

工业和信息化人才培养规划教材 高职高专计算机系列

Visual Basic 程序设计（第4版）

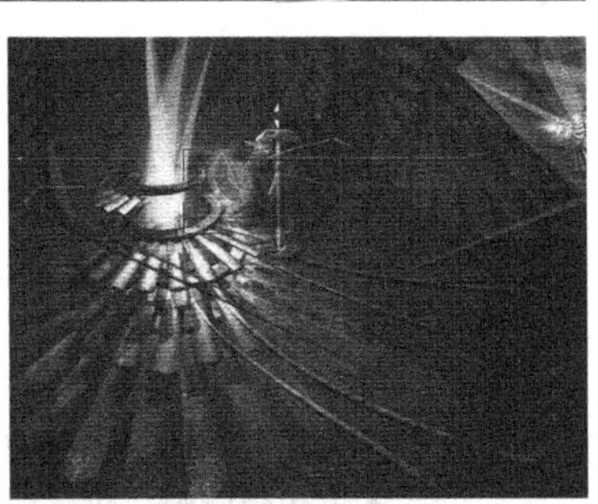

Visual Basic Programming

吴昌平 ◎ 主编

人民邮电出版社
北京

图书在版编目（CIP）数据

Visual Basic程序设计 / 吴昌平主编. -- 4版. -- 北京 : 人民邮电出版社, 2014.10
工业和信息化人才培养规划教材. 高职高专计算机系列
ISBN 978-7-115-34621-6

Ⅰ. ①V… Ⅱ. ①吴… Ⅲ. ①BASIC语言－程序设计－高等职业教育－教材 Ⅳ. ①TP312

中国版本图书馆CIP数据核字(2014)第029288号

内容提要

本书以 Visual Basic 6.0（简称 VB 6.0）为背景，由浅入深、循序渐进地介绍高级语言程序设计、面向对象方法和可视化编程技术，主要内容包括 VB 概述、数据与表达式、简单 VB 程序设计、选择结构、循环结构、常用控件与多窗体、数组、过程、文件、高级界面设计、图形操作、VB 数据库开发、VB 多媒体应用、ActiveX 控件、综合应用——进销存管理系统，以及 13 项 VB 实训内容。

本书逻辑清晰，讲解简明透彻，编程实例丰富。每章后面有大量的习题，最后通过 13 个分模块的实训项目和一个综合应用实例，详细介绍了 VB 的开发过程及实现方法，以提高学生的工程实践能力。

本书适合作为高职高专 Visual Basic 相关课程的教材，也可供计算机爱好者自学使用。

◆ 主　　编　吴昌平
责任编辑　桑　珊
责任印制　杨林杰

◆ 人民邮电出版社出版发行　　北京市丰台区成寿寺路 11 号
邮编　100164　　电子邮件　315@ptpress.com.cn
网址　http://www.ptpress.com.cn
北京天宇星印刷厂印刷

◆ 开本：787×1092　1/16
印张：14.75　　2014 年 10 月第 4 版
字数：374 千字　　2024 年 8 月北京第 18 次印刷

定价：35.00 元

读者服务热线：(010)81055256　印装质量热线：(010)81055316
反盗版热线：(010)81055315

第4版 前言 PREFACE

Visual Basic 6.0 是美国 Microsoft 公司推出的基于窗口的可视化程序设计语言。它既继承了其先辈 BASIC 语言易学、易用的优点，又引入了面向对象的机制和可视化的设计方法，极大地降低了开发 Windows 应用程序的难度，使程序开发的效率大大提高，成为最流行的可视化编程工具之一。《Visual Basic 程序设计》属于教育部提出的非计算机专业的 3 个层次课程体系中的第 2 个层次课程，为非计算机专业程序设计的基础课程。

本书立足于培养学生的逻辑思维能力和动手编程能力，着重介绍程序设计的基本思想，以及程序设计的方法和手段。学习完本书内容后，应该对计算机软件和程序设计的基本思想、基本理论、方法和手段有初步的理解和掌握，能编写小型的程序或软件，能根据自身专业和所处行业的实际情况，应用所学知识将工作中遇到的问题用计算机程序处理。

本书自 2002 年 8 月首次出版以来，受到了广大读者的欢迎，被评为普通高等教育“十一五”国家级规划教材以及“十二五”职业教育国家级规划教材。此次修订在第 3 版的基础上更新了部分例题。本书系统以 VB 6.0、Access 2003 数据库为编程环境，使用 SQL 语句查询，ADO 显示数据库内容等技术，通过可行性分析、需求分析、系统设计，逐步将一个进销存管理系统的开发过程呈现出来。通过本系统的介绍，把主要知识点串起来并落脚到应用上。综合应用系统本着简单、方便的原则，既在功能上满足最基本的用户需求，又力求操作简便、易学。

本书讲授面向对象程序设计的基本概念、基本方法和基本功能，力求把界面设计、语言语法和程序算法三者有机地结合在一起。为此，我们对本书的体系结构做了精心的设计，以培养技术应用能力为主线，设计学生的知识、能力、素质结构，内容分为基础、进阶、提高和拓展 4 个层次。第 1 层次学习概述、数据与表达式、简单程序设计、选择结构和循环结构；第 2 层次学习常用控件与多窗体、数组和过程；第 3 层次学习文件、高级界面设计和图形操作；第 4 层次学习数据库开发、多媒体应用、Active 控件和综合应用。本书内容编写上做到难点分散、循序渐进，由浅入深；讲述上大多从直观易懂的实例入手，使读者更加容易理解；实例选择上做到典型、实用、连贯、可演示。

本书课程内容层次关系图如下：

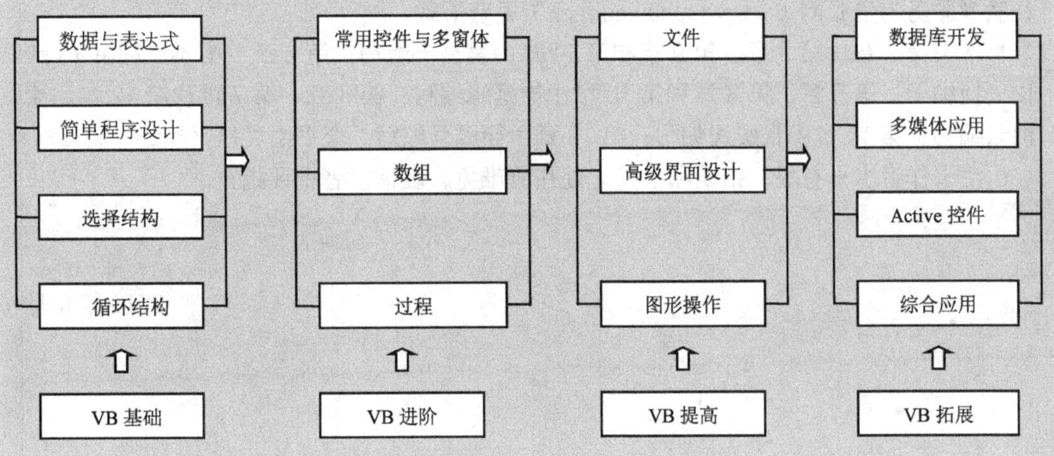

上机操作练习是学习程序设计语言的一个重要环节。让学生完成一定数量的实训非常重要。本书提供了 13 个实训项目供参考。

针对不同的专业，学时和教学内容可做适当的调整。本书建议学时为 60～80，具体安排建议如下表所示，实训学时数不少于理论学时数。

序号	内容		学时分配		
			小计	讲课	实训
1	基础	概述	4	2	2
2		数据与表达式	4	2	2
3		简单程序设计	4	2	2
4		选择结构	6	3	3
5		循环结构	8	4	4
6	进阶	常用控件与多窗体	6	3	3
7		数组	6	3	3
8		过程	6	3	3
9	提高	文件	4	2	2
10		高级界面设计	6	2	4
11		图形操作	4	2	2
12	拓展	数据库开发	4	2	2
13		多媒体应用	4	2	2
14		Active 控件	4	2	2
15		综合应用	2	0	2
合计			72	34	38

本书配套实验指导教材为《Visual Basic 程序设计实验指导(第 4 版)》(作者李作纬)，内容包括 20 个单项实验、1 个综合实验实例和 2 个综合实验题。实验指导教材紧密围绕本书的教学思路，精心设计了有代表性的实验内容，并通过大量实例丰富、补充了本书的内容。本书配套 PPT 课件、配套习题、习题答案等教学辅助资源可登录人民邮电出版社教学服务与资源网（www.ptpedu.com.cn）免费下载。

本书第 1 章、第 3 章、第 9 章和第 14 章由吴昌平编写；第 2 章、第 4 章和第 13 章由刘捷编写；第 5 章、第 8 章和第 10 章由徐延峰编写；第 6 章、第 7 章和第 12 章由徐海云编写；第 11 章由张媛媛编写；第 15 章由徐成强编写。全书由吴昌平统编。

由于作者水平有限，错误和不妥之处在所难免，敬请读者批评指正。

编　者

2014 年 6 月

目 录 CONTENTS

第4章 选择结构 45

第5章 循环结构 57

第6章 常用控件与多窗体 71

第7章 数组 91

第 8 章 过程 103

第 9 章 文件 118

第 10 章 高级界面设计 126

第 11 章　图形操作　151

第 12 章　VB 数据库开发　161

第 13 章　VB 多媒体应用　177

第 14 章　ActiveX 控件　188

第 15 章　综合应用——进销存管理系统　192

VB 实训 218

PART 1 第1章 概述

Visual Basic（简称 VB）是一种功能强大的新一代高级程序设计语言。本章介绍程序设计语言的基础知识、VB 集成开发环境，通过一个简单的实例说明设计 VB 应用程序的步骤，最后阐述面向对象程序设计的一些重要概念。

1.1 程序设计语言与程序设计

人们想用计算机解决一个问题，必须事先设计好计算机处理信息的步骤，把这些步骤用计算机能够识别的指令编写出来，并送入计算机执行，计算机才能按照人的意图完成指定的工作。我们把计算机能执行的指令序列称为程序，而编写程序的过程称为程序设计。

那么计算机能识别什么指令呢？这就涉及了程序设计语言。在人类社会中，人与人之间使用“语言”交流思想，如用汉语、英语等，而人与计算机交流使用的是“程序设计语言”。同人类语言一样，程序设计语言也是由字、词和语法规则构成的一个系统。从计算机执行的角度来看，程序设计语言通常分为机器语言、汇编语言和高级语言 3 种。

机器语言用二进制代码 0 和 1 来表示计算机可直接执行的指令，每条指令让计算机执行一个简单的动作。对人来讲，机器语言非常难懂，但计算机却能直接理解、执行它。计算机之所以能够识别机器语言，是因为设计计算机时，在电路上做了相应的设置。汇编语言以约定的助记符来表示机器指令，每一条汇编指令基本上与一条机器指令相对应。与机器语言相比，汇编语言比较直观，用汇编语言编写的程序经过简单的翻译就可以被机器执行。需要指出的是，机器语言、汇编语言（人们称之为低级语言）是面向机器的，即不同类型的计算机有不同的机器语言和汇编语言，它们的特点是程序执行速度快、效率高。但是，程序员必须熟悉机器的硬件结构、指令系统，才能进行程序设计，所以非专业人员难以涉足。高级语言比较接近人类语言，语法规则简单清晰，易为各专业人员掌握和使用；它不面向机器，利用高级语言编程序，不必了解计算机的内部结构。高级语言编写的程序需要经过编译软件翻译成机器语言指令后，才能被计算机执行。

目前使用较多的高级语言有 VB、Visual FoxPro、Fortran、C、Java 等，它们各具有不同的特点，分别适合于不同的领域。随着计算机科学的发展及应用领域的扩展，新型的语言不断问世，各种语言的版本也不断更新，功能不断增强。作为高级语言，它们本质性的、规律性的东西是相通的，掌握了一种高级语言后，再学习另一种高级语言是不困难的。

1.2 VB 简介

介绍 VB，不能不提到 BASIC 语言。BASIC 是英文 Beginner's All-purpose Symbolic Instruction Code（初学者通用符号指令代码）的缩写，它是专门为初学者设计的高级语言。BASIC 语言自从 1964 年问世以来，由于简单易学而受到用户的欢迎，随着时代的发展，各种 BASIC 版本不断推出，功能不断增强。在很长一段时间里，BASIC 语言一直是大多数初学者的首选入门编程语言。

VB 是 Microsoft 公司于 1991 年推出的基于窗口的可视化程序设计语言。"Visual" 是 "可视化的"、"形象化的" 的意思。VB 的语法与 BASIC 语言的语法基本相同，因此 VB 也具有易学易用的特点；此外它还提供了一套可视化设计工具，大大简化了 Windows 程序界面的设计工作；同时其编程系统采用了面向对象、事件驱动机制，与传统的 BASIC 语言有很大的不同。目前 VB 的最新版本是 VB 6.0，其功能十分强大，应用 VB 可以方便地完成从小的应用程序，到大型的数据库管理系统、多媒体信息处理，以及功能强大的 Internet 应用程序等各项任务。

VB 6.0 有 3 种版本，可以满足不同的开发需要。

- 学习版：是 VB 6.0 的基本版本。
- 专业版：为专业编程人员提供了一整套功能完备的开发工具，包括学习版的全部功能及 ActiveX 控件、Internet 控件等。
- 企业版：使得专业编程人员能够开发功能强大的组内分布式应用程序。该版本包括专业版的全部功能及 Back Office 工具，如 SQL Server、Microsoft Transaction Server、Internet Information Server、Visual SourceSafe、SNA Server 等。

本教程以 VB 6.0 企业版为背景介绍。

VB 6.0 系统软件存于一张光盘上，其安装过程同其他软件的安装过程一样，按照屏幕提示一步步操作即可，十分容易。VB 6.0 安装完成后，"Microsoft Visual Basic 6.0 中文版" 菜单选项即加入到 "开始" 菜单的 "程序" 组中，单击其中的 "Microsoft Visual Basic 6.0 中文版" 选项即可启动 VB 6.0。

1.3 VB 集成开发环境

VB 启动后，首先显示 "新建工程" 对话框，如图 1-1 所示。

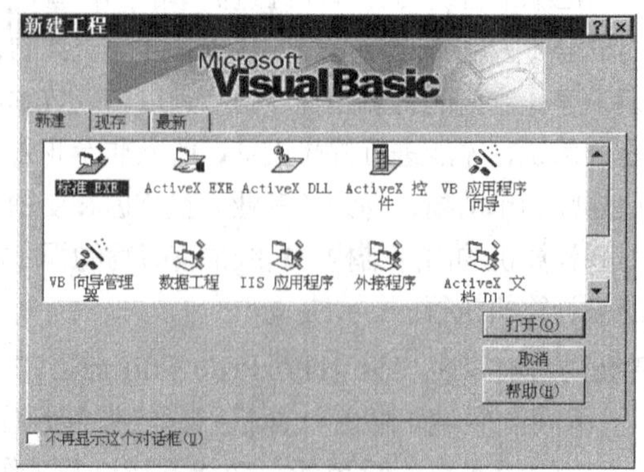

图 1-1 "新建工程" 对话框

在该对话框中有 3 个选项卡。

- 新建：列出了可创建的应用程序类型。

- 现存：列出了可以选择和打开的现有工程。
- 最新：列出了最近使用过的工程。

默认状态下“新建工程”对话框的选项为“标准 EXE”，标准 EXE 程序是典型的应用程序。本书绝大多数应用程序都属于标准 EXE 程序。

直接单击“打开”按钮，创建“标准 EXE”类型应用程序，进入集成开发环境主界面，如图 1-2 所示。

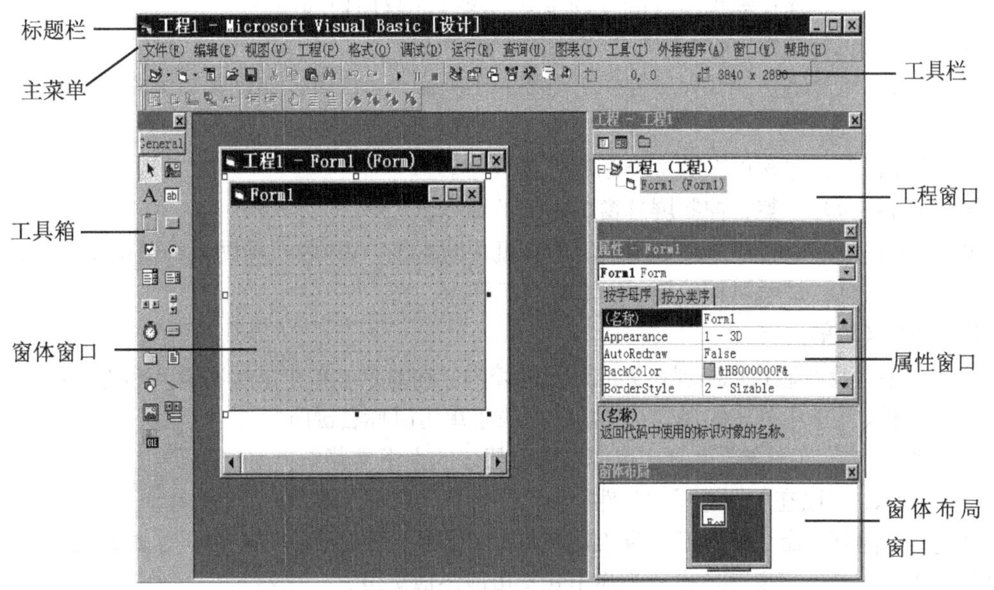

图 1-2 VB 6.0 集成开发环境

在集成开发环境中可以进行程序设计、编辑、编译和调试等工作。集成开发环境的顶部有标题栏、主菜单和工具栏；下部有几个子窗口：工具箱、窗体窗口、工程窗口、属性窗口和窗体布局窗口。根据需要，这些子窗口可以被关闭或打开。

下面对集成开发环境中的各元素作简要介绍。

1. 标题栏

标题栏用来显示窗口的标题。启动 VB 6.0 后，标题栏显示的信息是：“工程 1-Microsoft Visual Basic [设计]”，表示现在处于“工程 1”的设计状态。方括号内的信息随着工作状态的不同而改变。例如，运行一个工程时，[设计] 将变成 [运行]。

2. 主菜单

菜单栏中包含了使用 VB 6.0 所需要的命令。主菜单中共有 13 个菜单项，每个菜单项都有一个下拉菜单，内含若干个菜单命令，单击某个菜单项，即可打开该菜单，单击某个菜单中的命令，就执行这个命令。

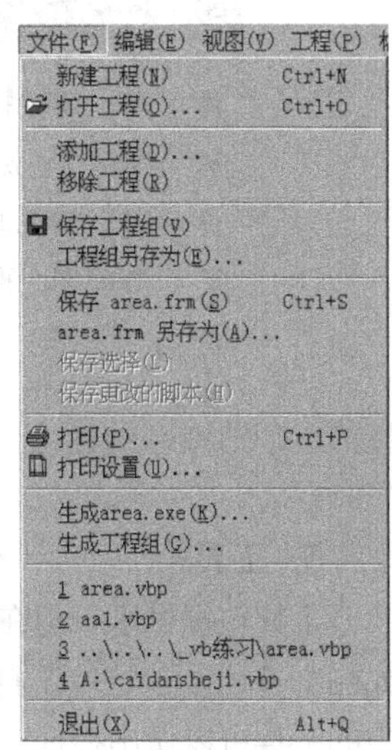

图 1-3 “文件”菜单

- 文件：包含打开和保存工程及生成可执行文件的命令，另外还列出了一系列最近打开过的工程，如图 1-3 所示。
- 编辑：包含编辑命令和一些格式化、编辑代码的命令，以及其他编辑功能命令。

- 视图：包含显示和隐藏集成开发环境各元素的命令。
- 工程：包含在工程中添加和删除各种工程组件，显示当前工程的结构和内容的命令。它会随着当前工程内容的变化，显示相应的命令选项。
- 格式：包含对齐窗体控件的命令。
- 调试：包含一些通用的调试命令。
- 运行：包含启动、设置断点和终止当前应用程序运行的命令。
- 查询：包含操作数据库时的查询命令以及其他数据访问命令。
- 图表：包含操作 VB 工程时的图表操作命令。
- 工具：包含建立 ActiveX 控件所需要的工具命令，并可以启动菜单编辑器，以及配置环境选项。
- 外接程序：包含可以随意增删的外接程序。
- 窗口：包含调整、控制屏幕窗口布局的命令。
- 帮助：菜单中的各个命令用于启动联机帮助系统。VB 联机帮助系统提供了近 1GB 的技术信息，是学习和使用 VB 的有力工具。

3．上下文菜单

上下文菜单没有显式地出现在集成开发环境中。在对象上单击鼠标右键，即可打开上下文菜单。在上下文菜单中列出的操作选项清单取决于单击鼠标右键所在环境。例如，在“工具箱”上单击鼠标右键时显示的上下文菜单，如图 1-4 所示，可以在上面选择“部件”命令，打开“部件”对话框；或选择“隐藏”命令，把工具箱隐藏起来等。使用上下文菜单可使操作更快捷。上下文菜单也称为弹出式菜单或快捷菜单。

部件(O)...
添加选项卡(A)...
✓ 可连接的(K)
隐藏(H)

图 1-4　工具箱的上下文菜单

4．工具栏

工具栏以图标按钮的形式提供了常用的菜单命令。单击工具栏上的按钮，则执行该按钮所代表的操作。按照默认规定，启动 VB 之后显示“标准”工具栏。附加的编辑、窗体设计和调试的工具栏可以通过“视图”菜单中的“工具栏”命令进行移进或移出。

“标准”工具栏各按钮的作用如图 1-5 所示。

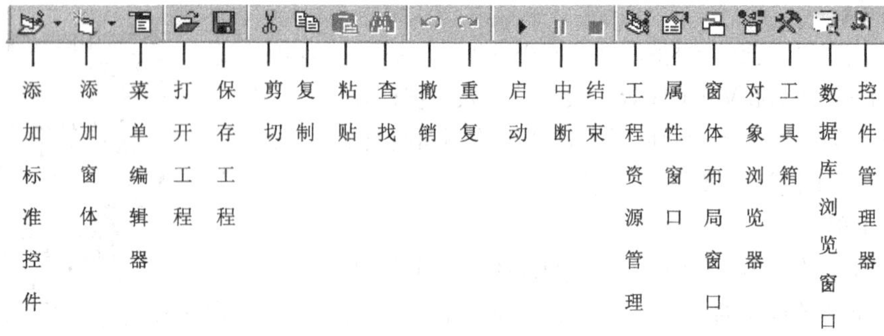

图 1-5　“标准”工具栏

5．工具箱

工具箱提供了一组在设计时可以使用的常用工具，这些工具以图标的形式排列在工具箱中，如图 1-6 所示。这些工具就像制作机械零件的模具一样。利用模具可以做出零件，利用工具箱中的工具可以做出控件。双击工具箱中的某个工具图标，或单击工具图标后，按住鼠标左键在窗体上拖动，即可在窗体上做出一个这种控件。设计人员在设计阶段可以利用这些工具，在窗体上构造出所需要的应用程序界面。除了系统提供的这些标准工具外，VB 还允许用户添加新的控件工具。

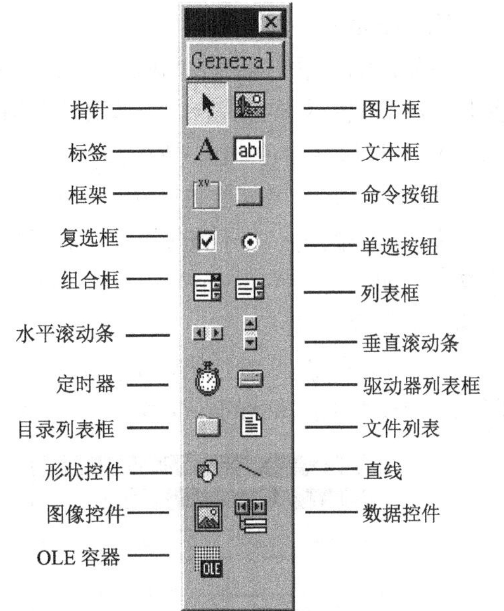

图 1-6 工具箱

下面对各标准工具做简要的介绍。

- 指针（pointer）：用户在窗体上放置控件后自动激活（图标按钮呈凹状），此时可以用鼠标去操作控件，如选定、移动、改变大小等。
- 图片框（PictureBox）：用于显示图形。
- 文本框（TextBox）：显示用户可以编辑的文本。
- 标签（Label）：显示用户不可以编辑的文本。
- 框架（Frame）：用于在窗体上绘制方框和组合其他控件。
- 命令按钮（CommandButton）：用于创建一个命令按钮。
- 复选框（CheckBox）：通常成组使用，每个复选框有选中和不选两种状态。用户可选中任意数目的复选框。
- 单选按钮（OptionButton）：通常成组使用，每个单选按钮有选中和不选两种状态。在一组单选按钮中，用户只能选中其中的一个。
- 列表框（ListBox）：显示项目列表，用户可以从中进行选择。
- 组合框（ComboBox）：将文本框和列表框组合起来，创建一个组合框。
- 水平滚动条（HscrollBar）：常用来取代用户输入，可用鼠标调整滚动条中的滑块位置来改变值。
- 垂直滚动条（VscrollBar）：除滚动方向外，功能同水平滚动条。
- 定时器（Timer）：按指定的时间间隔产生定时事件。
- 驱动器列表框（DriveListBox）：显示磁盘并允许用户选择。
- 目录列表框（DirListBox）：显示目录和路径，并允许用户选择。
- 文件列表（FileListBox）：显示文件列表，并允许用户选择。
- 形状控件（Shape）：用于在窗体或图片框中绘制矩形、圆形等标准图形。
- 直线（Line）：用于在窗体或图片框中绘制线段。
- 图像控件（Image）：类似于图片框控件，也可以用来显示图形，但它只能支持图片框的几个特性。
- 数据控件（Data）：能够与现有的数据库连接，并在窗体上显示数据库信息。
- OLE 容器（OLE）：一个窗口，用于放置其他应用程序中的文档。

6．窗体窗口

窗体窗口也称为对象窗口，主要用来在窗体上设计应用程序的界面，用户可以在窗体上添加控件，来创建所希望的界面外观。例如，当新建一个工程时，VB 自动建立一个新窗体，并命名为 Form1，如图 1-7 所示。

7. 工程窗口

首先说明一下“工程”的概念。VB 把一个应用程序称为一个工程（Project），而一个工程又是各种类型的文件的集合，这些文件包括工程文件（.vbp）、窗体文件（.frm）、标准模块文件（.bas）、类模块文件（.cls）、资源文件（.res）、ActiveX 文档（.dob）、ActiveX 控件（.ocx）、用户控件文件（.ctl）和属性页文件（.pag）。

需要指出的是：并不是每一个工程都要包括上述所有文件，VB 要求一个工程必须包括两个文件，即工程文件（.vbp）和窗体文件（.frm）。至于一个工程要包括多少种文件，由程序设计的复杂程度而定。

一个工程可以通过工程窗口来显示，工程窗口列出了当前工程所包含的文件清单。图 1-8 所示为启动 VB 后建立的一个最简单的工程结构。

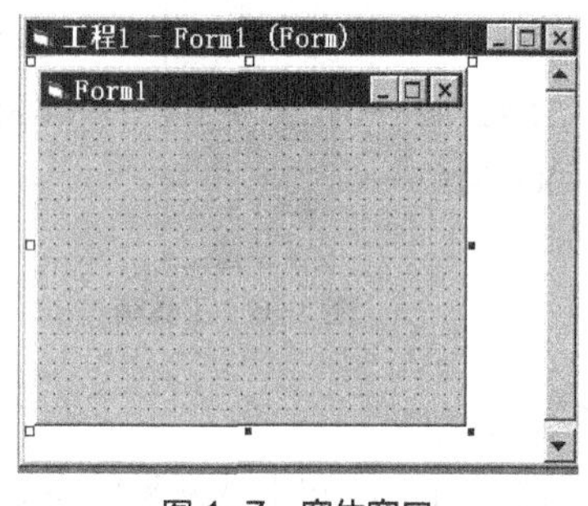

图 1-7　窗体窗口

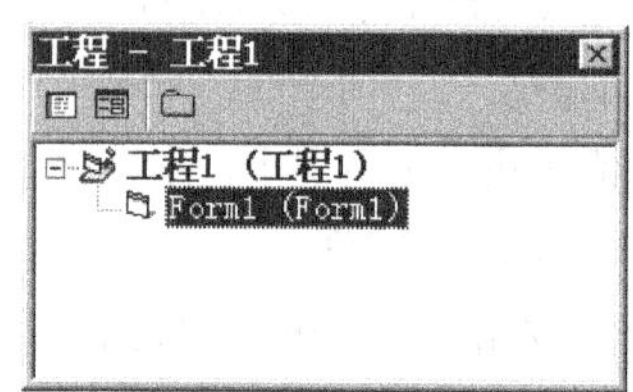

图 1-8　工程窗口

8. 属性窗口

属性是指对象（窗体或控件）的特征，如大小、名称、标题、颜色、位置等。属性窗口列出了被选定的一个对象的所有属性。如图 1-9 所示，属性窗口包含对象下拉列表框、属性列表和属性说明栏。对象下拉列表框显示当前选定对象的名称和类型，单击对象下拉列表框右端的小箭头，可列出当前工程全部对象的名称和类型，切换不同的对象，属性列表也随之切换。属性列表的左列显示当前所选对象的全部属性名称，右列可查看和修改属性值。属性列表中的属性名称既可以按字母顺序排列，也可以按分类顺序排列。当单击某一属性名称时，属性说明栏同时显示这一属性的简短文字说明。

9. 窗体布局窗口

如图 1-10 所示，窗体布局窗口中有一个表示显示器屏幕的图像，屏幕图像上又有表示窗体的图像，它们标识了程序运行时窗体在屏幕中的位置。用户可拖动窗体图像调整其位置。

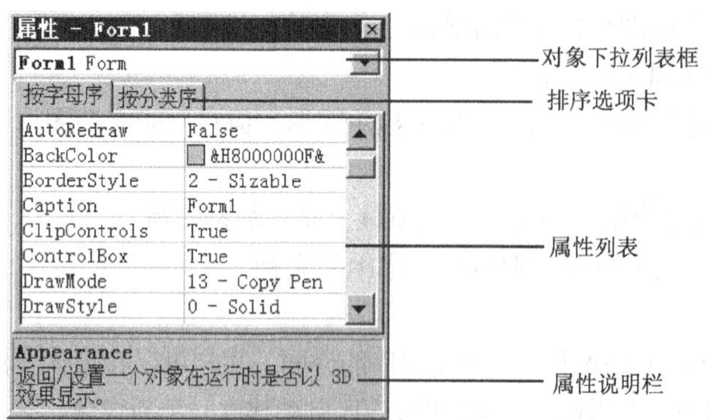

图 1-9　属性窗口

图 1-10　窗体布局窗口

1.4 通过一个简单的应用程序快速入门

学习 VB 最好的方法是实践，现在我们动手设计一个简单的应用程序。

【例 1.1】 图 1-11 所示为一个简单的应用程序的运行界面，它由一个窗体、一个文本框和一个命令按钮组成。当用户单击“显示”命令按钮时，文本框中出现“欢迎使用 VB”。

设计步骤如下。

1．新建工程

启动 VB 后，在“新建工程”对话框中选取“标准 EXE”，单击“打开”按钮，新建一个标准工程，同时系统提供一个标题名为“Form1”的窗体。我们就在这个窗体上进行设计。

2．添加文本框

（1）双击工具箱中的文本框图标，一个文本框控件就出现在窗体的中心位置上了，如图 1-12 所示。文本框中显示的文本为“Text1”，这是系统给的默认值，文本框的大小也是系统的默认值。

（2）注意文本框四周的 8 个小方块，它们是“调整控制点”，角上的控制点可以同时调整水平和垂直两个方向的大小，而边上的控制点调整一个方向的大小。将光标移到控制点上，光标变成双向箭头，按下鼠标左键进行拖动，使文本框的长短合适。

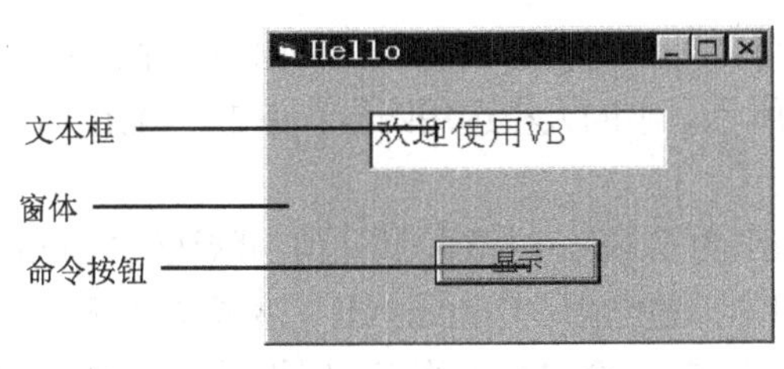

图 1-11 例 1.1 运行界面

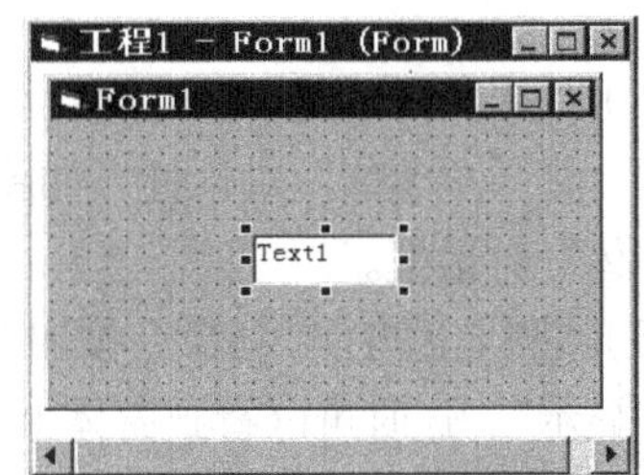

图 1-12 添加文本框

（3）将光标移到文本框上，按下鼠标左键进行拖动，把文本框移到所希望的位置。经过调整后的文本框如图 1-13 所示。

3．添加命令按钮

添加命令按钮的方法与绘制文本框的方法类似。

（1）双击工具箱中的命令按钮图标，将一个命令按钮放到窗体上。

（2）调整其大小。

（3）拖动命令按钮到所希望的位置。

到此，我们已建立一个窗体、一个文本框和一个命令按钮共 3 个对象，如图 1-14 所示。

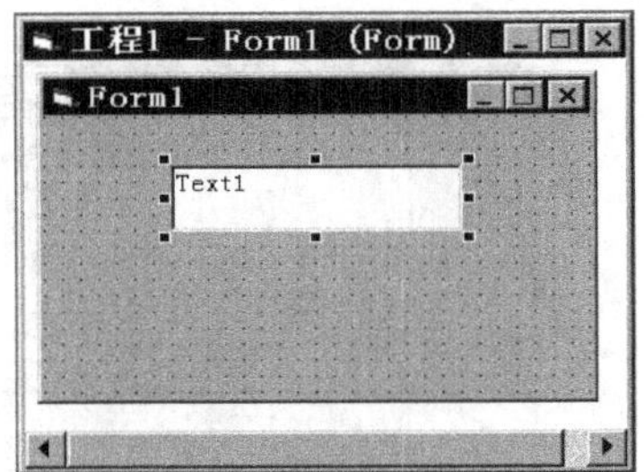

图 1-13 调整后的文本框

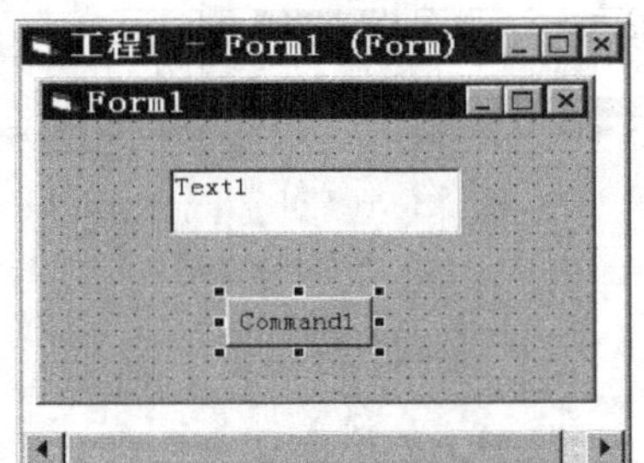

图 1-14 添加命令按钮

接下来我们为这 3 个对象设置属性：将窗体的 Caption（标题）属性值设置为“Hello”,文本框的 Text（文本）属性值设置为空，文本框的 Font（字体）属性值设置为“四号”，命令按钮的 Caption（标题）属性值设置为“显示”，使它们的外观更美观，更方便用户使用。

4．设置属性

（1）按 F4 键，打开属性窗口（若属性窗口已经打开，本步操作可省去）。

（2）单击窗体使其成为当前对象（窗体四周应有 8 个小方框）。当前对象又称为被选中的对象。

（3）在属性表中找到 Caption 选项，可以看到系统为窗体设置的属性值（称为默认值）为“Form1”，单击此行，此行变成蓝色，删除“Form1”，重新输入“Hello”，如图 1-15 所示。这时可以看到窗体的标题已由“Form1”改为“Hello”。

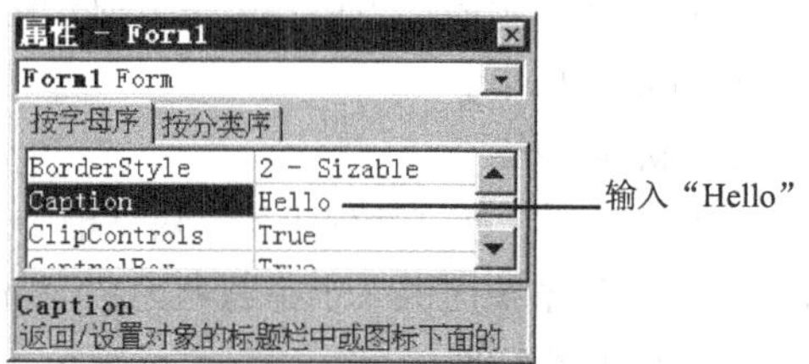

图 1-15　将 Caption 属性值改为“Hello”

（4）用上述的办法同样可以设置文本框的属性。在此，我们介绍另一种较常用的设置控件属性的办法：单击属性窗口中对象下拉列表框右端的三角按钮，列出当前工程全部对象的名称和类型，从中选取要设置属性的对象，我们选取“Text1 TextBox”（文本框），属性窗口中列出的内容就变成了文本框的属性清单，从中找到“Text”，将其属性值“Text1”删除，即清空文本框。

（5）在属性窗口文本框的属性清单中找到“Font”，并单击它，右侧出现一个按钮，单击这个按钮，打开“字体”对话框，如图 1-16 所示。字的大小选用四号，单击“确定”按钮，关闭“字体”对话框。

（6）参照上述办法，将命令按钮 Command1 的 Caption（标题）属性值由默认值“Command1”改为“显示”。这时可以看到窗体上命令按钮的标题已由“Command1”变成了“显示”。

细心的读者或许已经发现，属性表中还有一个“（名称）”属性，它的默认值也是 Command1，那么，属性 Caption 和（名称）有何区别？Caption 显示在对象上，是给用户看的，而“（名称）”不显示在对象上，它是给程序识别的。

5．编写事件过程代码

前面的工作把应用程序的界面设计好了，属性也设置完毕，如图 1-17 所示。但现在应用程序并不能实现实际的功能。为了使它具有一定的功能，还必须为对象编写实现某一功能的事件过程代码。因为题目要求单击命令按钮后，文本框中显示文字串，所以我们要对命令按钮这个对象的单击事件编写一段程序，以指定用户单击命令按钮后要执行的操作。

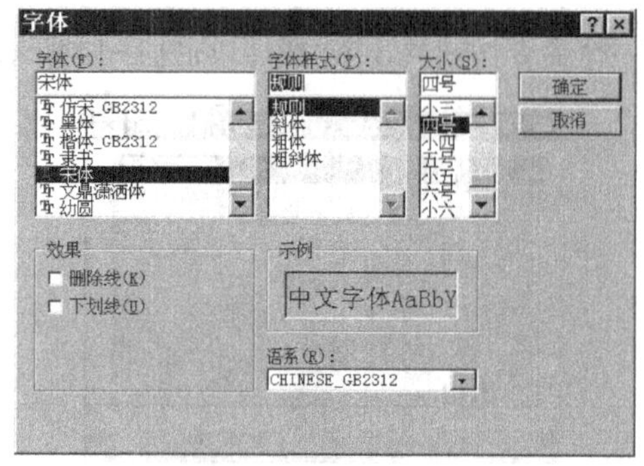

图 1-16　“字体”对话框

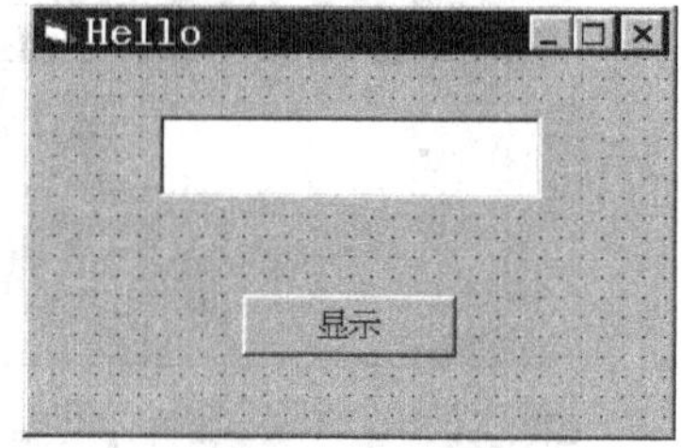

图 1-17　例 1.1 界面

现在开始编写事件过程代码。

（1）双击窗体上的“显示”按钮，屏幕上出现代码窗口，程序代码就在这里编写，如图1-18所示。

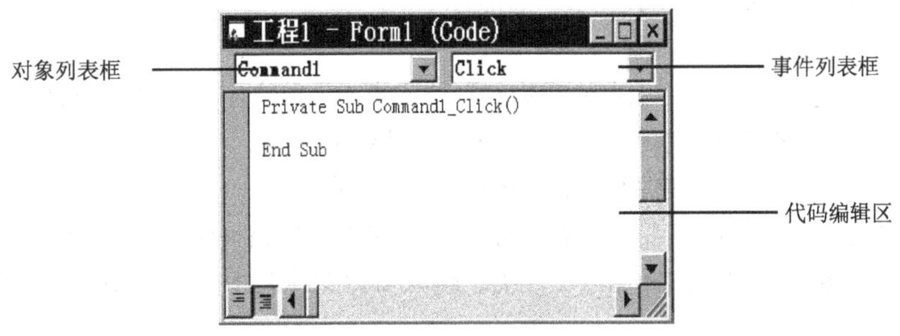

图1-18 代码窗口

“对象列表框”显示所选定对象的名称。单击右边的下三角按钮，则显示此窗体中全部对象的名称。由于我们是双击按钮进入代码窗口的，所以对象框中显示的是 Command1。如果现在要对其他对象编写代码，可单击右边的下三角按钮，在列出的对象中用鼠标选定所需要的对象。

“事件列表框”显示所选对象的事件名。图1-18所示为 Click（单击）事件，它是所选对象 Command1 的默认事件名。如果现在要编写其他的事件过程，可单击右边的下三角按钮，在列出的所有事件名中，用鼠标单击所需的事件名即可。

（2）当打开代码窗口时，系统在代码编辑区自动给出了事件过程的首行和末行：

```
Private Sub Command1_Click()
End Sub
```

其中 Command1_Click 是事件过程名，表示这是命令按钮 Command1 的 Click 事件过程。我们就在 Private Sub Command1_Click()和 End Sub 两行之间输入代码，根据题目要求，编写如下事件过程：

```
Private Sub Command1_Click()
  Text1.Text = "欢迎使用 VB"
End Sub
```

VB 程序代码由一条一条的语句构成。本实例程序很简单，只有 3 条语句。第 1 行是过程的起始语句，第 2 行的作用是在文本框中显示“欢迎使用 VB”，最后一行是过程的结束语句。

至此，程序代码编写完毕，现在可以运行程序了。

6．运行应用程序

（1）执行“运行”→“启动”菜单命令，屏幕出现图1-19所示的运行界面。

（2）单击图1-19中的“显示”按钮，文本框中显示“欢迎使用 VB”，如图1-20所示。

图1-19 例1.1运行界面

图1-20 例1.1运行结果

(3) 执行“运行”→“结束”菜单命令，结束应用程序的运行。

7. 保存应用程序

VB 应用程序至少有如下两种文件需要保存：

- 窗体文件（.frm）；
- 工程文件（.vbp）。

这两种文件都是文本文件，可以用“Word”、“记事本”等文字编辑软件打开查看。窗体文件（.frm）包含了对象的描述、事件过程等信息，工程文件（.vbp）包含了工程内所有文件的名称和存放目录等信息。这两种文件必须在 VB 环境才能运行。

(1) 执行“文件”→“保存工程”菜单命令，屏幕出现“文件另存为”对话框，如图 1-21 所示，它用来保存窗体文件。选择保存文件夹，输入窗体文件名（如 test1.frm），然后单击“保存”按钮。

(2) 窗体文件保存完毕，接着屏幕出现“工程另存为”对话框，如图 1-22 所示，它用来保存工程文件。选择保存文件夹，输入工程文件名（如 test1.vbp），然后单击“保存”按钮。

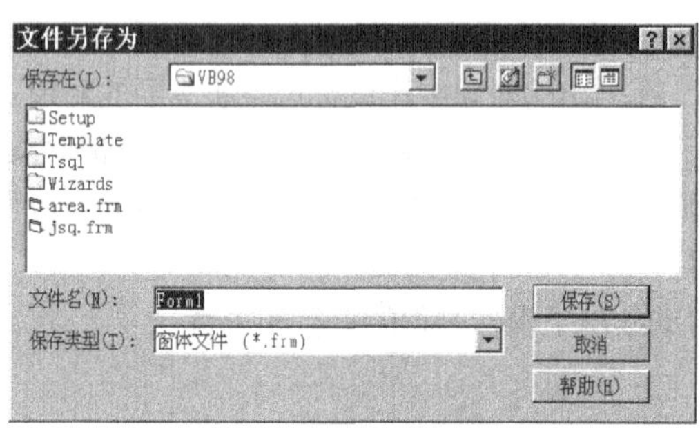

图 1-21 “文件另存为”对话框

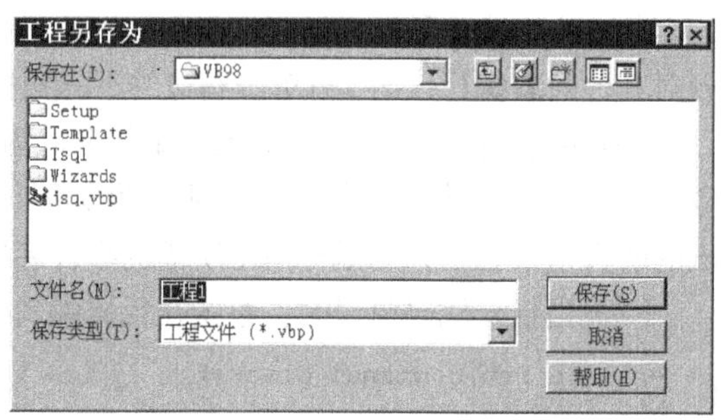

图 1-22 “工程另存为”对话框

8. 生成 EXE 文件

程序一旦设计完成，且测试成功，还可以将它编译成可直接执行的 EXE 文件，这样用户就可以在 Windows 环境中直接执行它们，而不必再进入 VB 环境了。

具体操作为：选择“文件”→“生成 test1.exe”菜单命令（test1 是当前工程的文件名，作为默认名），出现“生成工程”对话框，如图 1-23 所示，选择保存文件夹，输入文件名，单击“确定”按钮，EXE 文件便生成了。

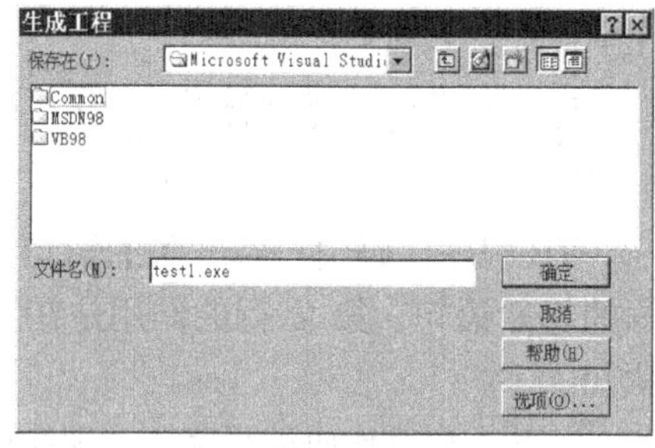

图 1-23 “生成工程”对话框

1.5 设计 VB 应用程序一般步骤

前一节我们通过实例介绍了设计一个应用程序的具体操作过程，对 VB 有了一定的感性认识。本节介绍设计 VB 应用程序的一般步骤。

设计 VB 应用程序主要有以下 4 个步骤。

(1) 设计用户界面。

(2) 设置属性。

(3) 编写代码。

（4）保存和运行调试程序，生成 EXE 文件。

1.5.1 设计用户界面

用户界面是用户与计算机交流的媒介，用户输入或输出的信息都在这个界面中进行。一个良好的用户界面能使用户操作方便、视觉美观。用户界面主要由窗体和控件组成，设计用户界面的主要工作，就是把构成界面的控件放在窗体上，然后对窗体上的控件进行调整。

1．向窗体上添加控件

向窗体上添加控件有以下两种方法。

（1）双击工具箱中的控件图标，该控件即自动添加到了窗体的中央。

（2）单击工具箱中的控件图标，然后将鼠标指针移到窗体上，鼠标指针变成十字形，在窗体上需要放控件的位置拖动鼠标画出想要的尺寸，然后释放鼠标，即可在窗体上画出该控件。

2．对窗体上的控件进行调整

对窗体上的控件进行调整的基本操作如下。

（1）选中控件。单击窗体上的某个控件，则选中该控件；若要选中窗体上的多个控件，可按下 Shift 键或 Ctrl 键，并单击这些控件，如果要选择的控件彼此相邻，可以用鼠标在其周围画一个框进行选择。所选控件四周出现控制点，表示选中。

（2）调整控件大小及位置。通过对控件四周控制点的拖曳，可调整控件的大小，而通过对控件的拖曳，可调整控件的位置。若要对窗体上的多个控件进行精确布置，可使用“格式”菜单。例如，想让 3 个命令按钮的大小完全一样，可以这样操作：先选择这 3 个命令按钮，然后执行“格式”→“统一尺寸”菜单命令。

1.5.2 设置属性

属性是指对象的特征，如大小、名称、标题、颜色、位置等。属性窗口列出了被选中对象的所有属性，利用属性窗口，可为界面中的对象（窗体或控件）设置相应的属性。

打开属性窗口可用以下 4 种方法。

（1）执行“视图”→“属性窗口”菜单命令。

（2）按 F4 键。

（3）单击工具栏上的“属性”按钮。

（4）使用对象的上下文菜单。

在属性窗口中所进行的是属性初始值的设置，用户也可在程序中对它们进行设置和修改。

1.5.3 编写代码

为了使应用程序具有一定的功能，还必须为对象编写实现某一功能的程序代码，编写程序代码要在“代码窗口”中进行。

打开代码窗口可用以下 4 种方法。

（1）双击对象。

（2）执行“视图”→“代码窗口”菜单命令。

（3）使用对象的上下文菜单。

（4）在工程窗口单击查看代码图标。

编写程序代码是创建 VB 应用程序的主要工作环节，用户需要的运算、处理，都需要通过编写代码来实现。一个好的程序具有以下特点。

（1）正确性：能运行通过，并达到预期目的。

（2）易读性：结构清晰，便于查错、修改。

（3）运行效率高：程序运行时间较短，占用的存储空间较小。

VB 代码书写格式比较自由。代码不区分字母的大小写，一行允许多达 255 个字符。通常一行写一条语句，这样程序看起来比较清晰。在同一行上也可写多个语句，这时语句间用冒号“:”分隔，例如，a=4:b=5:c=6。单行语句也可分若干行书写，要使用一个空格后跟一个下画线作续行符，如下所示。

```
dim  a as single ,b as single ,c as single  _
d as single ,e as single
```

1.5.4 保存和运行调试工程，生成 EXE 文件

1．保存工程

执行“文件”→“保存工程”菜单命令或单击工具栏中的“保存”按钮，即可保存工程。对于新工程，系统会在对话框中提示保存的文件夹和文件名，分别保存各类文件。如果再一次保存工程，这些对话框就不会出现了，因为系统已经知道了要保存的位置和文件名。如果要以另外的文件名存盘，可以执行“文件”→“工程另存为”菜单命令。

2．运行调试工程

运行调试工程即运行工程，尽可能地发现程序中存在的错误和问题，排除错误，解决问题。

运行工程可用以下 3 种方法。

（1）执行“运行”→“启动”菜单命令。

（2）单击工具栏中的“启动”按钮。

（3）按 F5 键。

一般来说，程序很少能一次运行通过，这是因为程序中有这样那样的错误。程序中有错误是难免的，也是正常的，这是由它反映的实际问题的复杂性，以及程序本身逻辑结构的复杂性决定的。但是，我们对程序中的错误不能置之不理，必须加以排除。

程序中的错误可分为以下 3 类。

（1）编译错误：在程序编译过程中发现的语法错误。例如，表达式(a+b*(d+e)，缺少了右括号。

（2）运行错误：在程序运行时执行了非法操作。例如，除法运算时除数为零等。

（3）逻辑错误：在程序编译和运行时均不能发现的错误。例如，把 x+2 写成了 x+3。

对于前两类错误，在录入或运行过程中系统会指出，程序员可根据系统给出的提示信息予以排除；而对于逻辑错误，则比较麻烦，需要认真分析，有时需借助调试工具才能查出。

3．生成 EXE 文件

执行“文件”→“生成....exe”菜单命令（实际操作时，省略号位置上显示的是当前的工程文件名），在弹出的“生成工程”对话框中，选择保存文件夹，输入文件名，单击“确定”按钮，EXE 文件便生成了。

1.6 对象、事件与事件过程

VB 是面向对象的程序设计语言。面向对象程序设计是一种以对象为基础，以事件来驱动对象的程序设计方法。它将一个应用程序划分成多个对象，并且建立与这些对象相关联的事件过程。通过对象对所发生的事件产生响应，来执行相应的事件过程，以引发对象状态的改变，从

而达到处理的目的。

1. 对象

对象是 VB 应用程序的基础构件。窗体和控件都是对象，被称做对象的还有数据库、图表等，对象具有属性和方法，并响应外部事件。在开发一个应用程序时，必须先建立各种对象，然后围绕对象进行程序设计。

2. 对象的属性

属性是指对象的特征。每一种对象都有一组特定的属性，在属性窗口中可以看到。有些属性属于公共属性，有些属性则属于该对象的专有属性。每个属性都有一个默认值，如果不改变该值，应用程序就使用它，如果默认值不能满足要求，就要对它重新设置。

3. 对象的方法

方法是 VB 提供的一种特殊子程序，用来完成诸如显示对象、隐藏对象、绘图、打印等操作。每个方法完成某个功能，但其实现的步骤和细节，用户既看不到，也不能修改，用户能做的就是在编程时直接调用它们。

4. 对象的事件

对象的事件是 VB 预先定义好的能被对象识别的动作。例如单击（Click）事件，双击（DblClick）事件、键盘按下（Keypress）事件等。在运行应用程序时，当单击一个命令按钮，对于命令按钮这个对象，就发生了一个单击事件。事件可由用户引发（如单击鼠标），可由系统引发（如定时器事件），也可由代码间接引发。不同类型的对象能识别不同的事件。如窗体能识别单击和双击事件，而命令按钮能识别单击事件，但不能识别双击事件。每一种对象能识别的事件可以从该对象的代码窗口右边事件框的下拉列表中看到。

5. 事件过程

对象感应到某一事件发生时所执行的程序称为事件过程。

尽管对象能自动识别预定义的事件，但对象是否响应具体事件以及如何响应具体事件，则取决于程序员是否在程序中做了安排，即程序员是否为该对象的这个事件编写了实现某一功能的程序代码。想让对象响应事件时，就应把代码写入这个事件的事件过程之中。事件过程的形式如下。

```
Private Sub 对象名_事件名()
…(VB 程序代码)
End Sub
```

例如，单击命令按钮“Command2”，清空文本框“text1”，则对应的事件过程为

```
Private Sub Command2_Click()
  Text1.Text = ""
End Sub
```

VB 程序的执行是由事件来驱动的，以下是事件驱动应用程序的典型工作过程。

（1）启动应用程序，装载和显示窗体。

（2）对象等待事件的发生。

（3）事件发生后，如果在相应的事件过程中存在代码，就执行代码。

（4）应用程序等待下一次事件。

习题

1. 程序设计语言有哪几类？各有什么特点？

2. 创建 VB 应用程序的步骤是什么？
3. 简述对象、属性、事件、事件过程的概念。
4. 程序可能发生哪些错误？
5. 如何打开属性窗口？如何打开工具箱窗口？
6. 指出下面的程序处理了什么事件，程序的执行效果是怎样的？

（1）

```
    Private Sub Form_Click()
    Form1.Caption = "VB"
End Sub
```

（2）

```
    Private Sub Command1_Click()
    text2.Text = ""
End Sub
```

7. 在窗体上建立一个文本框、两个命令按钮，两个命令按钮的标题分别是“问”与“答”。程序运行后，当单击“问”按钮时，文本框中显示“你是谁？”当单击“答”按钮时，文本框中显示“我是 VB 用户。”给出详细的设计步骤。

PART 2

第2章 数据与表达式

第1章介绍了VB集成开发环境及VB程序的开发过程。本章将介绍在编写代码时用到的一些最基础的知识，包括VB的基本字符集和词汇集、VB的基本数据类型、常量与变量、运算符与表达式及常用内部函数。

2.1 VB的基本字符集和词汇集

2.1.1 字符集

字符是构成程序设计语言的最小语法单位。VB的基本字符集包括如下内容。

数字：0 1 2 3 4 5 6 7 8 9。

英文字母：A B C D E F G H I J K L M N O P Q R S T U V W X Y Z a b c d e f g h i j k l m n o p q r s t u v w x y z。

特殊字符：! " # $ % & ' ( ) * + - / :; < = > ? @ \ ^ _ | ~ Spase（空格）。

汉字：除标识符中用到的汉字以外，代码中汉字和全角字符只能用在字符串中（即双引号中）。

2.1.2 词汇集

VB中的词汇集是在代码中具有一定意义的字符组合。

1．关键字

关键字又称保留字，是在语法上有固定意义的字母组合，主要包括命令名、函数名、数据类型名、运算符、VB系统提供的标准过程等。VB中约定关键字的首字母为大写字母，但系统可以识别用户输入的小写字母，并自动转化为标准格式。在联机帮助系统中，可以找到全部关键字的列表。

例如，Print、If、Then、Private、Sin、Sqr都是VB的保留字。

2．标识符

标识符是用户自己定义的名字，包括自定义常量名、变量名、控件名、自定义的过程名和函数名等。用户通过标识符对相应的对象进行操作。标识符应符合以下规则。

（1）除控件名和窗体名以外，不能使用关键字。除特殊需要外，窗体和控件的名称也尽量不使用关键字。

（2）变量、过程、函数名应在255个字符以内；控件、窗体、模块名应在40个字符以内。标识符必须以字母开头，后跟字母、数字、下画线的组合。另外，VB中允许使用汉字作为标识符。

（3）标识符中不允许出现间隔符号。例如，空格、分号、逗号、运算符等。

除以上规则外，标识符应尽量做到简单明了、见名知意。

例如，a、x3、数学_001、age、score、姓名，是合法的标识符；

5x、x1+x2、a,b、print、public、李　四，是不合法的标识符。

其中，“5x”以数字开头；“x1+x2”、“a,b”中有运算符和标点符号；“print”、“public”是系统保留字，“李 四”中间有空格。

2.2　VB 的基本数据类型

数据是信息的物理表示形式，是程序处理的对象。在 VB 中，对不同类型的数据有不同的操作方式和不同的取值范围。在程序设计中，要随时注意所用数据的类型。VB 的数据类型有系统定义和自定义两种，系统定义的数据类型又称为标准类型，自定义数据类型是由若干标准类型组合成的某种结构。表 2-1 列出了 VB 中的标准数据类型。

表 2-1　　VB 中的标准数据类型

数据类型	关键字	类型符	占内存字节数	范围
字符串型	String	$	与字符长度有关	最多 65 535 个字符
整型	Integer	%	2	-32 768～32 767
长整型	Long	&	4	-2 147 483 648～2 147 483 647
字节型	Byte	无	1	0～255
单精度型	Single	!	4	±1.401298E-45～±3.402823E38
双精度型	Double	#	8	±4.94065645841247E-324～±1.79769313486232E308
货币型	Currency	@	8	-922337203685477.5808～922337203685477.5807
逻辑型	Boolean	无	2	True 或 False
日期型	Date	无	8	100.01.01～9999.12.31
变体型	Variant	无	根据需要	

2.2.1　字符串型

字符串包括除双引号和回车以外可打印的所有字符，双引号作为字符串的定界符号。在字符串中，要区分字母的大小写。双引号内字符的个数叫做字符串的长度（包括空格），长度为零的字符串叫做空字符串。注意，在 VB 中，字符串型数据采用国际标准化组织（ISO）字符标准，ASCII 字符和汉字一样，都采用双字节存储。

例如，“1234”和“张　三”都是字符型。注意字符串中空格是有效字符。

“运动员”和“abc”长度都是 3，占用字节数都是 6。

2.2.2　数值型

VB 中的数值型数据分为整型和实型两大类。

1．整型

整型数据是不带小数点和指数符号的数据，包括整型、长整型和字节型整数。

（1）整型（Integer，类型符%）。整型数用两字节存储，取值范围是-32 768～+32 767。

例如，15、-345、654%都是整数型，而 45678%则会发生溢出错误。

（2）长整型（Long，类型符&）。长整型数用 4 字节存储，取值范围是-2 147 483 648～+2 147 483 647。

例如：123456、45678&都是长整数型。

（3）字节型（Byte）。字节型数用一字节存储，取值范围是 0～255。

另外，VB 中还可以使用八进制和十六进制的整数，用于一些特殊用途，一般用户不必掌握。

2．实型

实型数据主要分为单精度、双精度和货币型 3 种。

（1）单精度浮点数（Single，类型符!）。单精度数用 4 字节存储，有 7 位有效数字，取值范围：负数时从-3.402823E38 到-1.401298E-45；正数时从 1.401298E-45 到 3.402823E38。

例如：3.14!，2.718282。当需要处理的数据超过单精度数的取值范围，或需要的有效数字超过 7 位，则需要用双精度浮点数。

（2）双精度浮点数（Double，类型符#）。双精度浮点数用 8 字节存储，它最多可以表示 15 位有效数字，取值范围：负数时从-1.797693134862316E+308 到-4.94065645841247E-324；正数时从 4.94065645841247E-324 到 1.797693134862316E+308 。

例如：3.14159265。

（3）货币型（Currency，类型符@）。货币型数据主要用来表示货币值，用 8 字节存储，货币型是定点数，精确到小数点后面第 4 位，第五位四舍五入，整数部分最多 15 位。

例如，3.56@、65.123456@都是货币型。

65.123456@的有效数为 65.1235。

2.2.3 逻辑型

逻辑型数据只有两个：逻辑真 True 和逻辑假 False，用两字节存储。当把逻辑值转化为数值型时，False 为 0，True 为-1。

2.2.4 日期型

日期型数据用 8 字节来存储，日期范围从公元 100 年 1 月 1 日到 9999 年 12 月 31 日，可以用“#”括起来放置日期和时间，允许用各种表示日期和时间的格式。

日期可以用“/”、“,”、“-”分隔开，可以是年、月、日，也可以是月、日、年的顺序。时间必须用“:”分隔，顺序是：时、分、秒。

例如，#1999-08-11 10:25:00 pm# 、#08/23/99# 、#03-25-75 20:30:00# 、#98,7,18#等都是有效的日期型数据。在 VB 中会自动转换成 mm/dd/yy（月/日/年）的形式。

2.2.5 变体型

变体型也称为可变类型，它是一种特殊的数据类型。它的类型可以是前面叙述的数值型、日期型、字符型等，完全取决于程序的需要，从而增加了 VB 数据处理的灵活性。

2.2.6 自定义类型

在 VB 中可以用系统提供的标准类型定义变量，它们都是计算机处理的基本数据项。但在实际工作中，常见的并不是孤立的数据项，而是由两个或两个以上的基本项组成的组合项。例如，学生对象由学号、姓名、性别与语文、英语、数学、平均分数……基本项组合成组合项。

用这些组合项来描述相应对象的若干属性，这些描述相同对象的组合项的集合形成了记录。在VB中使用用户定义数据类型定义记录结构。

自定义类型由Type语句来实现。

格式：Type　自定义类型名
　　　　　元素名1　As 类型名
　　　　　元素名2　As 类型名
　　　　　……
　　　　　元素名 *n*　As 类型名
　　End Type

自定义类型名：符合标识符的命名规则。例如，学生档案的类型，命名为：stutype。

元素名：该结构中各成员的名字。

例如：

元素名	表示
xm	姓名
xh	学号
csrq	出生日期

类型名：VB中的标准类型名。

例如：

```
Type stutype
   xm As String*4
   xh As Integer
   csrq As Date
   sx As Single
   yw As Single
   yy As Single
endtype
```

上例定义了一个自定义类型stutype，该类型包括xm（姓名）、xh（学号）、csrq（出生日起）、sx（数学）、yw（语文）和yy（英语）6个元素。有了该定义后，就可以在变量说明中使用stutype来定义变量类型。具体用法在2.3节变量说明中介绍。

2.3　常量与变量

计算机处理数据时，常用的数据形式有两种，一是常量，二是变量。

2.3.1　常量

在程序执行的过程中保持不变的数据称为常量。在VB中，常量分为两种，文字常量和符号常量。符号常量又分为用户自定义和系统定义两种。

1．文字常量

文字常量直接出现在代码中，也称为字面常量或直接常量，文字常量的表示形式决定它的类型和值，例如下面几组。

字符型："I am a student"　　放在一对引号当中。

数值型：3.14159，56，8.432E-15。

日期型：#3 jan,98#　　　　放在一对#当中。

逻辑型：True、False。

2．符号常量

符号常量就是用标识符来表示一个常量，例如，我们把 3.14 定义为 pi，在程序代码中，就可以在使用圆周率的地方使用 pi。使用符号常量的好处主要在于，当要修改该常量时，只需要修改定义该常量的一个语句即可。

例如，在程序调试时，感到圆周率 3.14 精度不够，只需修改定义 pi 的这一条语句。如果使用文字常量，就可能要修改多处代码。定义常量的方法如下。

格式：const　常量名 [as 类型]=表达式

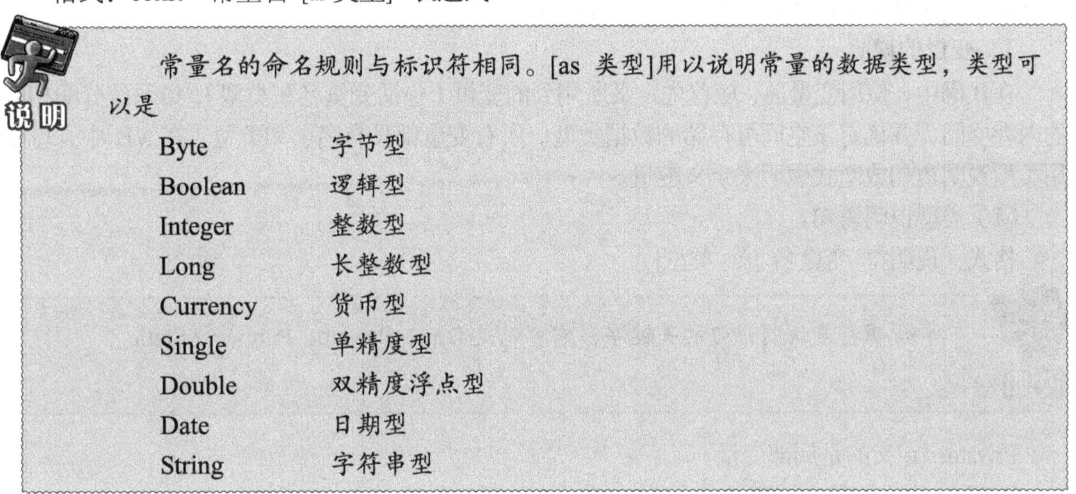

说明

常量名的命名规则与标识符相同。[as 类型]用以说明常量的数据类型，类型可以是

Byte	字节型
Boolean	逻辑型
Integer	整数型
Long	长整数型
Currency	货币型
Single	单精度型
Double	双精度浮点型
Date	日期型
String	字符串型

表达式可以是文字常量，也可以是运算符连接文字常量构成的表达式。在一行中说明多个常量时用逗号分开。例如：

```
Const mystr as string="Visual"+"Basic"
Const num = 85, pi as double=3.1415926
```

定义后，两条语句完成下面的功能。

符号	表示常量	类型
mystr	"VisualBasic"	字符型
num	85	整型
pi	3.1415926	双精度浮点型

除了用户定义的常量外，在 VB 中，系统定义了一系列常量，可与应用程序的对象、方法或属性一起使用，使程序易于阅读和编写。系统常量的使用方法和自定义常量的使用方法相同。

例如，form1.Windowstate=vbMinimized 意义为将窗口最小化。

其中 vbMinimized 就是一个系统定义的常量，值为 1。和 form1.Windowstate=1 相比较，form1.Windowstate=vbMinimized 更明确地表

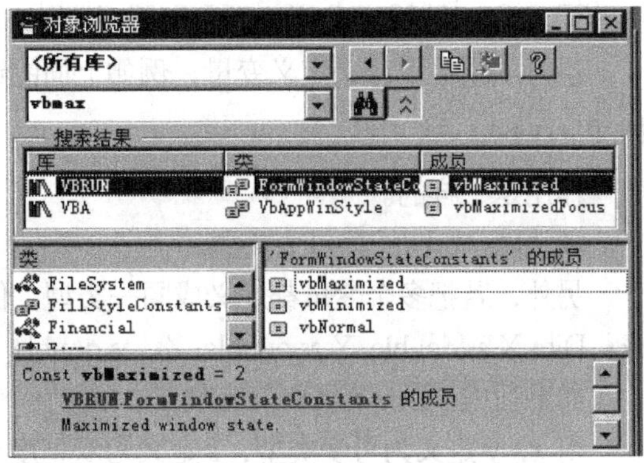

图 2-1　“对象浏览器”中显示的常量

达了语句的功能。

系统定义的常量在对象库中，可以在对象浏览器中通过不同的对象库查找它们的符号及取值，如图 2-1 所示。

输入“vbmax”，单击“搜索”按钮，可查到 vbMaximized 值为 2，作用是使窗口最大化。系统定义的常量是全局常量，都以小写字母 vb 开头。在使用标识符时，尽量不要使用 vb 加单词的形式，避免和系统常数同名。

2.3.2 变量

在程序执行过程中，其值可以改变的量称为变量。在 VB 中执行应用程序期间，用变量临时存储数据。变量代表内存中指定的存储单元，变量以标识符命名。每个变量都有相应的类型，类型决定了该变量的取值范围和可以执行的运算操作。

1．变量的说明

在代码中，使用变量前，应首先定义所用到的变量（包括变量名和类型），给系统分配相应的内存空间，并确定该空间可存储的数据类型。所有变量都具有名字和类型。在 VB 中，可以用类型说明语句或隐式说明来定义变量。

（1）类型说明语句。

格式：说明符 变量名 [As 类型]

说明符是说明语句的关键字，它可以是 Dim、Private、Public 和 Static。

Private：定义的是局部变量。

Public：定义的是全局变量。

Static：定义的是静态变量。

这 3 个关键字的用法将在后续章节详细介绍。本章主要介绍 Dim 语句。

例如：

```
Dim a as integer
Dim b as long
Dim c as single
```

把变量 *a* 定义为整数型，变量 *b* 定义为长整数型，变量 *c* 定义为单精度型。在一个说明语句中，可以用逗号隔开说明多个变量，上面的 3 个语句可以写为

```
Dim a as integer,b as long,c as single
```

也可以用类型符来定义变量，例如上面的语句可以写为

```
Dim a%,b&,c!
```

作用是一样的。

默认[As 类型]的为可变类型。

另外，若把多个变量都定义成同一类型，例如，把 *X*，*Y*，*Z* 都定义成双精度型，必须写成：Dim X as double, Y as double, Z as double

如果写成：Dim x,y,z as double

则 *x*，y 定义为可变类型，*z* 定义为双精度型。

对于字符型变量，VB 中分为定长和变长两种。例如：

```
Dim Name as string, Id as string*10
```

定义 *Name* 为变长字符型，其长度由接受的值决定。*Id* 为定长字符型，长度为 10 个字符。注意，在 VB 中，汉字与字母长度相同。定长字符型接收数据时，不够指定长度的用空格补齐，右边超过指定长度的部分无效。

Dim 语句定义的变量其作用范围由 Dim 语句所在的位置决定。Dim 语句出现在窗体代码的声明部分时，则窗体及窗体中各控件的事件过程都可以使用这些变量，这种变量称为窗体级变量；在过程内部用 Dim 语句声明的变量，只在该过程内有效，这种变量称为局部变量。关于变量的作用域，第 8.4 节将详细阐述。

（2）隐式说明。VB 中使用未加说明的变量时，系统默认为可变类型（Variant），这种方式称为隐式说明。建议初学者养成对变量显式说明的习惯，以避免一些不必要的错误。

可以执行“工具”→“选项”菜单命令，在“选项”对话框的“编辑器”选项卡中选中“要求变量声明”复选框；或直接在代码声明部分加上“Option Explicit”。这样在使用未说明的变量名时，系统就会发出错误警告。

2．可变类型变量 Variant

在说明语句中，使用类型关键字 Variant 定义类型；或仅定义变量而不做类型声明（或变量名不带类型符），则该变量称为可变类型变量。这样，变量的类型，即对数据的存储形式，将随着存放的数据变化，VB 自动完成各种必要的转换。

3．自定义类型变量

在 VB 6.0 中允许用户自己定义变量类型，在定义“自定义类型变量”前，要先定义数据类型（参见第 2.2.6 小节“自定义类型”）。

例如，在第 2.2.6 小节“自定义类型”中定义了 stutype 类型，它有 xm（姓名）、xh（学号）、csrq（出生日起）、sx（数学）、yw（语文）和 yy（英语）6 个元素。我们可以用 stutype 来定义变量类型。

```
Dim student as stutype
```

这样我们就定义了自定义类型变量 *student*，可以用 <变量名.元素名> 格式表示其中各元素。Student.xm 表示学生的姓名；student.csrq 表示学生的出生日期。

在使用自定义类型时应注意如下问题。

（1）数据类型通常在标准模块（.BAS）中定义，可以通过“工程”→“添加模块”菜单命令来完成。默认有效区域为全局。

（2）自定义类型时如果用到字符型，必须定义为定长字符串。

（3）Type 定义的是数据类型，Dim 定义的是变量类型，注意它们的区别。

2.4 运算符与表达式

2.4.1 算术运算符

算术运算符用来连接数值型数据进行算术运算，VB 提供了 7 种算术运算符，如表 2-2 所示。

表 2-2 算术运算符

运算符	说明	示例	优先级
^	乘方	x^y	1
*、/	乘、除	x*y ，x/y	2
\	整除	x\y	3
Mod	模运算	x Mod y	4
+、-	加、减	x+y，x-y	5

（1）乘方：^。

（2）乘、除：*、/。

（3）加、减：+、-。

以上运算与数学中的意义相同。

（4）整除：\。

结果是两整数相除后的整数部分。例如，20\6，结果为 3。

（5）模运算：MOD。

结果是两整数相除后的余数部分。例如，20 MOD 6，结果为 2。

如果参与整除的或模运算的两个数是实数，VB 先对小数部分四舍五入取整，然后计算。

例如：

20.4\6.9，转换为 20\7，结果为 2；

20.3MOD 6.6，转换为 20 MOD 7，结果为 6。

在“MOD”两端应加上空格。

2.4.2 字符串运算符

字符串只有连接运算，在 VB 中可以用“+”或“&”。建议尽量使用“&”，使程序看起来更明了。使用“&”运算符时，应注意前后加空格，否则 VB 会当作长整数型的类型符来处理。

注意“+”和“&”的区别。当两个被连接的数据都是字符型时，它们的作用相同。当数字型和字符型连接时，“&”把数据都转化成字符型，然后连接；“+”把数据都转化成数字型，然后连接。例如，

"ABC"+"DEF"其值为"ABCDEF"。

"姓名："&"张三" 其值为"姓名：张三"。

23 & "7" 其值为"237"。

23+"7" 其值为 30。

23+"7abc"则会出现类型不匹配的错误。

2.4.3 关系运算符

关系运算符用做两个数值或字符串的比较，返回值是逻辑值 True 或 False。表 2-3 列出了 VB 6.0 中的关系运算符及使用示例。

表 2-3 VB 6.0 中的关系运算符

运算符	意义	示例	返回值
=	等于	"ABC"="ABF"	False
>	大于	"ABC">"AF"	False
>=	大于等于	"f" >= "Fgh"	True
<	小于	25<45.5	True
<=	小于等于	23<=23	True
< >	不等于	"XYZ"<>"xyz"	True
Like	使用通配符匹配比较	"WXYZ" Like "*X*"	True
Is	引用对象比较	Is>0	由对象当前值决定

注意以下的比较规则。

（1）数值型比较与数学意义相同。

（2）字符型数据的比较按照从左到右的顺序按其 ASCII 值比较大小。

（3）Is 代替代码中引用的对象参与比较。

（4）Like 与通配符（*、？、# 等）结合使用，经常用于模糊查找。

例如："*X*" 表示包含 "X" 的字符串；

"A*" 表示包含 "A" 开头的字符串。

（5）关系运算符的优先级相同。

2.4.4 逻辑运算符

逻辑运算符对逻辑量进行逻辑运算，除 Not 外都是对两个逻辑量运算，结果为逻辑值。表 2-4 列出了 VB 6.0 中的逻辑运算符。

表 2-4 VB 6.0 中的逻辑运算符

运算符	意义	优先级	说明	示例	返回值
Not	取反	1	操作数为假时，结果为真	Not true	False
And	与	2	两个操作数均为真时，结果才为真，其余为假	False And True True And True	False True
Or	或	3	两个操作数只要有一个为真，结果为真	False Or True True Or True	True True
Xor	异或	3	两个操作数为一真一假时，结果为真	False Xor True True Xor True	True False
Eqv	等价	4	两个操作数同为真或假时，结果为真	False Eqv True False Eqv False	False True
Imp	蕴含	5	第一个操作数为真，第二个操作数为假时，结果为假，其余情况都为真	True Imp False False Imp True True Imp True	False True True

2.4.5 表达式

1. 表达式的组成

表达式由常量、变量、函数、运算符、( ) 按照一定的规则组成，不管表达式的形式如何，都会计算出一个结果，该结果的类型由参与运算的数据和运算符决定。

2．表达式的书写规则

（1）表达式中的每个字符没有高低、大小的区别。

（2）只能使用圆括号，可以多重使用，圆括号必须成对出现。

（3）VB 表达式中的乘号“*”不能省略。

（4）能用系统函数的地方尽量使用系统函数。

例如，数学公式 $\frac{-b+\sqrt{b^2-4ac}}{2a}$ 写成 VB 表达式为

(-b+sqr(b^2-4*a*c))/(2*a)

只有算术运算符的表达式也称为算术表达式。

3．关系表达式和逻辑表达式

当使用关系运算符或逻辑运算符时，表达式又称为关系表达式或逻辑表达式。

关系运算一般表示一个简单的条件。

例如，age>20、score>80、x+y>z 等。

逻辑表达式表示较复杂的条件。

例如，数学中的 0<x<5，写成 VB 表达式应为 0<x And x<5。

4．结果类型

在算术表达式中，不同类型的数据计算时，结果转化成精度高的类型。

关系表达式和逻辑表达式的结果是逻辑值：True、False。

5．优先级

圆括号>算术运算符>关系运算符>逻辑运算符

在复杂的表达式中，可以增加圆括号，使表达式的运算次序更清晰。

2.5 常用内部函数

VB 提供了大量的内部函数供用户调用。在本节中，我们分类介绍一些常用的内部函数。

函数的一般调用格式如下。

格式：函数名（[参数表]）

参数表可以有一个参数或逗号隔开的多个参数，多数参数都可以使用表达式。函数一般作为表达式的组成部分调用。

以下介绍 5 类常用函数，在叙述中有以下约定：N 表示算术表达式，C 表示字符串表达式，D 表示日期型表达式，X 表示其他情况。

2.5.1 数学函数

VB 提供了大量的数学函数。常用数学函数有三角函数、算术平方根函数、对数函数、指数函数及绝对值函数等。表 2-5 列出了其函数形式及返回值。

表 2-5 常用数学函数

函数名	说明	示例
Sin(*N*)	返回自变量 *N* 的正弦值	Sin(0)=0 *N* 为弧度
Cos(*N*)	返回自变量 *N* 的余弦值	Cos(0)=1 *N* 为弧度
Tan(*N*)	返回自变量 *N* 的正切值	Tan(0)=0 *N* 为弧度
Atn(*N*)	返回自变量 *N* 的反正切值	Atn(0)=0 函数值为弧度
Sgn(*N*)	返回自变量 *N* 的符号。*N*<0，返回−1；*N*=0，返回 0；*N*>0，返回 1	Sgn(35)=1 Sgn(0)=0 Sgn(−5.34)=−1
Abs(*N*)	返回自变量 *N* 的绝对值	Abs(−345)=345 Abs(345)=345
Sqr(*N*)	返回自变量 *N* 的平方根，*N*≥0	Sqr(81)=9
Exp(*N*)	返回 e 的 *N* 次幂值，*N*≥0	Exp(3)=20.086
Log(*N*)	返回 *N* 的自然对数，*N*>0	Log(10)=2.3
Int(*N*)	返回不大于 *N* 的最大整数	Int(3.6) =3 Int(−5.2)= −6
Cint(*N*)	四舍五入取整	Cint(3.6) =4
Rnd[(*N*)]	返回 0～1 的随机小数	

注意如下情况。

（1）三角函数的自变量以弧度表示。

例如，Sin（27°）要写成 Sin(3.14159*27/180)。

（2）随机函数 Rnd(*N*)可以写成 Rnd，函数值可以是双精度型。

Rnd 返回小于 1、大于零的双精度随机数。其值由系统根据种子数随机给出，直接使用时，种子数是不变的、即每次执行程序都得到相同的随机数序列。可以使用 Randomize 语句来改变种子数。其格式为：Randomize。这时用系统计时器返回的值作为随机种子。

2.5.2 转换函数

转换函数用于各种类型数据之间的转换。常用转换函数如表 2-6 所示。

表 2-6 常用转换函数

函数名	说明	示例
Int(*N*)	返回不大于 *N* 的最大整数	Int(−3.4)=−4 Int(3.4)=3
Fix(*N*)	返回 *N* 的整数部分，截去小数部分	Fix (−3.4)=−3 Fix (3.4)=3
Asc(C)	返回字符串 C 首字符的 ASCII 值	Asc("A")=65 Asc("Apple")=65
Chr(*N*)	返回 ASCII 值为 *N* 的字符	Chr(65)="A" Chr(97)="a"
Val(C)	把数字组成的字符串型转化成数值型	Val("3.14")=3.14 Val("456")=456

续表

函数名	说明	示例
Str(*N*)	把数值 *N* 转化成字符串型	Str(357)="357"
Cint(*N*)	把 *N* 的小数部分四舍五入取整	Cint(32.65)=33

2.5.3 字符串函数

VB 具有很强的字符串处理能力，表 2-7 中列出了常用的字符串函数。

表 2-7 常用字符串函数

函数名	说明	示例
Trim(C)	去掉字符串 C 两端的空格	Trim(" ab ")="ab"
Left(C,*n*)	截取 C 最左边的 *n* 个字符	Left("command",3)="com"
Right(C,*n*)	截取 C 最右边的 *n* 个字符	Right("command",3)="and"
Mid(C,*m*,*n*)	截取 C 中从第 *m* 个字符开始的 *n* 个字符	Mid("command",3,2)="mm"
Len(C)	返回 C 包含的字符数，汉字空格都算一个字符	Len("中华人民共和国")=7 Len("Who are you?")=12
Ucase(C)	将 C 中的小写字母转化成大写字母	Ucase("Who?")="WHO?"
Lcase(C)	将 C 中的大写字母转化成小写字母	Lcase("Who?")="who?"

2.5.4 日期与时间函数

日期与时间函数提供时间和日期信息，表 2-8 列出了常用的时间与日期函数。

表 2-8 常用时间与日期函数

函数名	说明	示例
Time[$][()]	返回系统当前时间	15:30:05
Date[$][()]	返回系统当前日期	2002-04-05
Now[()]	返回系统当前日期和时间	2002-04-05 15:30:05
Day(C/*N*)	返回数据中当月第几天	Day("99,05,08")=8
Month(C/*N*)	返回数据中当年第几月	Month("99,05,08")=5
WeekDay(C/*N*)	返回数据当天是星期几	WeekDay("99,05,08")=7 表示 1999 年 5 月 8 日是星期六

习题

1. 简述关键字与标识符的区别。
2. 找出下列变量名中哪些是错误的。

（1）n　　（2）3w　　（3）Abs　　（4）x-y

（5）x%y （6）e f （7）出生日期 （8）grade_1

3. 把下列数学表达式写成 VB 表达式。

（1）$v_0t-\frac{1}{2}at^2$

（2）$\frac{\sin\alpha\cos\beta}{\alpha\beta}$

（3）ax^2-bx-c

（4）$0<x\leqslant5$

4. 计算下列表达式的值。

（1）8/4*5/2.5* (3.25+6.75)　　（2）3*7\2

（3）26\3 mod 0.4*int(2.5)　　（4）True and 8−3>=6

（5）#8/5/1999# − 10

5. *x*是单精度型变量，按下列要求写出表达式。

（1）对 *x* 取整，小数点后面第一位四舍五入。

（2）截掉 *x* 小数点后面第三位及以后的数。

6. 按下列要求产生随机数。

（1）10～1000 的整数（包含 10 和 1000）。

（2）一个两位整数。

PART 3 第 3 章 简单 VB 程序设计

我们知道，VB 应用程序的执行是由事件驱动的，当用户触发某一事件时，执行相应的事件过程，这些事件过程之间并没有特定的执行次序。但在每一个事件过程内部，是有一定的执行控制流程的，这就是通常所说的 3 种基本结构：顺序结构、分支结构和循环结构。顺序结构是最简单的一种结构，该结构按语句排列的先后顺序执行。本章的主要内容包括 VB 最基本的几个对象和与顺序结构有关的语句及方法。通过本章的学习，可以进行简单 VB 程序设计。

3.1 窗体

创建 VB 应用程序的第一步是创建用户界面。用户界面的基础是窗体，各种控件对象必须建立在窗体上。

启动 VB 后，即在屏幕上显示一个窗体，如图 3-1 所示。

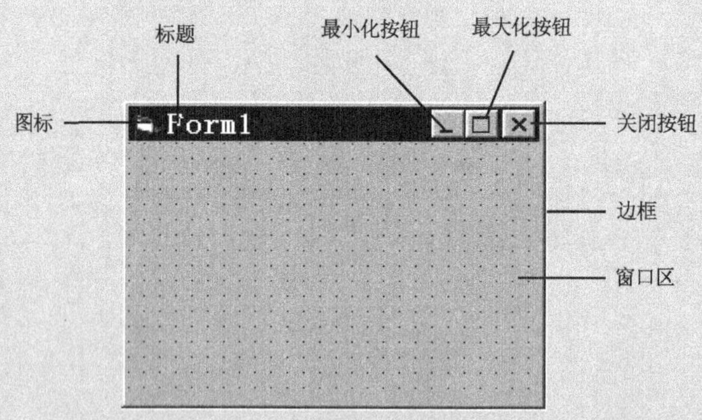

图 3-1 窗体

3.1.1 窗体的主要属性

窗体的属性决定了窗体的外观和操作。对象的大部分属性可用两种方法来设置：通过属性窗口设置和通过程序代码设置。有少量的属性不能在程序代码中设置。

（1）Caption 属性。Caption 属性用于设置窗体的标题内容。标题内容应概括说明本窗体的作用。

（2）MaxButton 属性和 MinButton 属性。

MaxButton 属性为 True，窗体右上角有最大化按钮；为 False 时，无最大化按钮。

MinButton 属性为 True，窗体右上角有最小化按钮；为 False 时，无最小化按钮。

（3）BorderStyle 属性。BorderStyle 属性用于决定窗体边框式样及窗体是否能调整大小。它有如下 6 个可选值。

0-None：无边框，无法移动及改变大小。

1-Fixed Single：单线边框，可移动、无法改变大小。

2-Sizable：双线边框，可移动及改变大小。

3-Fixed Dialog：窗体为固定对话框，不可改变大小。

4-Fixed ToolWindow：窗体外观与工具箱相似，有关闭按钮，不能改变大小。

5-Sizable ToolWindow：窗体外观与工具箱相似，有关闭按钮，能改变大小。

（4）BackColor 属性和 ForeColor 属性。BackColor 属性设置窗体的背景颜色；ForeColor 属性设置窗体的前景颜色。窗体的前景颜色是执行 Print 方法时所显示文本的颜色。

（5）Height 属性和 Width 属性。Height 属性和 Width 属性用于设置窗体的初始高度和宽度。其单位为 Twip。1Twip=1/20 点=1/1440 英寸=1/567 厘米。

（6）Left 属性和 Top 属性。Left 属性和 Top 属性用于设置窗体左边框距屏幕左边界的距离和窗体顶边距屏幕顶端的距离。其单位为 Twip。

（7）Name 属性。Name 属性用于设置窗体的名称，在程序代码中用这个名称引用该窗体。新建工程时，窗体的名称默认为 Form1；添加第二个窗体，其名称默认为 Form2，以此类推。为了便于识别，用户通常给 Name 属性设置一个有实际意义的名称。

（8）Enabled 属性。Enabled 属性值为 True 或 False，设置对象是否能够对用户产生的事件做出反应，一般在程序中设置，用于临时屏蔽对窗体或其他控件的控制。

（9）Moveable 属性。Moveable 属性值为 True 或 False，设置是否可以移动窗体。

（10）Visible 属性。Visible 属性值为 True 或 False，设置窗体是否被显示。用户可用该属性在程序代码中控制窗体的隐现。

（11）Picture 属性。Picture 属性用于设置在窗体中显示的图片。单击 Picture 属性右边的按钮，弹出“加载图片”对话框，用户可选择一个图片文件作为窗体的背景图片。若在程序中设置该属性的值，需要使用 LoadPicture 函数。

（12）WindowState 属性。WindowState 属性用于设置窗体启动后的大小状态。它有如下 3 个可选值。

0-Normal：窗体大小由 Height 和 Width 属性决定。

1-Minimized：窗体最小化成图标。

2-Maximized：窗体最大化，充满整个屏幕。

在 VB 中，虽然不同的对象有不同的属性集合，但有一些属性，如 Name、Enabled、Visible、Height、Width、Left、Top 等，其他控件也具有，且具有相似的作用。在后续章节中，我们主要介绍各种控件常用的特殊属性。

3.1.2 事件

窗体最常用的事件有 3 种：Click（单击）、DbClick（双击）和 Load（装入）。

（1）Click 事件。程序运行后，单击窗体触发该事件。

（2）DbClick 事件。程序运行后，双击窗体触发该事件。

（3）Load 事件。Load 事件是窗体被装入内存工作区时触发的事件。如果这个事件过程存在，就马上执行它。Load 事件过程通常用于启动程序时对属性、变量的初始化，装载数据等。

【例 3.1】 窗体上无最大化、最小化按钮，程序运行后，在窗体上装入一幅图片作为背景；当单击窗体时，窗体变宽；当双击窗体时，则退出。程序运行界面如图 3-2 所示。

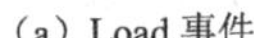

(a) Load 事件

(b) Click 事件

图 3-2 例 3.1 运行界面

属性设置如表 3-1 所示。

表 3-1 例 3.1 对象属性设置

对象	属性	设置
Form1	Caption	练习窗体事件
	MaxButton	False
	MinButton	False

事件过程如下。

```
Private Sub Form_Load()  ' 装入图片
  Form1.Picture = LoadPicture("c:\pic\Changcheng.wmf")
End Sub

Private Sub Form_click()       ' 单击窗体
  Form1.Width = Form1.Width + 1000
End Sub

Private Sub Form_DblClick()   ' 双击窗体
  End
End Sub
```

上机时，可通过查找文件的方法找一个图片文件，参照本例中的格式代入即可。

3.2 命令按钮

在 VB 应用程序中，命令按钮是使用得最多的对象之一，常常用它接收用户的操作信息，触发相应的事件过程，以实现指定的功能。

3.2.1 属性

（1）Caption 属性。Caption 属性用于设定命令按钮上显示的文本。该属性也可为命令按钮创建快捷键，其方法是在作为快捷键的字母前加一个“&”，则程序运行时标题中的该字母带有下画线，该带有下画线的字母就成为快捷键，当用户按下 Alt+快捷键时，便可激活该命令按钮。例如，将某个按钮的 Caption 属性设置为“&OK”，程序运行时就会显示 OK，当按下 Alt+O 快捷键时，便激活 OK 按钮。

（2）Default 属性。Default 属性用于设置默认命令按钮。当 Default 属性设置为 True 时，按 Enter 键相当于用鼠标单击了该按钮。在一个窗体上，只能有一个命令按钮的 Default 属性设置为 True。如果某个命令按钮的 Default 属性设置为 True，该窗体中的其他命令按钮的 Default 属性将全部被自动设置为 False。

（3）Style 属性和 Picture 属性。命令按钮上除了可以显示文字外，还可以显示图形。若要显示图形，首先应将 Style 属性设置为 1，然后在 Picture 属性中设置要显示的图形文件。与此类似，若要设置命令按钮的 BackColor（背景色），也应将 Style 属性设置为 1。

Style 属性可设置如下。

0-Standard：标准的，命令按钮上不能显示图形。

1-Graphical：图形的，命令按钮上可以显示图形，也可以显示文字。

（4）Value 属性。Value 属性只能在程序运行期间引用或设置。True 表示被按下，False（默认）表示未被按下。在代码中可通过设置 Value 属性为 True，来触发命令按钮的 Click 事件。例如，利用下面的代码，可通过程序来选择命令按钮，并触发命令按钮的 Click 事件。

```
Command2.Value=True
```

3.2.2 事件

命令按钮最常用的事件是 Click 事件。

3.3 标签

标签（Label）主要用于显示不需要用户修改的文本。所以，标签可以用来标识窗体及窗体上的对象，如为文本框、列表框等添加描述性的文字，或者作为窗体的说明文字。

3.3.1 属性

（1）Caption 属性。Caption 属性用于设置标签要显示的内容。它是标签的主要属性。

（2）BorderStyle 属性。BorderStyle 属性默认值为 0，标签无边框；设置为 1 时，标签有立体边框。

（3）Autosize 属性。Autosize 属性用于设置标签是否自动改变尺寸以适应其内容。设置为 True 时，随着 Caption 的内容变化，自动调整标签的大小，并且不换行；设置为 False 时，标签保持设计时的大小，这时如果内容太长，只能显示一部分。默认值为 False。

（4）Alignment 属性。Alignment 属性用于确定标签中内容的对齐方式，有如下 3 种可选值。

0-Left Juseify：默认值，左对齐。

1-Right Juseify：右对齐。

2-Center：居中对齐。

（5）BackStyle 属性。BackStyle 属性用于设置背景是否透明。默认值为 1，不透明；设为 0 时，透明。所谓透明，是指无背景色。

3.3.2 事件

标签最常用的事件是 Click、DbClick 事件。

【例 3.2】 修改例 3.1，在图片上加提示信息“请单击图片”，程序的其他功能不变。程序的运行界面如图 3-3 所示。

图 3-3 例 3.2 运行界面

操作如下。

在窗体上添加一个标签，将其 Caption 属性设置为“请单击图片”，BackStyle 属性设置为 0（透明），程序代码不变。

3.4 文本框

文本框（TextBox）在窗体中为用户提供一个既能显示文本又能编辑文本的区域。在文本框内，用户可以用鼠标、键盘按常用的方法对文字进行编辑，例如进行输入、删除、选择、复制、粘贴等各种操作。

3.4.1 属性

（1）Text 属性。Text 属性用于设置文本框中显示的内容。它是文本框最主要的属性。

（2）Locked 属性。Locked 属性用于设置文本框中的内容是否可编辑。默认值为 False，表示可编辑；当设置为 True 时，不可编辑，此时文本框的作用相当于标签。

（3）Maxlength 属性。Maxlength 属性用于设置文本框中允许输入的最大字符数。如果输入的字符数超过 Maxlength 属性设定的数目后，系统将不接受超出部分的字符，并发出“嘟嘟”声。该属性默认值为 0，表示无限制。

（4）MultiLine 属性。MultiLine 属性用于决定文本框是否允许接收多行文本。若设置为 True，文本框可接收多行文本，当输入的文本超出文本框的边界时，会自动换行。默认值为 False，文本框中只能输入一行文本。

（5）PassWordChar 属性。当 MultiLine 为 False 时，PassWordChar 属性可设置显示在文本框中的替代符。例如，PassWordChar 属性设置为“*”，那么无论用户输入什么字符，文本框中显示的只是“*”，但文本框接收的还是用户实际输入的字符。设置该属性主要用于输入口令。

（6）ScrollBars 属性。ScrollBars 属性用于决定文本框中是否有滚动条，有如下 4 种可选值。

0-None：无滚动条。

1-Horizontal：加水平滚动条。

2-Vertical：加垂直滚动条。

3-Both：同时加水平和垂直滚动条。

只有当 MultiLine 属性为 True 时，文本框才能加滚动条。

3.4.2 事件

文本框除支持 Click、DbClick 事件，常用的还有 Change、LostFocus 事件。

1．Change 事件

当用户输入新内容，或程序对文本框的 Text 属性重新赋值，从而改变文本框的 Text 属性时，触发 Change 事件。每当用户输入一个字符时，就会触发一次该事件。Change 事件过程可协调在各控件间显示的数据或使它们同步。例如，在一个工作区里显示数据和公式，在另一个区域里显示结果。

2．LostFocus 事件

当用户按下 Tab 键时，光标离开文本框，或用鼠标选择其他对象时，触发 LostFocus 事件，称为“失去焦点”事件。焦点是对象接收用户鼠标或键盘输入的能力。当对象具有焦点时，可接收用户的输入。通常用该事件过程对文本框中的内容进行检查和确认。

3.4.3 方法

文本框最常用的方法是 SetFocus，使用该方法可把光标移到指定的文本框中，使之获得焦点。当使用多个文本框时，用该方法可把光标移到所需要的文本框中。其使用格式为

对象.SetFocus

【例 3.3】 程序运行后，随着用户的输入，标签中同步显示出用户对文本框内容更新的次数。运行效果如图 3-4 所示。

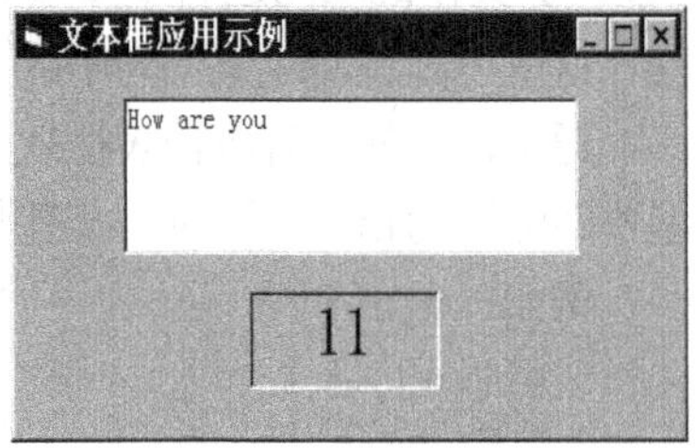

图 3-4 例 3.3 运行效果

（1）界面设计。在窗体上建立一个文本框、一个标签，设置各对象的属性，如表 3-2 所示。

表 3-2 例 3.3 对象属性设置

对象	属性	设置
Form1	Caption	文本框应用示例
Text1	text	空
	MultiLine	True
Label1	Caption	空
	BorderStyle	1
	Alignment	2
	Font	字体大小取二号

（2）编写事件过程如下。

```
Private Sub Text1_Change()
  Static  i%
  i = i + 1
  Label1.Caption = i
End Sub
```

请思考：标签中显示的数字是文本框中显示的字符个数吗？

3.5 赋值语句

赋值语句是 VB 程序最常用、最基本的语句，它能为变量提供数据。另外，若要在程序代码中设置对象的属性，也是使用赋值语句。

赋值语句有两种格式。

格式 1： 变量名=表达式

格式 2： [对象名.]属性名=表达式

赋值语句的作用是：首先计算“=”右边表达式的值，然后将该值赋给“=”左边的变量或对象的属性。在格式 2 中，若对象名省略，则默认对象为当前窗体。

例如：

```
x=2                     ' 把 2 赋给 x
y=x*3                   ' 计算 x*3 的值，得 6，把 6 赋给 y
x=x+1                   ' 计算 x+1 的值，得 3，把 3 赋给 x
a$= "Hello"             ' 把“Hello”赋给 a$
Text1.Text="你好！"      ' 把“你好!”赋给 Text1 的 Text 属性
```

对上例中的 $x=x+1$ 需要特别注意，它是把 x 的原值加 1 后赋回给变量 x。如果原值是 2，则 x 的新值是 3；如果原值是 4，则 x 的新值是 5。总之，执行了该语句后，x 的新值比它的原值大 1。类似的语句还有 $b=b+c$、$s=s*n$ 等，这类语句在程序设计中是很有用的。

这里还要说明赋值语句中的类型问题。

通常，在使用时应使表达式值的类型与变量（或对象的属性）类型相同，以避免出现“类型不匹配”的错误。不过，某些情况下，VB 容许“=”两边类型不相同。

例如：

```
dim  x!,y%,z!
x = "12.5"                 ' 把数值形式的字符串赋给实型变量
y=34.24                    ' 把实型数赋给整型变量，此时截去小数部分
z=6                        ' 把整数赋给实型变量
```

以上 3 种情况都是赋值相容的。在赋值相容的前提下，当“=”两边类型不相同时，VB 自动将表达式值的类型转换成“=”左边变量（或对象的属性）的类型，这种方式称为“向左看齐”。上例中，实际赋给 x、y、z 的值分别是 12.5、34、6.0。

【例 3.4】 已知三角形 3 边 a、b、c 的长，求三角形的面积，输出 3 条边长及面积。

应用程序的界面应该能让用户输入 3 边的长，程序在接收用户输入的数据后，利用数学公式对数据进行计算，并把结果输出到屏幕上。已知三角形 3 边 a、b、c 的长，求三角形面积的公式为

$$s=\sqrt{p(p-a)(p-b)(p-c)}$$

其中 $p=(a+b+c)/2$。

（1）界面设计。在窗体上建立 5 个标签、3 个文本框和一个命令按钮。设置各对象的属性，如表 3-3 所示。

表 3-3　　例 3.4 对象属性设置

对象	属性	设置
Form1	Caption	计算三角形面积
Label1	Caption	请输入 3 边
Label2	Caption	*a*
Label3	Caption	*b*
Label4	Caption	*c*
Label5	Caption	空
Text1	Text	空
Text2	Text	空
Text3	Text	空
Command1	Caption	计算

设计完成的界面如图 3-5 所示。

（2）编写事件过程如下。

```
Private Sub Command1_Click()
  Dim a!, b!, c!, p!, s!
  a = Text1.Text
  b = Text2.Text
  c = Text3.Text
  p = (a + b + c) / 2
  s = Sqr(p * (p - a) * (p - b) * (p - c))
  Label5.Caption = s
End Sub
```

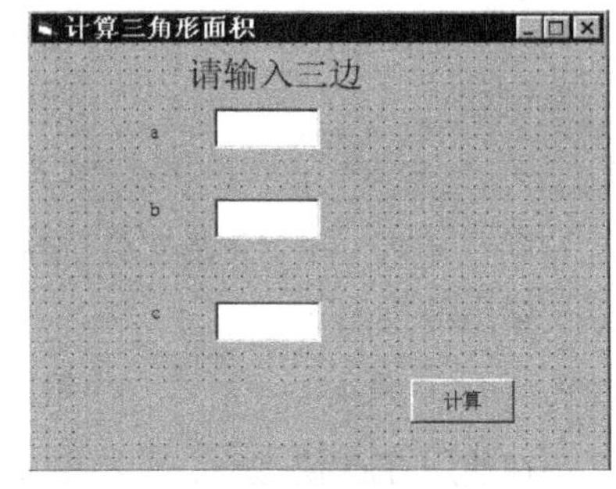

图 3-5　例 3.4 界面

上述程序主要使用了赋值语句，前 3 个赋值语句用于把 3 个文本框中输入的内容分别赋给变量 *a*、*b*、*c*，第四个赋值语句计算周长的一半并赋给变量 *p*，第五个赋值语句计算三角形的面积并赋给变量 *s*，最后一个赋值语句的作用是把面积 *s* 的值在标签（Label5）中显示出来。

3.6　Print 方法

Print 是输出数据的一种重要方法。

3.6.1　Print 的格式及功能

格式：[对象名.]Print [表达式列表]

功能：在对象上输出表达式的值。

说明：

（1）对象名：可以是 Form（窗体）、Debug（立即窗口）、Picture（图片框）和 Printer（打印机）。省略此项，表示在当前窗体上输出。例如：

```
Print  "23*2="; 23*2         ' 在当前窗体上输出 23*2= 46
Picture1.Print  "Good "      ' 在图片框 Picture1 上输出 Good
Printer.Print  "Morning"     ' 在打印机上输出 Morning
```

（2）表达式列表：一个或多个表达式，若为多个表达式，则各表达式之间用“,”或“;”隔开。省略此项，则输出一空行。

（3）用“,”分隔各表达式时，各项在以 14 个字符位置为单位划分出的区段中输出，每个区段输出一项；用“;”分隔各表达式时，各项按紧凑格式输出。

（4）如果在语句行末尾有“;”，则下一个 Print 输出的内容，将紧跟在当前 Print 输出的内容后面；如果在语句行末尾有“,”，则下一个 Print 输出的内容，将在当前 Print 输出内容的下一区段输出；如果在语句行末尾无分隔符，则输出完本语句内容后换行，即在新的一行输出下一个 Print 的内容。例如：

```
Print  1; 2; 3
Print  4, 5,
Print  6
Print  7, 8
Print
Print  9, 10
```

输出结果为

```
1  2  3
4             5             6
7             8

9             10
```

(5) 定位输出。在 Print 方法中，可以使用 Tab 函数对输出项进行定位。

例如：

```
    Print  Tab(10) ; "姓名" ; Tab(25) ; "年龄"
```

则“姓名”和“年龄”分别从当前行的第 10 列和第 25 列开始输出。

输出结果如下：

```
         姓名          年龄
```

在使用 Tab 函数时，要将输出的内容放在 Tab 函数的后面，并用“;”隔开。有多个输出项时，每个输出项对应一个 Tab 函数，各项之间均用“;”隔开。Tab 函数的格式为 Tab(n)，其中 n 为整数表达式，用它来指定输出的起始位置。

在 Print 方法中，还可以使用 Spc 函数，例如：

```
Print  "后面有 8 个空格"; Spc (8) ; "前面有 8 个空格"
```

输出结果如下：

```
后面有 8 个空格        前面有 8 个空格
```

Spc 函数的格式为 Spc(n)，其中 n 为整数表达式，表示在下一个输出项之前插入的空格数，Spc 函数与各输出项之间必须用“;”隔开。

3.6.2 Cls 方法

格式：[对象名.]Cls

功能：Cls 方法清除 Print 方法显示的文本或在图片框中显示的图形，并把输出位置移到对象的左上角。格式中的对象可以是窗体或图片框，如果省略对象名，则清除当前窗体的显示内容。

3.7 输入框

我们知道，文本框可以接收用户的输入。输入框也可以接受用户的输入，但是其风格和用法有别于文本框。VB 提供的 InputBox 函数可生成输入框。

例如：

```
p$=InputBox ( "请输入密码" , "密码框" )
```

执行该语句后，屏幕上显示图 3-6 所示的输入框。

图 3-6 输入框

用户可在文本区输入数据，然后单击“确定”按钮，函数返回值是用户在文本区输入的数据，其类型为字符型。如果单击“取消”按钮，则函数返回值是空字符串。在本例中，函数返回值赋给了变量 p\$，p\$可供后续的语句使用。当用户单击“确定”或“取消”按钮后，输入框即从屏幕上消失。

每执行一次 InputBox 函数，用户只能输入一个数据。另外，输入框的样式是固定的，用户不能改变。用户能改变的是输入框的“提示”和“标题”的内容，“提示”和“标题”都是字符串表达式。

InputBox 函数的一般格式为

InputBox（提示[，标题][，默认值][，x 坐标位置][，y 坐标位置]）

其中各参数的含义如下。

“提示”：必选项，字符串表达式，在对话框中作为提示信息，若要在多行显示提示信息，则可以在各行之间用 vbNewLine 来分隔，vbNewLine 是代表换行的常量。

例如：

```
InputBox ("第一行" & vbNewLine & "第二行")
```

“标题”：字符串表达式，在对话框中标题区显示，若省略，则标题为应用程序名。

“默认值”：字符串表达式，在没有其他输入时作为默认值。

“x 坐标位置”、“y 坐标位置”：整数表达式。坐标确定对话框左上角在屏幕上的位置，屏幕左上角为坐标原点，单位为 Twip。

需要注意的是：各项参数次序必须一一对应，除了“提示”不能省略外，其余各项均可省略，但省略部分也要用逗号占位符跳过。

例如：

```
f$ = InputBox("第一行" & vbNewLine & "第二行", , "ddd", 200, 200)
```

该语句运行时屏幕的显示如图 3-7 所示。

【例 3.5】 已知圆半径，求圆周长和圆面积。

（1）界面设计。在窗体上建立两个标签、两个文本框和两个命令按钮。设置各对象的属性，如表 3-4 所示。

表 3-4　　例 3.5 对象属性设置

对象	属性	设置
Form1	Caption	求圆周长和圆面积
Text1	Text	空
Text2	Text	空
Label1	Caption	圆周长
Label2	Caption	圆面积
Command1	Caption	输入半径
Command2	Caption	结束

设计完成的界面如图 3-8 所示。

图 3-7　InputBox 示例

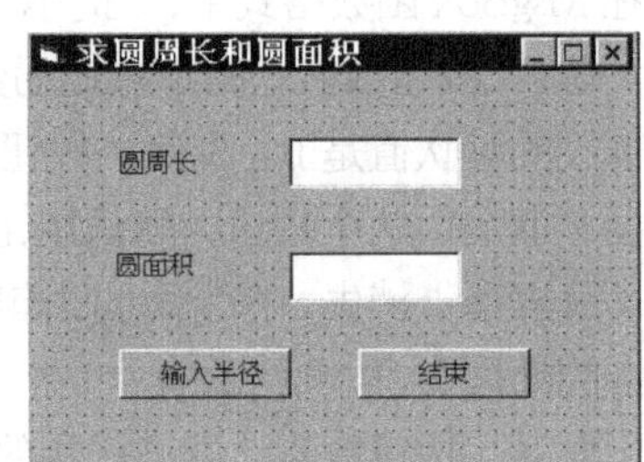

图 3-8　例 3.5 界面

（2）编写事件过程如下。

```
Private Sub Command1_Click()
  Dim r!, c!, a!
  r = InputBox("请输入半径", "输入框")
  c = 2 * r * 3.14159
  a = 3.14159 * r ^ 2
  Text1.Text = c
  Text2.Text = a
End Sub

Private Sub Command2_Click()
  End
End Sub
```

程序运行后，单击“输入半径”按钮，执行事件过程 Command1_Click()，第一条赋值语句调用 InputBox 函数，弹出图 3-9 所示的“输入框”对话框。

在文本区输入半径值，如 23，单击“确定”按钮，VB 把 InputBox 函数数值形式的字符串自动转换成数值，赋给变量 *r*，继续执行后续语句，计算圆周长，赋给变量 *c*；计算圆面积，赋给变量 *a*；最后把 *c*、*a* 的值分别赋给两个文本框的 Text 属性，使它们的值显示出来，如图 3-10 所示。

图 3-9　例 3.5 输入框

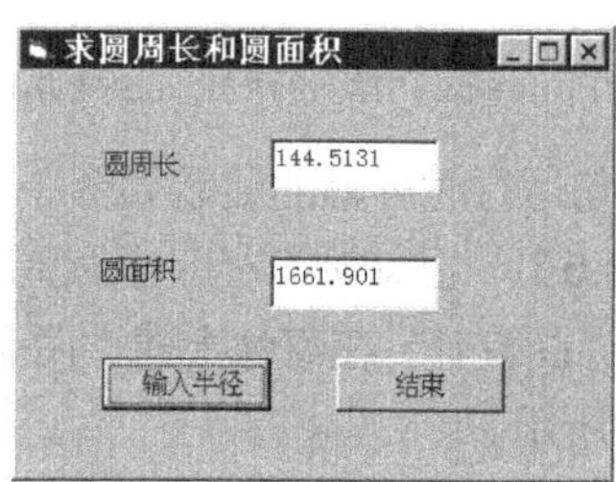

图 3-10　例 3.5 运行效果

3.8　消息框

执行 VB 提供的 MsgBox 函数，可以在屏幕上出现一个消息框，消息框通知用户消息，并等待用户来选择消息框中的按钮，MsgBox 函数返回一个与用户所选按钮相对应的整数。

MsgBox 函数的格式：

MsgBox（提示，[，按钮数值][，标题]）

例如：

```
inta=MsgBox ( "密码错", 21, "密码核对"  )
```

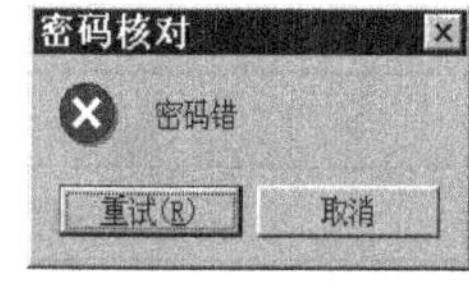

图 3-11　消息框示例

执行该语句后，屏幕上显示图 3-11 所示的消息框。

在 MsgBox 函数格式中，“提示”和“标题”的含义同 InputBox 函数，“按钮数值”的含义复杂一些，“按钮数值”指定按钮的数目及类型，使用的图标样式以及默认按钮是什么等，“按钮数值”的默认值是 0。本例“按钮数值”是 21，其含义是：消息框中有“×”图标，有“重试”及“取消”两个按钮，默认按钮是“重试”按钮。当用户单击消息框中的一个按钮后，消息框即从屏幕上消失。在上面的语句中，将函数的返回值赋给了变量 *inta*，在程序中可引用 *inta* 做相应的处理。

下面对“按钮数值”做进一步的解释。

“按钮数值”是 3 个数值之和，这 3 个数值分别代表按钮的数目及类型、使用的图标样式，以及默认按钮是什么。

表3-5、表3-6和表3-7，分别列出了这3个数值的含义。

表 3-5　按钮的类型及其对应的值

符号常数	值	描述
vbOKOnly	0	只显示“确定”按钮
vbOKCancel	1	显示“确定”和“取消”按钮
vbAbortRetryIgnore	2	显示“放弃”、“重试”和“忽略”按钮
VbYesNoCancel	3	显示“是”、“否”和“取消”按钮
vbYesNo	4	显示“是”和“否”按钮
VbRetryCancel	5	显示“重试”和“取消”按钮

表 3-6　图标的样式及其对应的值

符号常数	值	描述
vbCritical	16	显示“×”图标
vbQuestion	32	显示“? ”图标
vbExclamation	48	显示“!”图标
vbInformation	64	显示“i”图标

表 3-7　默认按钮及其对应的值

符号常数	值	描述
vbDefaultButton1	0	第一个按钮为默认按钮
vbDefaultButton2	256	第二个按钮为默认按钮
VbDefaultButton	512	第三个按钮为默认按钮

“按钮数值”是从上面3个表中各取一个数相加而得。

每个表只能取一个数。例如“按钮数值”是21，系统会自动把它分解成分别属于上面3个表中的3个值5、16、0，21=5+16+0，这种分解是唯一的。

在程序中，一般把“按钮数值”写成符号常数相加的形式，如把21写成VbRetryCancel+vbCritical+vbDefaultButton1，这样可使程序含义清楚，从而增加程序的可读性。当然，把21写成5+16+0也是允许的。

MsgBox函数的返回值是根据用户单击哪个按钮而定的，如表3-8所示。

表 3-8　MsgBox 函数的返回值

符号常数	值	用户单击的按钮
vbOK	1	确定
vbCancel	2	取消

续表

符号常数	值	用户单击的按钮
vbAbort	3	放弃
vbRetry	4	重试
vbIgnore	5	忽略
vbYes	6	是
vbNo	7	否

通常，在程序中要根据 MsgBox 函数返回值的不同做不同的处理，这需要用到第 4 章中介绍的选择结构方面的知识。

MsgBox 也可以写成语句形式，例如：

MsgBox "密码错","密码核对"

执行此语句也产生一个消息框，如图 3-12 所示。

MsgBox 语句没有返回值，因此常用于比较简单的信息提示。

图 3-12　密码核对消息框

3.9　注释语句、结束语句

3.9.1　注释语句

为了提高程序的可读性，通常在程序的适当位置加上必要的注释。在 VB 中用“'”或 Rem 来标识一条注释语句，格式为

'|Rem　<注释内容>

例如：

```
Rem  2006 年编写
Private Sub Form_click()
  Dim a$                        '定义一个字符串变量
  a="Visual  Basic6.0 中文版"    '为变量赋值
  print a                       '打印 a 的内容
End Sub
```

（1）注释语句是非执行语句，它不参加程序的编译，对程序的运行结果毫无影响。但在程序清单中，注释语句被完整地显示出来。

（2）注释内容可以是任意字符。

（3）注释语句除用来注释外，在调试程序时，还可用它将某些语句暂时删除。这种删除不同于彻底删除，若继续调试时发现暂时删除的语句有用，去除注释标记即可。

（4）注释语句在程序中呈绿色，很容易和非注释语句区分。

3.9.2　结束语句

格式：End

End 语句用来结束程序的执行，并关闭已打开的文件。

例如：

```
Private Sub Command3_Click()
```

```
    End
End Sub
```

该过程用于结束程序，即单击 Command3 命令按钮时，结束程序的运行。

若一个程序没有 End 语句，此时要结束程序，必须执行“运行”→“结束”菜单命令，或单击工具栏中的“结束程序”按钮。为了保持程序的完整性，特别是要求生成 EXE 文件的程序，应该含有 End 语句，并通过 End 语句结束程序的执行。

3.10 程序调试

在程序中发现错误并排除错误的过程叫做程序调试。VB 提供了丰富的调试手段，可以方便地跟踪程序的运行，排除程序错误。

3.10.1 程序错误

程序设计中常见的错误可分为以下 3 种：编译错误、运行时的错误和逻辑错误。

1．编译错误

编译错误指 VB 在编译程序过程中出现的错误。此类错误是由于不正确地构造代码而产生的，例如关键字输入错误、遗漏了必需的标点符号等。

例如，Printt "hello"语句会导致编译错误。当单击了“启动”按钮后，VB 弹出图 3-13 所示的信息框，提示出错信息。这时用户可单击“确定”按钮，关闭信息框，然后进行修改。用户单击信息框中的“帮助”按钮，可以得到这条错误的产生原因和解决办法的详细说明。

另外，当用户在代码窗口中输入代码时，VB 会自动对程序进行语法检查，当发现程序中存在输入错误时，系统也会弹出信息框，提示出错信息。例如，用户在输入“a=inputbox(”语句时没输入完，就按了 Enter 键，系统会弹出图 3-14 所示的信息框。

图 3-13 编译错误信息框

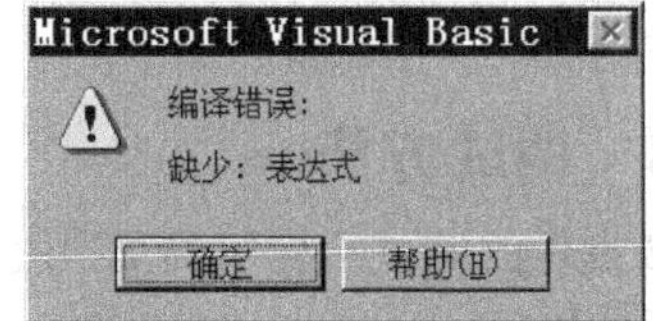

图 3-14 编译错误信息框

2．运行错误

运行错误指编译通过后，运行代码时发生的错误。此类错误通常是代码执行了非法操作或某些操作失败。例如，要打开的文件没找到、除法运算时除数为零、数据溢出等。

例如，print 245*1000 语句，由于 245*1000 的值超过了整数的范围。那么运行时，就会出现图 3-15 所示的信息框。

此时单击“调试”按钮，进入中断模式，系统会在中断模式中指出出错的语句（高亮黄色），此时允许修改，如图 3-16 所示。

3．逻辑错误

程序运行后，得不到应有的结果，这说明程序存在逻辑错误，逻辑错误是由于程序结构或算法错误而引起的。

例如，把语句 s=s+l 中的英文字母 l 写成了数字 1。

图 3-15　运行错误信息框

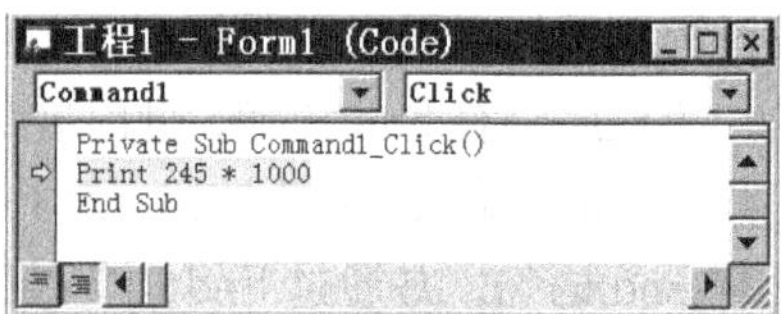

图 3-16　中断模式的代码窗口

通常，逻辑错误不会产生错误提示信息，故较难排除，需要程序员认真分析，有时需借助调试工具才能查出原因并改正。

3.10.2　3 种模式

VB 开发环境有 3 种模式：设计模式、运行模式和中断模式。开发环境中的标题能够显示出当前所处的模式。

1．设计模式

创建应用程序的大多数工作都是在设计模式下完成的。启动 VB 后就进入设计模式。在设计模式下可以设计窗体、绘制控件、编写代码、设置属性等。另外在设计模式下还可以在代码窗口中设置断点，创建监视表达式，但不能在设计模式下使用调试工具。

2．运行模式

单击“启动”按钮进入运行模式。在运行模式，用户可以与引用程序交互，还可以查看代码，但不能修改代码。

3．中断模式

在运行时，执行“运行”→“中断”菜单命令，或单击“中断”按钮，或按 Ctrl+Break 快捷键，可切换到中断模式，此外，应用程序在运行时产生错误，也可以自动切换到中断模式。在中断模式下，可以查看并编辑代码，重新启动应用程序，结束执行或从中断处继续运行，大多数调试工具只能在中断模式下使用。

3.10.3　调试方法

使用 VB 提供的调试工具与调试手段，可提高程序调试的效率。

1．逐语句执行

VB 允许逐语句执行应用程序。每执行一语句后就返回中断模式。中断模式保留了程序中所有变量和属性的当前值。在中断模式下，只要用鼠标指向代码中某一个变量或选中的某一表达式，VB 就会显示它的值。在设计模式或中断模式下，按 F8 键或执行“调试”→“逐语句”菜单命令就进入逐语句执行方式。每按一次 F8 键就执行一个语句。

2．设置断点

VB 在运行应用程序时，遇到具有断点的代码会中断应用程序的执行。通常，断点被设置在代码被怀疑可能有问题的区域。程序员可以通过适当的断点设置，中断程序运行，来检查程序的运行状态、变量变化情况等。断点可以在设计模式或中断模式下设置。设置断点的方法有多种，一种简便的方法是在代码窗口中，在要设置断点的那一行代码的灰色左页边上单击。设置断点后，VB 突出显示设定行，并在该行左边有一个小圆点，以明示这是一个断点，如图 3-17 所示。

若要取消断点，单击断点行左边的小圆点即可。

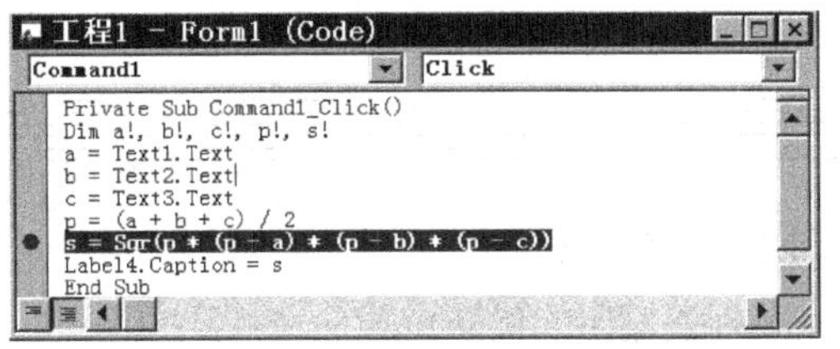

图 3-17 带有断点的代码窗口

3. 使用调试窗口

VB 提供了 3 个供用户调试程序使用的调试窗口：立即窗口、本地窗口和监视窗口。可以利用这些窗口观察有关变量的值。可选择“视图”菜单中的相应命令打开它们。

（1）立即窗口。从应用程序中输出信息到立即窗口，只要在 Print 方法前面加上 Debug 即可，即 Debug.Print [输出内容]。另外，在程序处于中断模式下，可以在立即窗口中给属性或变量重新赋值，例如：

```
Form1.caption="练习立即窗口"
a=56
```

第一个语句改变了窗体的 Caption 属性，第二个语句是给变量 *a* 赋值。在重新设置了属性或变量的值后，可以继续执行程序并观察结果。

在立即窗口中还可以直接使用 Print 方法显示表达式的值，如图 3-18 所示。通常用这种办法测试不太熟悉的函数的用法。

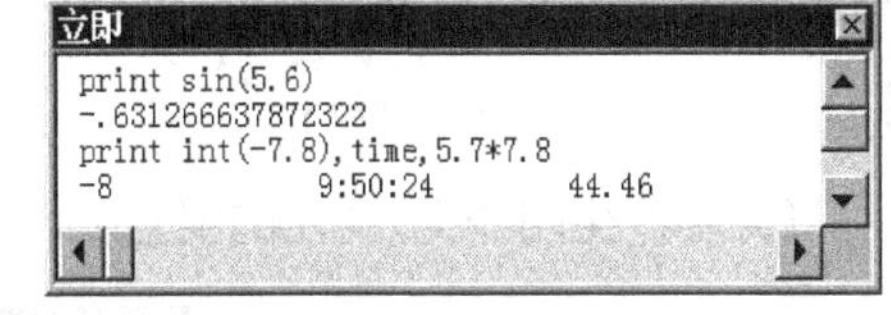

图 3-18 立即窗口

（2）本地窗口。在中断模式下，本地窗口可以显示当前过程中所有变量的值。

图 3-19 显示程序已执行到当前过程“Command1_Click 的 Label4.Caption = s”语句，图 3-20 所示为此时的本地窗口，其中，Me 代表当前窗体，若单击 Me 左边的“+”号，那么当前窗体的所有属性值都会被列出来。

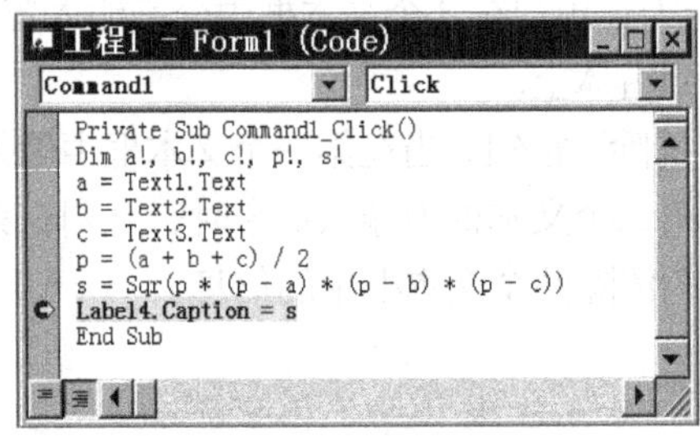

图 3-19 执行到断点的代码窗口

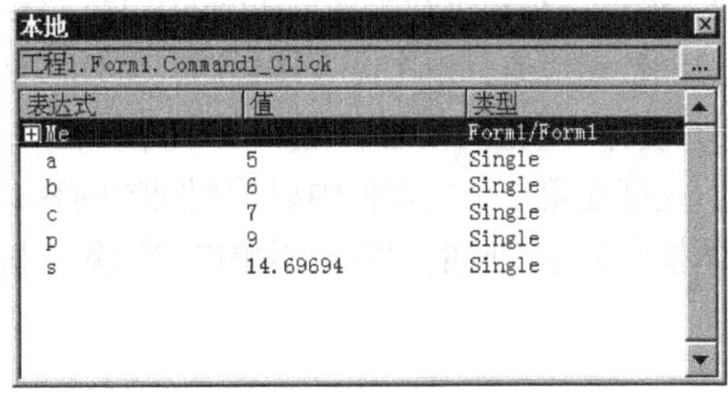

图 3-20 本地窗口

（3）监视窗口。监视窗口可显示监视表达式的值。这可以帮助用户随时观察某些表达式的值，以确定这样的结果是否正确，如图 3-21 所示。

监视表达式可以在监视窗口中添加、删除或重新编辑，方法是：在监视窗口中单击鼠标右键，从弹出的快捷菜单中选择所需要的功能。

图 3-21 监视窗口

习题

1. 标签和文本框的主要区别是什么?
2. 比较 Print 方法输出和标签输出的优缺点。
3. 比较 InputBox 输入和文本框输入的优缺点。
4. 写出下面程序段的输出结果。

```
Dim  a%,b%
a=3
b=2
a=a+b
b=a+b
Print  a,b
a=a*b
b=a/b
Print  a,b
```

5. 编程序，在窗体输出下面的图形。

```
                    *********
                  *********
                *********
              *********
            *********
```

6. 要产生图 3-22 所示的消息框，应如何设置 MsgBox 函数的参数?

图 3-22　消息框

7. 设计一个计算学生平均成绩的程序。程序功能为：用户在 3 个文本框中分别输入英语、计算机和数学成绩，单击命令按钮后，平均成绩输出到窗体上。

8. 设计一个程序，窗体上有两个文本框，一个“清除”按钮，当在第一个文本框中输入信息时，立刻在第二个文本框中显示相同的内容；或在第二个文本框中输入信息时，立刻在第一个文本框中显示相同的内容。当单击“清除”按钮时，清除两个文本框中的信息。

PART 4

第4章 选择结构

在程序设计中经常遇到这类问题，它需要根据不同的情况采用不同的处理方法。例如，一元二次方程的求根问题，要根据判别式小于零或大于等于零的情况，采用不同的数学表达式进行计算。对于这类问题，如果用顺序结构编程，显然力不从心，必须借助选择结构。本章主要介绍实现选择结构的语句，包括块 If 语句、Else If 语句、行 If 语句、Select Case 语句，以及选择结构在程序设计中的应用。

4.1 块 If

4.1.1 块 If 的格式、功能

格式：

```
If  条件  then
   语句块 1
[ Else
   语句块 2]
End If
```

（1）“条件”一般为关系表达式或逻辑表达式。

通常把关系表达式或逻辑表达式的值为真时，称为条件满足；值为假时，称为条件不满足。

（2）语句块 1、语句块 2 分别是“条件”满足或不满足时，处理方法的描述，可以是若干个语句。

（3）If...Then、Else、End If 是 VB 的保留字。

功能：

（1）块 If 首先判断“条件”，其值为真时，执行语句块 1；其值为假时，执行语句块 2。当缺省[Else...]中的内容时，该选择结构只对条件满足的情况进行处理。执行过程如图 4-1 所示。

（2）If...Then，End If 必须成对出现。

（3）格式中语句块 1、语句块 2 可以是包括顺序、分支、循环等任意结构完整的程序段。

（4）程序只能执行语句块 1、语句块 2 其中之一，然后跳过 End If。Else 是语句块 1、语句块 2 的分界标志。所以块 If 语句的实质是条件转向语句。

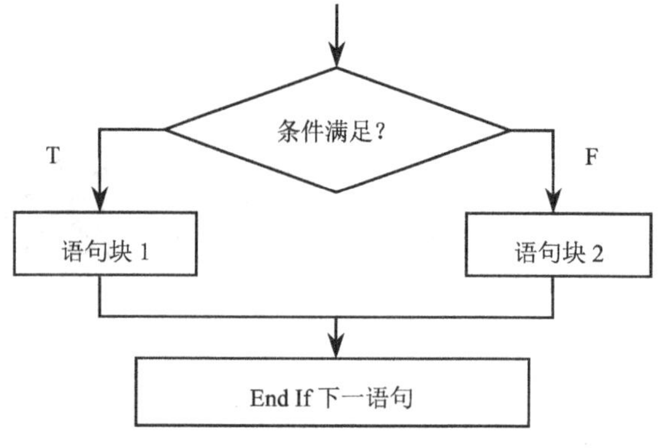

图 4-1　块 If 执行过程

【例 4.1】　火车站行李费的收费标准是 50 公斤以内（包括 50 公斤）0.20 元/公斤，超过部分为 0.50 元/公斤。编写程序，要求根据输入的任意重量，计算出应付的行李费。

根据题意计算公式如下：

$$Pay=\begin{cases}Weight\times0.2 & weight\leqslant50\\(Weight-50)\times0.5+50\times0.2 & weight>50\end{cases}$$

程序分析：输入行李重量后，根据条件 weight >50 进行判断，条件成立时，执行 pay = (weight −50) * 0.5 + 50 * 0.2；否则，跳过 Else 语句，执行 pay = weight * 0.2。分支结构退出时，变量 *pay* 中被赋值的数据即计算结果。

程序运行界面如图 4-2 所示。

控件属性设置如表 4-1 所示。

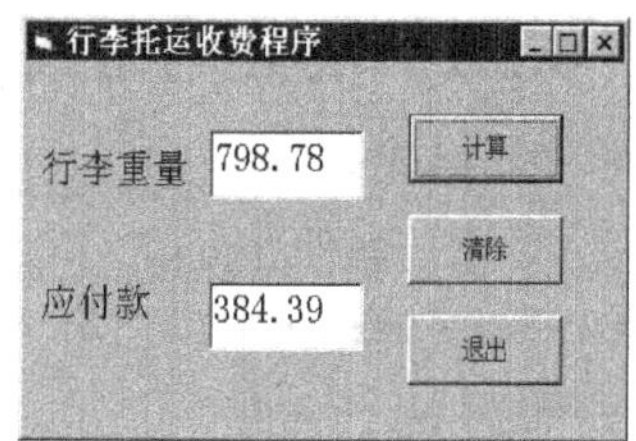

图 4-2　例 4.1 运行界面

表 4-1　　例 4.1　控件属性设置

对象	属性	设置
Label1	Caption	行李重量
Label2	Caption	应付款
Text1	Text	空
text2	Text	空
Command1	Caption	计算
Command2	Caption	清除
Command3	Caption	退出
Form1	Caption	行李托运收费程序

程序代码如下。

```
' "计算"按钮代码
Private Sub Command1_Click()
  Dim weight as single,pay as single
  weight= Text1.Text
  If weight > 50 Then
    pay = (weight - 50) * 0.5 + 50 * 0.2
```

```
  Else
    pay = weight * 0.2
  End If
    Text2.Text = pay
End Sub

Private Sub Command2_Click()
  Text1.Text = ""
  Text2.Text = ""
End Sub

Private Sub Command3_Click()
  End
End Sub
```

本例是一个最简单的选择结构的应用。在实际应用中，经常出现复杂的条件，例如，一元二次方程的求根，对判别式 D 判断时，我们根据一个条件 D>0，只能判断 D 是否大于零，而 D 等于和小于零的两种情况，就必须在 D>0 不成立的情况下，做进一步的判断，这就要用到块 If 的嵌套。

4.1.2 块 If 的嵌套

所谓块 If 的嵌套，就是在语句块 1 或语句块 2 中又包含块 If 语句，例如上面提到的一元二次方程求根的问题，在 D>0 不成立时，即在语句块 2 中，无法用数学表达式直接计算方程的根，必须再判断 D=0 和 D<0 两种情况，然后分别计算。下面来看一个复杂一些的问题。

【例 4.2】 任意输入 3 个数，按照从大到小的顺序输出。

算法分析：排序的基本方法，就是比较大小，然后根据比较的结果分别加以处理。本例把 3 个数分别放在 A、B、C 中，处理过程为：若 A<B 为真，交换 A，B 的值；否则不做处理。这样就保证了 A≥B，再用 C 去比较。具体流程如图 4-3 所示。按图 4-4 所示设置界面。

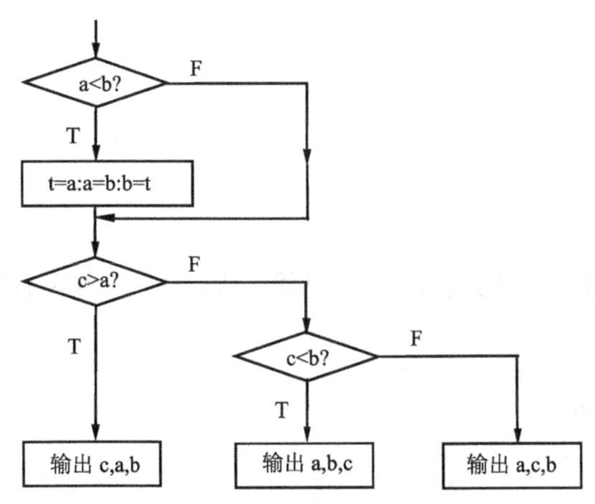

图 4-3 例 4.2 程序流程图

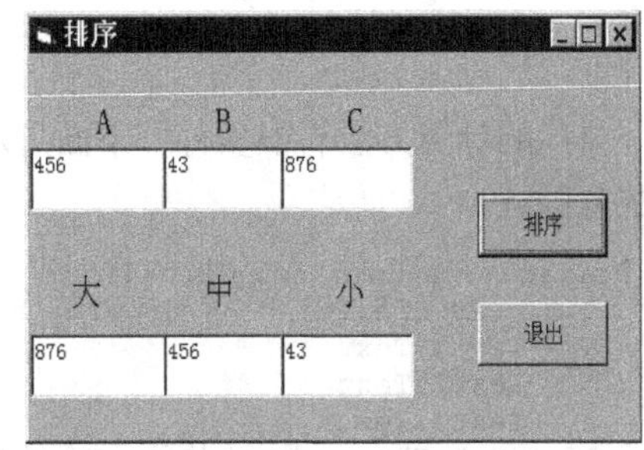

图 4-4 例 4.2 运行界面

控件属性设置如表 4-2 所示。

表 4-2 例 4.2 控件属性设置

对象	属性	设置
label1～label3	Caption	分别为 A，B，C
label4～label6	Caption	分别为大，中，小

续表

对象	属性	设置
text1～text6	Text	空
Command1	Caption	排序
Command2	Caption	退出
Form1	Caption	排序

程序代码如下。

```
'"排序"按钮代码
Private Sub Command1_Click()
  Dim a As Single, c As Single, b As Single
  a = Text1.Text
  b = Text2.Text
  c = Text3.Text      '3 个文本框的数据赋值给变量
   If a < b Then
      t = a
      a = b
      b = t                 'a<b 时交换 a、b 的值
   End If                   '保证 a>b
   If c > a Then       '用 c 去比较
      Text4.Text = c        'c>a 成立，c 最大
      Text5.Text = a
      Text6.Text = b
   Else
      If c < b Then
        Text4.Text = a      'c<b 成立，c 最小
        Text5.Text = b
        Text6.Text = c
      Else
        Text4.Text = a      'c 处于中间
        Text5.Text = c
        Text6.Text = b
      End If
   End If
End Sub
'"退出"按钮代码
Private Sub Command2_Click()
End
End Sub
```

排序的计算方法有很多种，下面是对“排序”按钮编写的另一种程序代码，试比较两种算法的异同点。

```
Private Sub Command1_Click()
  Dim a As Single, c As Single, b As Single
  a = Text1.Text
  b = Text2.Text
  c = Text3.Text
  If a < b Then    'a、b 比较，大数换到 a
     t = a
     a = b
     b = t
  End If
  If b < c Then    'b、c 比较，大数换到 b
     t = b
     b = c
     c = t
  End If
  If a < b Then    'a、b 比较，大数换到 a
     t = a
     a = b
     b = t
```

```
    End If
    Text4.Text = a
    Text5.Text = b
    Text6.Text = c
  End Sub
```

（1）保持块 If 结构的完整，不要漏掉 End If。
（2）尽量采用缩进式书写格式，使结构清晰。
（3）尽量选择恰当的条件，使程序简单明了。

【例 4.3】 账号密码校验程序，要求如下。

（1）账号只能是数字且不超过 10 位，密码 6 位，本例中定为“987654”。

（2）密码输入时显示形式为“*”。

（3）账号输入为非数字时，或密码输入错误时，提示重新输入。

运行效果如图 4-5、图 4-6 所示。

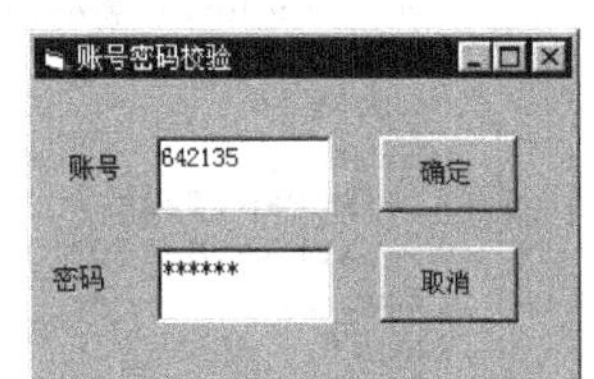

图 4-5 例 4.3 运行界面

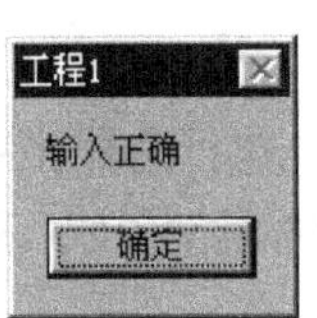

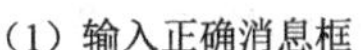

（1）输入正确消息框

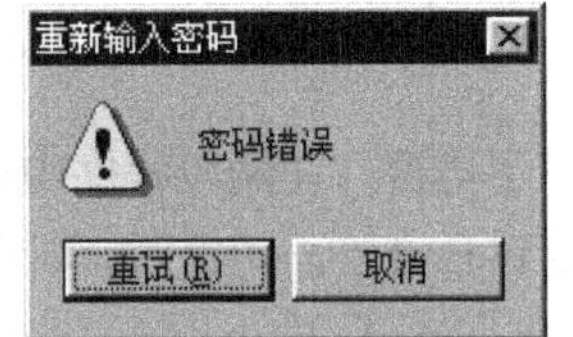

（2）密码错误消息框

（3）非法账号消息框

图 4-6 例 4.3 弹出的 3 种消息框

控件属性设置如表 4-3 所示。

表 4-3 例 4.3 控件属性设置

对象	属性	设置
Form1	Caption	账号密码校验
Label1	Caption	账号
Label2	Caption	密码
Text1	Name	TxtNo
	MaxLength	10
Text2	Name	TxtPas
	MaxLength	6
Text2	PasswordChar	*
Command1	Caption	确定
	Name	CmdQuit
Command2	Caption	取消
	Name	CmdOk

程序代码如下。

```
' "确定"按钮代码
Private Sub CmdOK_Click()
  Dim n As Integer
  If Not IsNumeric(TxtNo.Text) Then   '如果 TxtNo.Text 不是数字
    MsgBox "账号必须是数字", vbExclamation, "重新输入账号"
    TxtNo.Text = ""
    TxtNo.SetFocus
  End If
  If TxtPas.Text = "987654" Then
    MsgBox "输入正确"
  Else
    n = MsgBox("密码错误", 5 + vbExclamation, "重新输入密码")
    If n <> 4 Then
      End
    Else
      TxtPas.Text = ""
      TxtPas.SetFocus
    End If
  End If
End Sub

' "取消"按钮代码
Private Sub CmdQuit _Click()
  End
End Sub
```

块 If 语句是一种根据一个条件的满足与否，在两段程序中选择其一执行的程序结构，即程序执行到 If 语句时，有两条可能的路走到 End If 语句之后，所以又叫做两路分支，利用块 If 及块 If 的嵌套，可以解决所有的分支问题。

当需要进行多路分支处理时，例如，根据一个学生的分数，判定他的等级（优、良、中、及格、不及格），该问题当然可以使用块 If 的嵌套处理，但由于条件比较多，会出现较繁琐的嵌套，而利用 Else If 语句或 Select Case 语句，则可以方便地解决这类问题。

4.2 Else If 语句

格式：

If 条件 1 then

　　语句块 1

ElseIf 条件 2 then

　　语句块 2

　　……

[Else

　　语句块 n+1]

End If

功能如下。

（1）依次判断条件，如果找到一个满足的条件，则执行其下面的语句块，然后跳过 End If，执行后面的程序。

（2）如果所列出的条件都不满足，则执行 Else 语句后面的语句块；如果所列出的条件都不满足，又没有 Else 子句，则直接跳过 End If，不执行任何语句块。

Else If 结构的执行过程如图 4-7 所示。

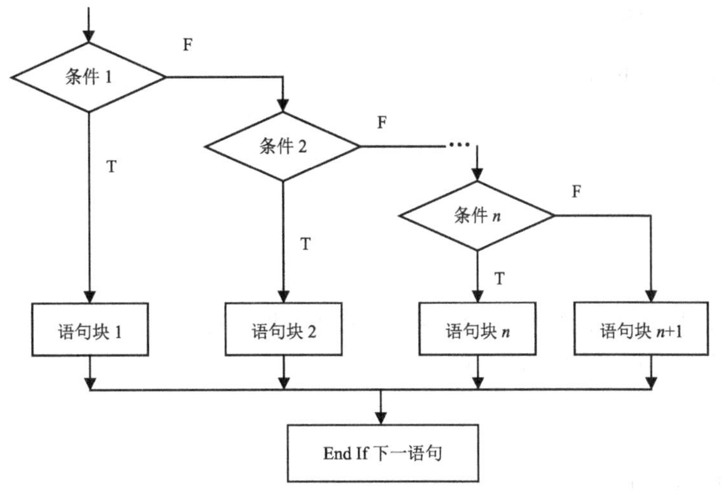

图 4-7　Else If 结构执行过程

【例 4.4】　输入一个学生的一门课分数 x（百分制），当 $x\geq 90$ 时，输出“优秀”；当 $80\leq x<90$ 时，输出“良好”；当 $70\leq x<80$ 时，输出“中”；当 $60\leq x<70$ 时，输出“及格”；当 $x<60$ 时，输出“不及格”。

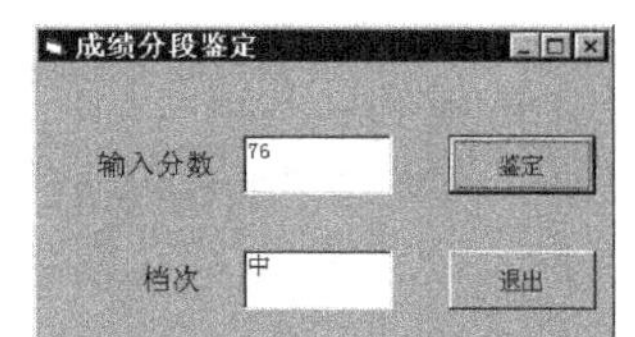

图 4-8　例 4.4 运行界面

算法分析：本例适合用多路分支结构来解决，运行界面如图 4-8 所示。

控件属性设置如表 4-4 所示。

表 4-4　　例 4.4　控件属性设置

对象	属性	设置
Command1	Caption	鉴定
Command2	Caption	退出
Label1	Caption	输入分数
Label2	Caption	档次
Text1	Text	空
Text2	Text	空
Form1	Caption	成绩分段鉴定

程序代码如下。

```
' "鉴定"按钮代码
Private Sub Command1_Click()
  Dim score!
  score = Text1.Text
  If score >= 90 Then
    Text2.Text = "优秀"
  ElseIf score >= 80 Then
    Text2.Text = "良好"
  ElseIf score >= 70 Then
    Text2.Text = "中"
  ElseIf score >= 60 Then
```

```
    Text2.Text = "及格"
  Else
    Text2.Text = "不及格"
  End If
End Sub

' "退出"按钮代码
Private Sub Command2_Click()
   End
End Sub
```

Else If 语句，实际完成的是块 If 的嵌套，它和块 If 嵌套在格式上有很大区别，Else If 结构只有一对 If 和 End If 语句。另外应注意：

【Else

If】

和【ElseIf】的区别。

【例 4.5】 分段函数计算。

$$Y=\begin{cases}\sin x\times\cos x+1 & 0<x\leqslant 1\\ \ln|x| & 1<x\leqslant 2\\ e^{x}+e^{-x} & 2<x\leqslant 3\end{cases}$$

程序运行界面如图 4-9 所示。

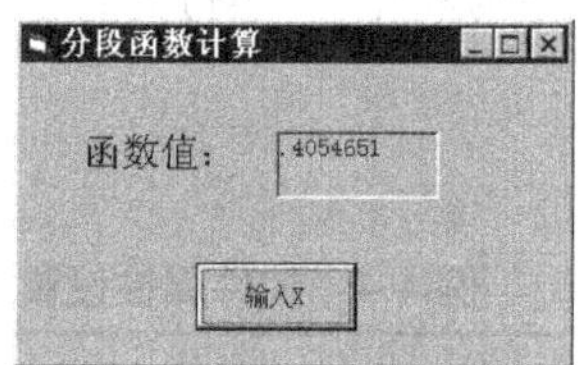

图 4-9 例 4.5 运行界面

控件属性设置如表 4-5 所示。

表 4-5 例 4.5 控件属性设置

对象	属性	设置
Label1	Caption	空
Label2	Borderstyle	1–Fixed Single
	Caption	函数值
Command1	Caption	输入 *x*
Form1	Caption	分段函数计算

程序代码如下。

```
' "计算" 按钮代码:
Private Sub Command1_Click()
  Dim x As Single, y As Single
  x = InputBox("输入自变量 X 的值 0<x≤3")
  If x > 0 And x <= 1 Then
    y = Sin(x) * Cos(x) + 1
  ElseIf x > 1 And x <= 2 Then
    y = Log(x)
  ElseIf x > 2 And x <= 3 Then
```

```
    y = Exp(x) + Exp(-x)
  End If
  Label1.Caption = y
End Sub
```

块 If 和 Else If 是实现选择结构的主要语句，另外，VB 还提供了功能与它们类似的行 If 语句和 Select Case 语句。

4.3 行 If 语句

格式：If 条件 then 语句 1 [Else 语句 2]

功能：当条件满足时，执行语句 1；条件不满足时，执行语句 2。

从行 If 的格式和功能不难看出，行 If 语句是一种简单的分支结构，只是把一个简单的块 If 结构写在一行中，减少了语句行，省略了“End If”的书写。行 If 完全可以用块 If 代替。

【例 4.6】 任意输入 3 个数，找出其中的最大值。

程序运行界面如图 4-10 所示。

控件属性设置如表 4-6 所示。

图 4-10 例 4.6 运行界面

表 4-6 例 4.6 控件属性设置

对象	属性	设置
Form1	Caption	找最大值
Text1～Text4	Text	空
Label1	Caption	输入 3 个数
Label2	Caption	最大值：
Command1	Caption	计算

程序代码如下。

```
Private Sub Command1_Click()
  Dim a As Single, b As Single, c As Single, max As Single
  a = Text1.Text
  b = Text2.Text
  c = Text3.Text
  max = a
  If b > max Then max = b
  If c > max Then max = c
  Text4.Text = max
End Sub
```

4.4 Select Case 语句

当对一个表达式的不同取值情况做不同处理时，用 Else If 语句程序结构显得较为杂乱，而用 Select Case 语句将使程序的结构更清晰，Select Case 语句又称为情况语句。

格式：

Select Case 测试表达式

Case 表达式列表 1
　　语句块 1
Case 表达式列表 2
　　语句块 2
…
Case 表达式列表 *n*
　　语句块 *n*
[Case Else
　　语句块 *n*+1]
End Select

功能：根据“测试表达式”的值，选择第一个符合条件的语句块执行。

Select Case 语句的执行过程是：先求“测试表达式”的值，然后顺序测试该值符合哪一个 Case 子句中的情况，如果找到了，则执行该 Case 子句下面的语句块，然后执行 End Select 下面的语句；如果没找到，则执行 Case Else 下面的语句块，再执行 End Select 下面的语句。

说明

（1）“测试表达式”可以是数值型或字符串型表达式。

（2）“表达式列表”有以下 3 种形式。

① 一个表达式或用逗号隔开的若干表达式。

例如：Case 2,4,6,8

表示的情况是：测试表达式的值等于 2、4、6、8 之一。

② 表达式 1 To 表达式 2。

例如：Case 80 To 90

表示的情况是：80≤测试表达式≤90。

③ Is 关系运算符表达式

例如：Case Is>x^2

表示的情况是：测试表达式> x^2。

【例 4.7】 把例 4.3 中“鉴定”按钮的代码用 Select Case 语句改写。

```
Private Sub Command1_Click()
  Dim score!
  score = Text1.Text
  Select Case score
    Case Is >= 90
      Text2.Text = "优秀"
    Case Is >= 80
      Text2.Text = "良好"
    Case Is >= 70
      Text2.Text = "中"
    Case Is >= 60
      Text2.Text = "及格"
    Case Else
      Text2.Text = "不及格"
  End Select
End Sub
```

习题

1. 简述行 If 和块 If 结构的异同点。
2. 简述 Else If 结构和块 If 嵌套的异同点。
3. 写出下列程序的运行结果。

（1）Private Sub Form_Click()

```
    Dim  x%,y%
    x = InputBox("Enter x")
    y = InputBox("Enter y")
    If x>y Then
      Print x-y
    Else
      Print y-x
    End If
  End Sub
```

假设输入的 x、y 的值为 4、5。

（2）Private Sub Form_Click()

```
    Dim x!,y!,z!
    x =4
    y = 7
    z = x Mod y
    If z > 3 Then
      x = y
      y = z
      z = x Mod y
    End If
    Print x, y, z
  End Sub
```

（3）Private Sub Form_Click()

```
    Dim x!,y!
    x = 1.5
    y = 3.5
    If x <> 0 Then
      y = y - x
    ElseIf y > 0.5 Then
      x = y
    ElseIf x <> 3.5 Then
      y = y * x
    End If
    Print x, y
  End Sub
```

（4）写出 x 输入值分别为-15、0、10、100 时的结果。

```
Private Sub Form_Click()
  Dim x!,y!
  x = InputBox("Enter x")
  Select Case x
    Case 1, -59 To -2
      y = x / 4 + 5
    Case 2 To 15
      y = x ^ 3 / 2
    Case Is > 10
      y = x
    Case Else
      y = 0
  End Select
  Print "y="; y
```

```
End Sub
```

4. 编程序计算下面的分段函数。

$$Y=\begin{cases} e^x+\ln x & x>0 \\ 0 & x=0 \\ 3x^2+5x+1 & x<0 \end{cases}$$

5. 输入一个数，判断它能否同时被 2、3、5 整除。

6. 输入一个数，判断它是否是完全平方数。

7. 计算个人收入纳税率。收入 1000 元以下税率为 0；1000～2000 元税率为 2.5%；2001～4000 元税率为 3.5%；4000 元以上税率为 5%。

PART 5 第 5 章 循环结构

前面学习了顺序结构和分支结构，在本章中，将要介绍结构化程序 3 种基本结构中的最后一种——循环结构。

5.1 循环概述

在实际工作中，常遇到一些操作过程不太复杂，但又需要反复进行相同处理的问题，例如，统计所有人员的工资，求全班同学各科的平均成绩等。这些问题的解决逻辑上并不复杂，但如果单纯用顺序结构来处理，那将得到一个非常乏味且冗长的程序。例如，计算 1～100 所有奇数的平方和，如果用顺序结构来解决这个问题，就会得出下面的程序。

```
Private Sub Form_Click()
 Dim s&, x%
 s = 0
 x = 1
 s = s + x ^2
 x = x + 2
 s = s + x ^2
 x = x + 2
 s = s + x ^2
 …
 x = x +2    'x 的值累加到 99
 s = s + x ^2
 Print "1～100 之间所有奇数的平方和="; s
End Sub
```

由上面的例子不难看出，程序的绝大部分是在反复执行两条语句 x=x+2 和 s=s+x^2，不同的是 x 的值在变化。程序当然非常简单易懂，但缺乏最基本的编程技巧。要想方便地解决这类问题，最好的办法就是用循环语句。

所谓循环就是重复地执行一组语句。

我们用循环语句解决上面的问题，程序非常简短。

```
Private Sub Form_Click()
   Dim s&, x%
   s = 0
   For x = 1 To 99 Step 2
     s = s + x ^2
   Next x
   Print "1～100 所有奇数的平方和="; s
End Sub
```

在此程序中，第 4、第 5、第 6 条语句构成了一个循环，在循环过程中，第 5 句被反复执行了 50 次，从而计算出了 1～100 所有奇数的平方和。

通过上面的对比可知，循环结构非常适合于解决处理的过程相同，处理的数据相关，但处理的具体值不同的问题。我们把能够处理这类问题的语句称为循环语句。

VB 提供了 3 种不同风格的循环语句，它们分别是：

（1）For…Next 语句；

（2）While…Wend 语句；

（3）Do…Loop 语句。

下面将对这 3 种循环语句逐一介绍。

5.2 For 循环

For 循环的一般格式如下。

```
For  循环变量=初值  To  终值 [Step 步长]
     [循环体]
Next [循环变量]
```

1．格式中各项的说明

（1）循环变量：亦称为循环控制变量，必须为数值型。

（2）初值、终值：都是数值型，可以是数值表达式。

（3）步长：循环变量的增量，是一个数值表达式。一般来说，其值为正，初值应小于终值；若为负，初值应大于终值。但步长不能是 0。如果步长是 1， Step 1 可略去不写。

（4）循环体：在 For 语句和 Next 语句之间的语句序列。

（5）Next 后面的循环变量与 For 语句中的循环变量必须相同。

2．执行过程

For 循环语句的执行过程如下。

（1）系统将初值赋给循环变量，并自动记下终值和步长。

（2）检查循环变量的值是否超过终值。如果超过就结束循环，执行 Next 后面的语句；否则，执行一次循环体。

（3）执行 Next 语句，将循环变量增加一个步长值，再赋给循环变量，转到步骤（2）继续执行。

以上执行过程用流程图描述，如图 5-1 所示。

这里所说的“超过”有两种含义，即大于或小于。当步长为正值时，循环变量大于终值为“超过”；当步长为负值时，循环变量小于终值为“超过”。

我们通过分析下面的程序来进一步理解 For 语句的执行过程。

```
For n=1 To 10 Step 3
  Print n,
Next n
```

在上面的程序中，n 是循环变量，初值为 1，终值为 10，步长为 3，print n 是循环体。执行过程如下。

（1）系统将初值 1 赋给循环变量 n，并记下终值 10 和步长 3。

（2）检查循环变量 n 的值是否超过终值 10。如果 $n>10$，转到步骤（5）；否则，执行循环体，即打印输出 n 的值。

（3）执行 Next 语句，即 $n=n+3$。

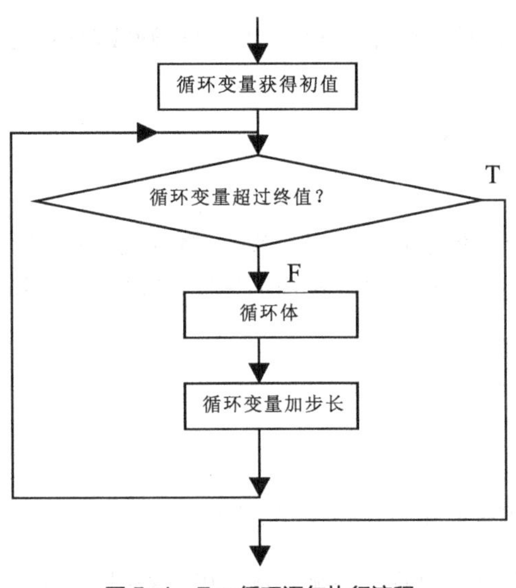

图 5-1 For 循环语句执行流程

（4）转到步骤（2），继续执行。

（5）执行 Next 后面的语句。

具体执行情况如下。

第几次循环	n	与终值比较	执行循环体否
1	1	<10	执行
2	4	<10	执行
3	7	<10	执行
4	10	=10	执行
5	13	>10	停止执行

当 n=10 时，因未超过 10，所以还执行一次循环体；当 n=13 时停止循环。因此，循环正常执行结束后，循环控制变量 n 的值应为 13，超过了终值 10。

上面程序的执行结果为

```
  1    4    7    10
```

读者可以对下面的程序做同样的分析，以进一步加深对 For 循环的理解。

```
For I=20 To 1 Step -5
  Print I,
Next I
```

3．注意事项

（1）For...Next 循环遵循“先检查，后执行”的原则，先检查循环变量是否超过终值，然后决定是否执行循环。因此，在下列情况下，循环体将不会被执行。

① 当步长为正数，初值大于终值时。

② 当步长为负数，初值小于终值时。

当初值等于终值时，不管步长是正数还是负数，均执行一次循环体。

（2）For 语句和 Next 语句必须成对出现，缺一不可，且 For 语句必须在 Next 语句之前。

（3）循环次数由初值、终值和步长确定，计算公式为

循环次数=Int（（终值 － 初值）/步长）+1

利用该公式可以非常方便地计算出循环体执行的次数，如前面所举的例子，它的循环次数就是 int((10-1)/3)+1 即 4 次。

（4）循环控制变量通常用整型数，也可以用单精度数或双精度数。例如：

```
Dim I!
…
For I=3.4 To 20.5 Step 3.3
…
Next I
```

在上面的程序中，循环控制变量 *I* 就被定义为单精度类型。值得注意的是，无论初值、终值和步长值是什么数值类型，最后都要转换成循环控制变量的类型。例如：

```
Dim I%
…
For I=1.2 To 10.8 Step 2.1
  …
Next I
…
```

该程序段中的 For 语句与下面的 For 语句等价：

```
For I=1 To 11 Step 2
```

（5）循环变量用来控制循环过程，在循环体内可以被引用，但不应被重新赋值，否则将无法确定循环次数，同时也降低了程序的结构化程度。

（6）For…Next 中的“循环体”是可选项，当该项缺省时，For…Next 执行“空循环”。利用这一特性，可以起到延时的作用。

【例 5.1】 求 *N*!（*N* 为自然数）。

由阶乘的定义，我们可以得出 $N! =1\times2\times\cdots\times(N-2)\times(N-1)\times N=(N-1)! *N$，也就是说，一个自然数的阶乘，等于该自然数与前一个自然数阶乘的乘积。

程序代码如下。

```
Private Sub Form_Click()
  Dim I%, f#, n%
  n= InputBox("输入一个自然数：" ' "输入提示" ' "10")
  f = 1
  For I = 1 To n
    f = f * I
  Next I
  Print n; "!="; f
End Sub
```

程序的执行过程如图 5-2 所示。

图 5-2　例 5.1 运行结果

【例 5.2】 判断用户输入的数是否为素数。

素数的特征是只能被 1 和它自身整除。假设用户输入的正整数为 *n*，我们只需确定在大于 1 小于等于 $\sqrt{n}$ 的正整数中是否存在能整除 *n* 的数。如果有，*n* 就不是素数；如果没有，则 *n* 就是素数。

程序代码如下。

```
Private Sub Form_Click()
  Dim n%, flag%, I%, k%
  n = InputBox("请输入一个正整数(≥3)")
  k = Int(Sqr(n))
  flag = 0
  For I = 2 To k
    If n Mod I = 0 Then flag = 1
  Next I
  If flag = 0 Then
    Print n; "是一个素数"
  Else
    Print n; "不是素数"
  End If
End Sub
```

我们在程序中设置了一个标记变量 *flag*，*flag*=0 表示在程序执行过程中没有找到一个除了 1 和它本身以外的能整除 *n* 的数，即 *n* 为素数；若 *flag*=1，则说明找到了某个能整除 *n* 的正整数，即 *n* 不是素数。程序的执行情况如图 5-3 所示。

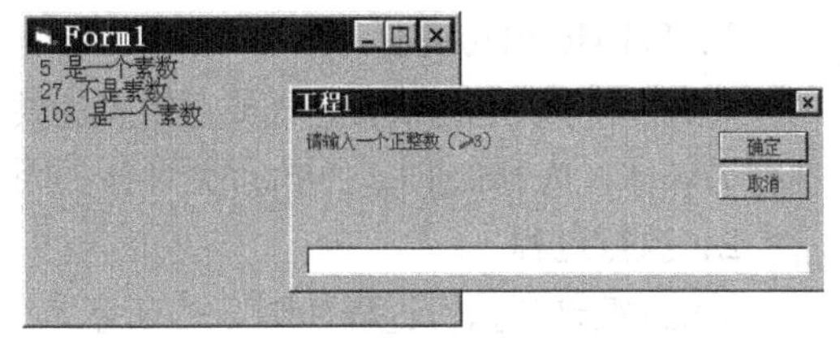

图 5-3 例 5.2 程序运行结果

【例 5.3】 求 π 值。计算公式如下。

$$\frac{\pi}{2}=\frac{2\times2}{1\times3}\times\frac{4\times4}{3\times5}\times\frac{6\times6}{5\times7}\times\cdots\times\frac{(2n)^2}{(2n-1)(2n+1)}$$

不难看出，结果由 *n* 项分式相乘得到，只要给定了 *n* 值，用 For...Next 语句可以非常容易地实现。注意，*n* 值越大，结果越接近 π 值。

程序代码如下。

```
Private Sub Form_Click()
  Dim I%, n%, p#
  n = InputBox("请输入 n 的值(1-32767)")
  p = 1
  For I = 1 To n
    p = p * (4 * I * I) / ((2 * I - 1) * (2 * I + 1))
  Next I
  p = 2 * p
  Print "n="; n; "时", "π="; p
End Sub
```

程序运行结果如图 5-4 所示。

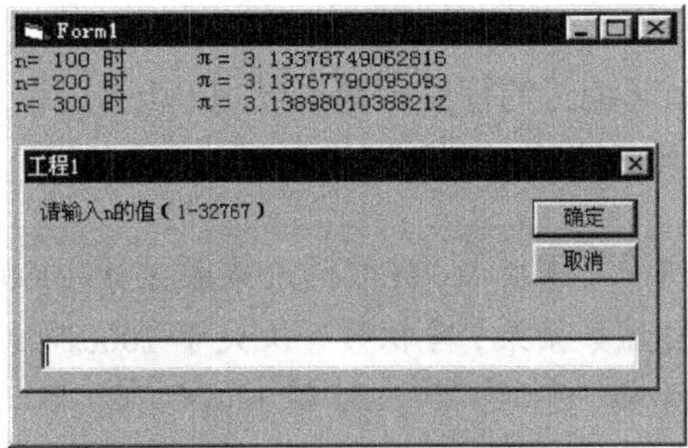

图 5-4 例 5.3 程序运行结果

5.3 While 循环

前面介绍了 For...Next 循环，它适合于解决循环次数事先能够确定的问题。对于只知道控制条件，但不能预先确定需要执行多少次循环体的情况，可以使用 While 循环。

语句格式如下。

```
While  条件
  [循环体]
Wend
```

1. While 语句说明

“条件”可以是关系表达式或逻辑表达式。While 循环就是当给定的“条件”为 True 时，执行循环体；为 False 时，不执行循环体。因此 While 循环也叫当型循环。

2. 执行过程

While 循环的执行过程如图 5-5 所示。

（1）执行 While 语句，判断条件是否成立。

（2）如果条件成立，就执行循环体；否则，转到步骤（4）执行。

（3）执行 Wend 语句，转到步骤（1）执行。

（4）执行 Wend 语句下面的语句。

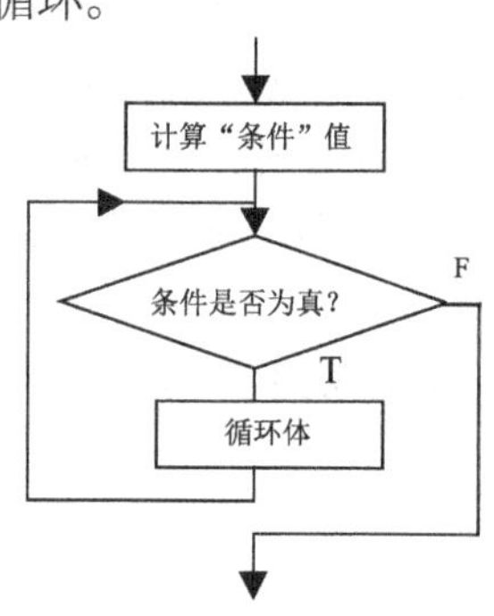

图 5-5　While 语句执行流程

结合下面的程序段，我们做进一步的说明。

```
x=1
While x<5
  Print x,
  x=x+1
Wend
```

上面的程序就是在 x<5 的条件下，重复执行语句 print x。每次执行循环之前，都要计算条件表达式的值。如果条件求值的结果为 True，则执行循环体，然后对条件进行计算判断，从而确定是否再次执行循环体；如果结果为 False，则结束循环，执行 Wend 下面语句。

该程序段的执行结果是：

```
     1    2    3    4
```

3. While 循环的几点说明

（1）While 循环语句本身不能修改循环条件，所以必须在 While...Wend 语句的循环体内设置相应语句，使得整个循环趋于结束，以避免死循环。

（2）While 循环语句先对条件进行判断，然后才决定是否执行循环体。如果开始条件就不成立，则循环体一次也不执行。

（3）凡是用 For...Next 循环编写的程序，都可以用 While...Wend 语句实现；反之则不然。

【例 5.4】　找出一个最大正整数 n，使 $n! <1000$。

该题就是要找到一个正整数，使它的阶乘最接近 1000，但又不超过 1000。因此，应该将从 1 开始的自然数累乘，当积第一次大于 1000 时结束循环，累乘的最后一个数的前一个数即为所求。

程序代码如下。

```
Private Sub Form_Click()
  Dim I%, p%, n%
  I = 0
  p = 1
  While p < 1000
    I = I + 1
    p = p * I
  Wend
  p = p / I
  n = I - 1
  Print "N="; n, n; "!="; p
End Sub
```

程序的运行结果如图 5-6 所示。

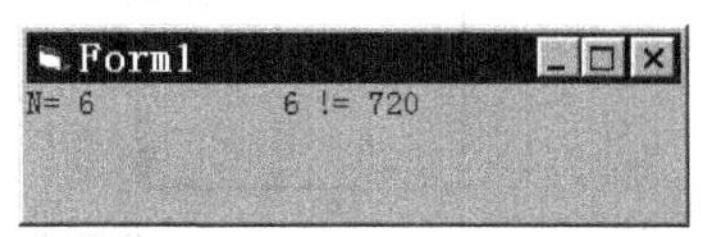

图 5-6 例 5.4 程序运行结果

【例 5.5】 假设我国现有人口 12 亿，若年增长率为 1.5%，试计算多少年后我国人口增加到或超过 20 亿。

人口计算公式为：$p=y(1+r)^n$

y 为人口初值，r 为年增长率，n 为年数。

程序代码如下。

```
Private Sub Form_Click()
  Dim p!, r!, I%
  p = 12
  r = 0.015
  I = 0
  While p < 20
    p = p * (1 + r)
    I = I + 1
  Wend
  Print I; "年后，我国人口将达到"; p; "亿"
End Sub
```

单击窗体，程序运行结果如图 5-7 所示。

图 5-7 例 5.5 程序运行结果

5.4 Do 循环

与前面介绍的 While 循环相比，Do 循环具有更强的灵活性，它可以根据需要，决定是条件满足时执行循环体，还是一直执行循环体直到条件满足。Do 循环有两种语法形式。

格式 1：

Do {While|Until} <条件>
  [<循环体>]
Loop

格式 1 是先判断，后执行。其执行过程如图 5-8、图 5-9 所示。

格式 2：

Do
  [<循环体>]

Loop {While|Until} <条件>

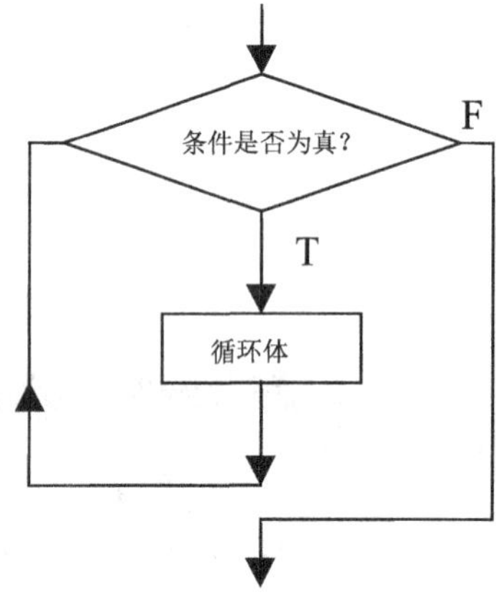

图 5-8 Do While...Loop 执行流程

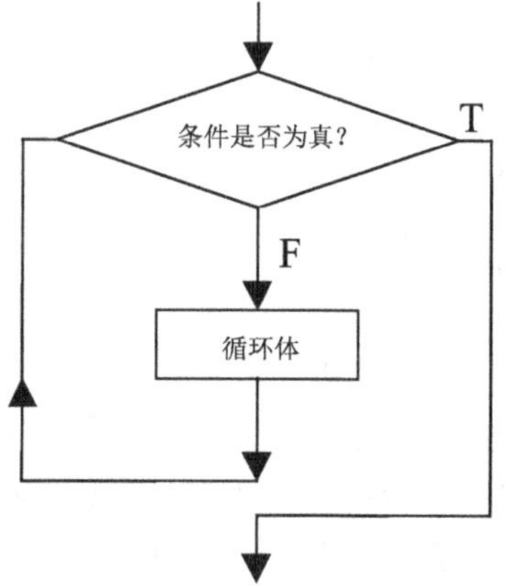

图 5-9 Do Until...Loop 执行流程

格式 2 是先执行，后判断。其执行过程如图 5-10、图 5-11 所示。

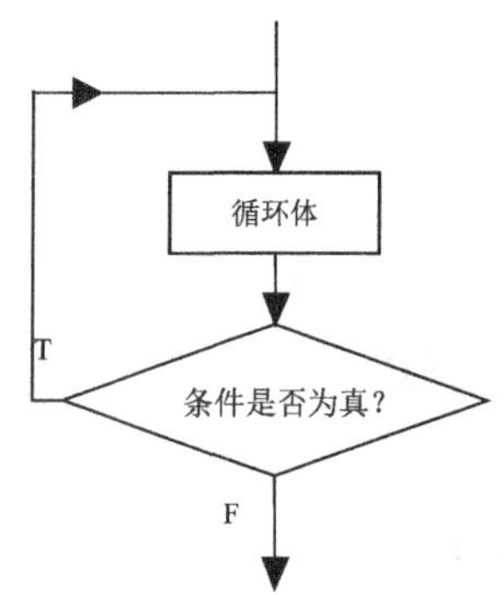

图 5-10 Do...Loop While 执行过程

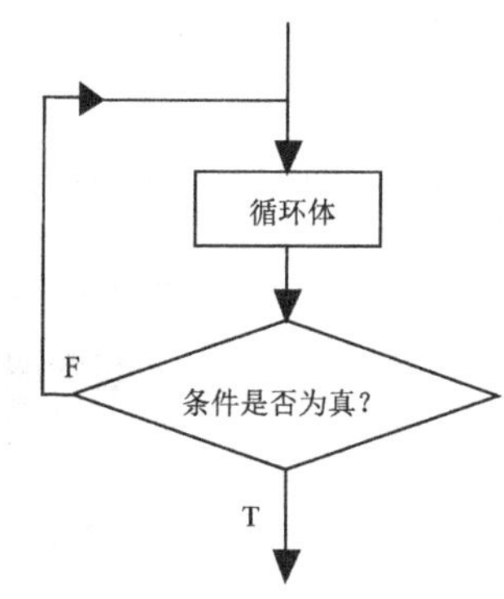

图 5-11 Do...Loop Until 执行过程

例如：

```
i = 1
Do While i < 0
  Print i,
  i = i + 1
Loop
```

上面这段程序执行时，先判断 i<0 是否成立，因为 i=1 不满足 i<0 的条件，因此将跳过循环，执行 Loop 下面的语句，也就是循环体一次也没有执行。但如果将程序段改写为格式 2，情况就会不同。

```
i = 1
Do
  Print i,
  i = i + 1
Loop While i < 0
```

这段程序中虽然 i=1 同样不符合循环的条件，但因为先执行后判断，所以仍然执行了一次循环体，输出了 i 的值。

值得注意的是，关键字 While 用于指明条件成立时执行循环体，直到条件不成立时结束循环，如图 5-8、图 5-10 所示；而 Until 则正好相反，条件不成立时执行循环体，直到条件满足才退出循环，如图 5-9、图 5-11 所示。

【例 5.6】 求 $s=\sum_{I=1}^{100} I$。

我们用格式 1 实现，程序如下。

```
Private Sub Form_Click()
  Dim s%, I%
  I = 1
  s = 0
  Do While I <= 100
    s = s + I
    I = I + 1
  Loop
  Print "s="; s
End Sub
```

单击窗体，输出程序的运行结果为

```
s=5050
```

读者可以自己考虑用格式 2 编写该程序，编程过程中注意语句 $I=I+1$ 和 $s=s+I$ 在循环体中的位置，并分析一下这两条语句位置变化对循环控制条件及初始化语句的影响。

【例 5.7】 求两个自然数 m，n 的最大公约数。

设计思想：（1）m 除以 n 得到余数 r；

（2）若 r=0，则 n 为要求的最大公约数，算法结束；否则执行步骤（3）；

（3）$n \to m$，$r \to n$，再转到（1）执行。

程序代码如下。

```
Private Sub command1_Click()
  Dim m%, n%, r%
  m = Val(Text1.Text)
  n = Val(Text2.Text)
  r = m Mod n
  Do Until r = 0
    m = n
    n = r
    r = m Mod n
  Loop
  Print " 它们的最大公约数是"; n
End Sub
```

图 5-12 例 5.7 程序运行结果

程序运行结果如图 5-12 所示。

5.5 循环的嵌套

在一个循环体内又包含了一个完整的循环，这样的结构称为多重循环或循环的嵌套。在程序设计时，许多问题要用二重或多重循环才能解决。我们前面学过的 For 循环、While 循环、Do 循环都可以互相嵌套，如在 For…Next 的循环体中可以使用 While 循环，而在 While…Wend 的循环体中也可以出现 For 循环等。

二重循环的执行过程是外循环执行一次，内循环执行一遍，在内循环结束后，再进行下一次外循环，如此反复，直到外循环结束。

【例 5.8】 打印九九乘法表。

分析

打印九九乘法表，只要利用循环变量作为乘数和被乘数，就可以方便地解决。

程序代码如下。

```
Private Sub Form_Click()
  Dim i%, j%, str$
  Print Tab(35); "九九乘法表"
  For i = 1 To 9
   For j = 1 To 9
    str = i & "×" & j & "=" & i * j
    Print Tab((j - 1) * 9 + 1); str;
   Next j
   Print
  Next i
End Sub
```

程序运行结果如图 5-13 所示。

```
Form1
                                九九乘法表
1×1=1    1×2=2    1×3=3    1×4=4    1×5=5    1×6=6    1×7=7    1×8=8    1×9=9
2×1=2    2×2=4    2×3=6    2×4=8    2×5=10   2×6=12   2×7=14   2×8=16   2×9=18
3×1=3    3×2=6    3×3=9    3×4=12   3×5=15   3×6=18   3×7=21   3×8=24   3×9=27
4×1=4    4×2=8    4×3=12   4×4=16   4×5=20   4×6=24   4×7=28   4×8=32   4×9=36
5×1=5    5×2=10   5×3=15   5×4=20   5×5=25   5×6=30   5×7=35   5×8=40   5×9=45
6×1=6    6×2=12   6×3=18   6×4=24   6×5=30   6×6=36   6×7=42   6×8=48   6×9=54
7×1=7    7×2=14   7×3=21   7×4=28   7×5=35   7×6=42   7×7=49   7×8=56   7×9=63
8×1=8    8×2=16   8×3=24   8×4=32   8×5=40   8×6=48   8×7=56   8×8=64   8×9=72
9×1=9    9×2=18   9×3=27   9×4=36   9×5=45   9×6=54   9×7=63   9×8=72   9×9=81
```

图 5-13 例 5.8 程序运行结果

请思考，如果要打印成图 5-14 所示的结果，该如何修改程序？

```
Form1
                                九九乘法表
1×1=1
2×1=2    2×2=4
3×1=3    3×2=6    3×3=9
4×1=4    4×2=8    4×3=12   4×4=16
5×1=5    5×2=10   5×3=15   5×4=20   5×5=25
6×1=6    6×2=12   6×3=18   6×4=24   6×5=30   6×6=36
7×1=7    7×2=14   7×3=21   7×4=28   7×5=35   7×6=42   7×7=49
8×1=8    8×2=16   8×3=24   8×4=32   8×5=40   8×6=48   8×7=56   8×8=64
9×1=9    9×2=18   9×3=27   9×4=36   9×5=45   9×6=54   9×7=63   9×8=72   9×9=81
```

图 5-14 呈下三角显示的九九乘法表

对于循环的嵌套，要注意以下事项。

（1）在多重循环中，各层循环的循环控制变量不能同名；但并列循环的循环控制变量名可以相同，也可以不同。

（2）外循环必须完全包含内循环，不能交叉。

下面的程序段都是错误的。

```
 For I=1 To 100
  For J=1 To 10
       …
  Next I
Next J
```

（a）内外循环交叉

```
 For I=1 To 100
  For I=1 To 10
       …
  Next I
Next I
```

（b）内外循环控制变量同名

下面的程序段是正确的。

```
For I=1 To 100
  For J=1 To 10
    …
```

```
    Next J
    …
    For J=100 To 120
      …
    Next J
  Next I
```

（c）内循环并列的情况

【例 5.9】 编写程序，输出 100～1000 所有的素数。

分析 前面已经介绍过判断一个正整数是否为素数的方法。要找出 100～1000 所有的素数，将这些数逐个用前面的方法测试就可以了。为了减少循环次数，可以将那些肯定不是素数的偶数排除。

程序代码如下。

```
Private Sub Form_Click()
  Dim i%, m%, flag%, n%
  m = 101
  n = 0
  While m < 1000
    flag = 0
    For i = 2 To Sqr(m)
      If m Mod i = 0 Then flag = 1
    Next i
    If flag = 0 Then
      Print m;
      n = n + 1
      If n Mod 10 = 0 Then Print
    End If
    m = m + 2
  Wend
End Sub
```

运行程序，单击窗体，输出结果如图 5-15 所示。

```
Form1
101  103  107  109  113  127  131  137  139  149
151  157  163  167  173  179  181  191  193  197
199  211  223  227  229  233  239  241  251  257
263  269  271  277  281  283  293  307  311  313
317  331  337  347  349  353  359  367  373  379
383  389  397  401  409  419  421  431  433  439
443  449  457  461  463  467  479  487  491  499
503  509  521  523  541  547  557  563  569  571
577  587  593  599  601  607  613  617  619  631
641  643  647  653  659  661  673  677  683  691
701  709  719  727  733  739  743  751  757  761
769  773  787  797  809  811  821  823  827  829
839  853  857  859  863  877  881  883  887  907
911  919  929  937  941  947  953  967  971  977
983  991  997
```

图 5-15 例 5.9 程序运行结果

【例 5.10】 求 $\sin x \approx x - \frac{x^3}{3!} + \frac{x^5}{5!} - \frac{x^7}{7!} + \frac{x^9}{9!} - \cdots + (-1)^{n+1}\frac{x^{2n-1}}{(2n-1)}!$

分析 观察多项式就会发现，奇数项为正，偶数项为负，各项分子的指数与分母的阶乘数相同，各相邻项指数相差为 2。因此，可以设计一个二重循环，内层循环实现每项的计算，外层循环完成对各项的求和。

程序代码如下。

```
Private Sub command1_Click()
  Dim x#, n&, s#, i%, j%, k#, p#, f%
```

```
  x = Val(Text1.Text)
  n = Val(Text2.Text)
  s = 0: f = -1
  For i = 1 To n
    p = 1: k = 1
    For j = 1 To 2 * i - 1
      p = p * j
      k = k * x
    Next j
    f = f * (-1)
    s = s + f * k / p
  Next i
  Print "sin("; x; ")="; s
End Sub
```

程序运行结果如图 5-16 所示。

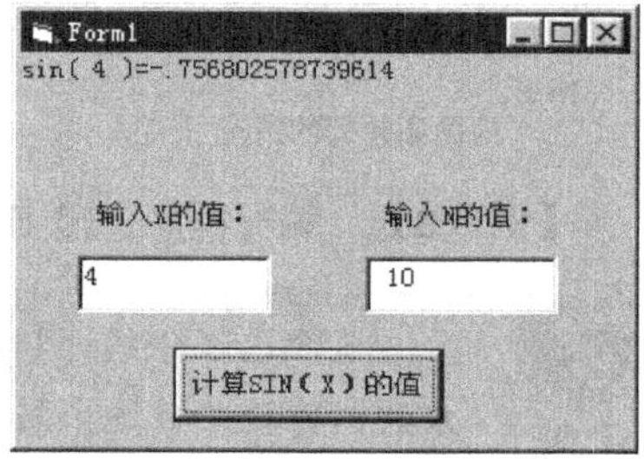

图 5-16　例 5.10 程序运行结果

5.6　循环的退出

前面讲述的循环，都是在执行结束时正常的退出。但在某些情况下，为了减少循环次数或便于程序调试，可能需要提前强制退出循环。VB 为 For…Next 和 Do…Loop 循环语句提供了相应的强制退出循环的语句。

1．Exit For

Exit For 用于 For…Next 循环，在循环体中可以出现一次或多次。当系统执行到该语句时，就强制退出当前循环。常见的使用方式是：

If　条件　Then　Exit　For

即当循环执行过程中满足某个条件时，就执行循环退出语句结束循环。

前面曾学习了一个判断用户输入的数是否为素数的例子（例 5.2），在这个例题中，无论用户输入的是否是素数，循环都是在循环变量超过终值后正常结束循环。然而仔细观察一下就会发现：如果用户输入的不是素数，往往没有必要把整个循环执行完。如用户输入 15，int(sqr(15))=4，循环变量终值为 4，但当循环变量变化到 3 时，15 mod 3=0，由此就得知 15 为非素数，没有必要再将循环执行下去浪费时间，所以就可以在此时结束循环。而如果用户输入的数是素数，必然不会存在某个循环变量值能整除该数的情况，循环变量超过终值后正常结束循环。所以，可以在循环后通过对循环变量值的判断来断定用户输入的数是否为素数。

程序代码如下。

```
Private Sub Form_Click()
  Dim n%, I%, k%
  n = InputBox("请输入一个正整数（≥3）")
  k = Int(Sqr(n))
   For I = 2 To k
    If n Mod I = 0 Then Exit For
  Next I
  If I > k Then
    Print n; "是一个素数"
  Else
    Print n; "不是素数"
  End If
End Sub
```

2．Exit Do

Exit Do 用于 Do…Loop 循环，具体用法同 Exit For 一样。例如，要在 1000～10000 找一个既能被 3 整除又能被 7 整除的数，可用下面的程序实现。

```
Private Sub Form_Click()
  Dim n%
  n = 1000
  Do While n <= 10000
    If n Mod 3 = 0 And n Mod 7 = 0 Then
      Print n
      Exit Do
    End If
    n = n + 1
  Loop
End Sub
```

习题

1. 写出下列程序的运行结果。

（1） x=0

```
For i=1 To  3
  x=x+i
Next i
print x+i
```

（2）a=10

```
 while  a<50
    print  a;
      a=a+5
wend
```

（3）For i=1 To 5

```
For  j=1  To  i
   if  i  mod  2  =0  then
      print  "*";
   else
      print "#";
    endif
  Next  j
  print
Next  i
```

（4） x=1

```
do
  print x,
  x=x*2
loop until  x>20
print  x
```

2. 打印 Fibonacci 数列的前 30 项。该数列的第一项为 0，第二项为 1，从第三项开始，每项都是前两项的和。

3. 假设某乡镇企业现有产值 2 376 000 元，如果保持年增长率为 13.45%，试问多少年后该企业的产值可以翻一番。

4. 找出 100～500 所有的“水仙花”数。所谓水仙花数，是指一个三位数，它的各位数字的立方和等于它本身，如 $371=3^3+7^3+1^3$。

5. 用循环结构编一程序，打印出如下图形。

```
      *
    * * *
  * * * * *
* * * * * * *
```

6. 我国古代数学家张邱建在《算经》里提出了一个不定方程问题，即“百鸡问题”：公鸡每只值 5 元，母鸡每只值 3 元，小鸡 3 只值 1 元，100 元钱买 100 只鸡，问公鸡、母鸡、小鸡可各买多少只?

7. 用多项式计算 e 的近似值。

$$e=\sum_{n=0}^{N}\frac{1}{n!}=1+\frac{1}{1!}+\frac{1}{2!}+\frac{1}{3!}+\cdots+\frac{1}{N!}$$

8. 验证哥德巴赫猜想：一个大偶数可以分解为两个素数之和。试编程将 500～1 000 的全部偶数表示为两个素数之和。

PART 6

第 6 章 常用控件与多窗体

第 3 章介绍了窗体的使用及最基本控件的属性、事件和方法。本章介绍另外几个常用的控件及多窗体，主要内容有图片框与图像框、定时器、单选按钮与复选框、框架、列表框与组合框滚动条、焦点与 Tab 顺序、多窗体。

6.1 图片框与图像框

图片框控件（PictureBox）和图像框控件（ImageBox）主要用于在窗体的指定位置显示图形信息。VB 6.0 支持 .BMP、.ICO、.WMF、.EMF、JPG、.GIF 等格式的图形文件。

6.1.1 图片框、图像框的常用属性

1. Picture 属性

图片框和图像框中显示的图片由 Picture 属性决定。图形文件可以在设计阶段装入，也可以在运行期间装入。

（1）在设计阶段加入。在设计阶段，可以用属性窗口中的 Picture 属性装入图形文件。

（2）在运行期间装入。在运行期间，可以用 LoadPicture 函数把图形文件装入图片框或图像框中。语句格式如下。

对象名.Picture=LoadPicture([filename])

filename：字符串表达式，指定一个被显示的图形的文件名，可以包括文件的盘符和路径。如果图片框中已有图形，则被新装入的图形覆盖。

例如：

```
Picture1.picture=LoadPicture("c:\windows\bubbles.bmp")
```

图片框中的图形也可以用 LoadPicture 函数删除。例如：

```
Picture1.Picture = LoadPicture()。
```

2. AutoSize 属性

AutoSize 属性用于图片框，决定控件是否自动改变大小以显示图像的全部内容。其默认值为 False，此时保持控件大小不变，超出控件区域的内容被裁减掉；若值为 True 时，自动改变控件大小以显示图片的全部内容（注意：不是图形改变大小）。

3. Stretch 属性

Stretch 属性用于图像框。当该属性的取值为 False 时，图像控件将自动改变大小以与

图形的大小相适应；当其值为 True 时，显示在控件中的图像的大小将完全适合于控件的大小，但这可能会使图片变形。

6.1.2 图片框、图像框的区别

图片框与图像框的用法基本相同，主要区别如下。

（1）图片框控件可以作为其他控件的容器。例如，可以在图片框内画一个命令按钮，此时如果移动图片框，则命令按钮随之一起移动（命令按钮成为图片框的一个组成部分）。如果单独移动命令按钮，只能在图片框范围内移动，不能移到图片框外去。

图像框则不然，如果在图像框中再画一个命令按钮，这个命令按钮和图像框是彼此独立的，二者之间没有固定的联系。图像框中的命令按钮不从属于图像框，不是图像框的组成部分，当移动图像框时，命令按钮仍在原位置，不随之移动。如果单独移动命令按钮，可以把它移动到图像框之外。

（2）图片框可以通过 Print 方法接收文本，而图像框则不能接收用 Print 方法输入的信息。

（3）图像框比图片框占用的内存少，显示速度快。

【例 6.1】 在窗体上建立一个图像框 Image1，两个命令按钮 TRUE 和 FALSE。要求按下“TRUE”按钮后，Image1 的 Stretch 属性值为 TRUE，然后显示变形的图像，如图 6-1 所示；按下“FALSE”按钮后，Image1 的 Stretch 属性值为 FALSE，显示一幅正常的图像，如图 6-2 所示（假设图像文件为“c:\windows\forest.bmp”）。

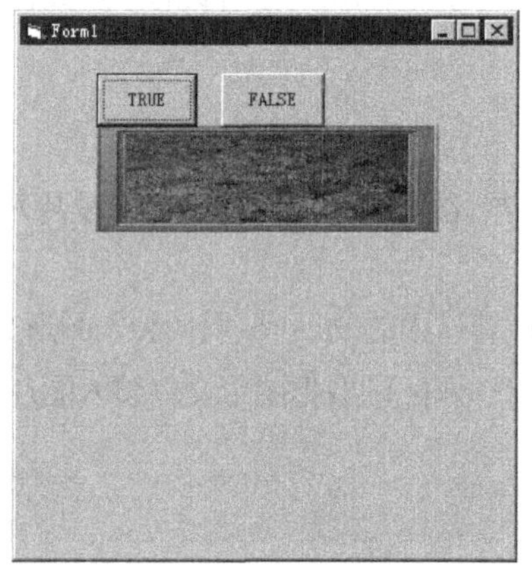

图 6-1 Stretch 属性为 TRUE

图 6-2 Stretch 属性为 FALSE

设计界面：在窗体上添加两个命令按钮、一个图像框控件，并设置其有关属性。

程序代码如下。

```
Private Sub Command1_Click()
   Image1.Picture = LoadPicture()
   Image1.Stretch = True
   Image1.Picture = LoadPicture("c:\windows\forest.bmp")
End Sub

Private Sub Command2_Click()
   Image1.Picture = LoadPicture()
   Image1.Stretch = False
   Image1.Picture = LoadPicture("c:\windows\forest.bmp")
End Sub
```

只有先按下“TRUE”按钮，才会出现上述效果。若先按下“FALSE”按钮，再按下“TRUE”按钮，则显示图形均为正常。想一想，为什么？

6.2 定时器

VB 提供了一种叫定时器（Timer）的控件。定时器每隔一定的时间间隔就产生一次 Timer 事件（可理解为报时），用户可以根据这个特性设置时间间隔控制某些操作或用于计时。

1．属性

定时器控件的属性不是很多，最常用的是 Interval 属性，该属性用来决定两次调用定时器的间隔，以 ms 为单位，取值范围为 0～65 535，所以最大时间间隔不能超过 65s，该属性的默认值为 0，即定时器控件不起作用。如果希望每秒产生 n 个事件，则应设置 Interval 属性值为 $1\,000/n$。

2．事件

定时器只支持 Timer 事件。对于一个含有定时器控件的窗体，每经过一段由 Interval 属性指定的时间间隔，就产生一个 Timer 事件。

（1）Timer 控件只在设计时出现在窗体上，可以选定这个控件，查看属性，编写事件过程。运行时，定时器不可见，所以其位置和大小无关紧要。

（2）由于大多数个人计算机系统硬件的限制，定时器每秒钟最多可产生 18 个事件，也就是说，实际时间间隔的准确度不会超过 1/18s（约 56ms）。所以，若将 Interval 属性值设为比 56ms 小的数，不会产生预期的效果。

（3）在 VB 中可以用 Time 函数获取系统时钟的时间。而 Timer 事件是 VB 中的模拟实时定时器的事件，和 Time 函数是两个不同的概念。

【例 6.2】 建立数字计时器，要求每秒钟时间变化一次。

设计界面：在窗体上添加一个定时器控件、一个标签，并按表 6-1 设置属性。

表 6-1 控件属性设置

对象	属性	设置
Timer1	Interval	1 000
Label1	FontName	宋体
	BorderStyle	1–Fixed single

程序代码如下。

```
Private Sub Timer1_Timer()
  Label1.FontSize = 48
  Label1.Caption = Time   '将 Time 函数返回的系统时间显示在标签中
End Sub
```

程序执行结果如图 6-3 所示，每隔 1s 显示一次时间。

图 6-3 例 6.2 运行结果

【例 6.3】 用定时器实现控制时间延迟。要求：单击命令按钮会出现“Hello，World!”字样，经过 3s 后，标签背景色变成红色。

界面设计：在窗体（Form1）上添加一个定时器、一个命令按钮和一个标签控件，把 Label1 的 Boderstyle

属性设置为 None，Timer1 的 Enabled 属性设置为 false。

程序代码如下。

```
Private Sub Command1_Click()
   Label1.BackColor = &H8000000F  ' 将标签背景色设置为灰色
   Label1.FontSize = 30
   Label1.Caption = "Hello, World! "
   Timer1.Interval = 3000
   Timer1.Enabled = True
End Sub

Private Sub Timer1_Timer()
   Label1.BackColor = &HFF&   ' 将标签背景色设置为红色
   Timer1.Enabled = False
End Sub
```

6.3 单选按钮与复选框

有时我们希望在应用程序的界面上提供一些项目，让用户从几个选项中选择其中之一，这就要用“单选按钮”控件。如果有多个选择框，每个选择框都是独立的、互不影响的，用户可以任意选择它们的状态组合，则可以用“复选框”控件。

6.3.1 单选按钮

单选按钮（OptionButton）通常成组出现，主要用于处理“多选一”的问题。用户在一组选单按钮中必须选择一项，并且最多只能选择一项。当某一项被选定后，其左边的圆圈中出现一个黑点。例如，图 6-4 所示就是一组单选按钮，用户只能在这 3 个单选按钮中选择一个。

1. 属性

（1）Value 属性。Value 属性表示单选按钮选中或不被选中的状态。True 为选中；False 为不被选中。

（2）Caption 属性。Caption 属性显示出现在单选按钮旁边的文本。

（3）Style 属性。Style 属性用来设置控件的外观。值为 0 时，控件显示图 6-4 所示的标准样式；值为 1 时，控件外观类似命令按钮。

一般来说，单选按钮总是作为一个组（单选按钮组）发挥作用的。图 6-4 所示的关于颜色的单选按钮就是一个按钮组。

2. 事件

单选按钮常用事件是 Click 事件。

【例 6.4】 程序运行后，单击某个单选按钮，在标签中显示相应的字体。运行结果如图 6-5 所示。

图 6-4 单选按钮

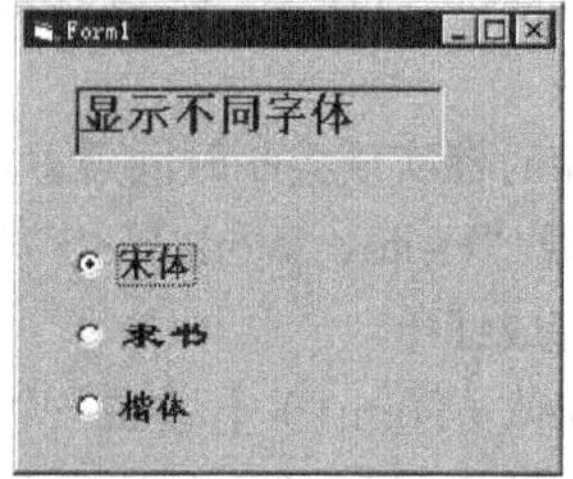

图 6-5 例 6.4 运行结果

需要在窗体上建立一个标签和3个单选按钮，其主要属性设置如表6-2所示。

表6-2 控件属性设置

对象	属性	设置
Label1	Caption	显示不同字体
	Name	Label1
	Font	宋体
Option1	Caption	宋体
	Name	Song
	Font	宋体
Option2	Caption	隶书
	Name	Li
	Font	隶书
Option3	Caption	楷体
	Name	Kai
	Font	楷体_GB2312

程序代码如下。

```
Private Sub kai_Click()
  Label1.FontName = "楷体_gb2312"
End Sub

Private Sub li_Click()
  Label1.FontName = "隶书"
End Sub
Private Sub song_Click()
  Label1.FontName = "宋体"
End Sub
```

（1）要使某个按钮成为单选按钮组中的默认按钮，只要在设计时将其 Value 值设置成 True，它就可以保持被选中状态，直到用户选择另一个不同的单选按钮或用代码改变它。

（2）一个单选按钮可以用下面这些方法选中。

- 在运行期间用鼠标单击单选按钮。
- 用 Tab 键定位到单选按钮组，然后用方向键定位单选按钮。
- 用代码将它的 Value 属性设置为 True，即 Option1.value=true。

（3）要禁用单选按钮，可将其 Enabled 属性设置为 False。

6.3.2 复选框

复选框（CheckBox）也称检查框，单击复选框一次时被选中，左边出现“√”号，再次单击则取消选中，清除复选框中的“√”。可同时使多个复选框处于选中状态，这一点和单选按钮不同。图6-6所示为4个复选框。

1. 属性

（1）Value 属性。Value 属性用于决定复选框的状态：0–未选中，1–已选中，2–变灰暗。

（2）Picture 属性。Picture 属性用于指定当复选框被设计成图形按钮时的图像。

2. 事件

复选框常用事件为 Click 事件。

【例 6.5】 用复选框控制文本是否加下划线和斜体显示。在程序执行期间，如果选择“加下划线”复选框，则文本框中的内容就加上了下划线，如果清除对“加下划线”复选框的选中，则文本框中的内容就没有下划线；如果选择“斜体”复选框，则文本框中的文字字形就变成斜体，如果清除对“斜体”复选框的选中，则文本框中的文字字形就不是斜体。程序运行界面如图 6–7 所示。

图 6–6 复选框

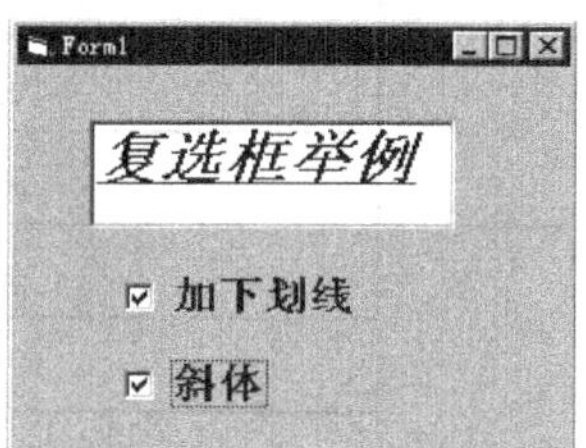

图 6–7 复选框举例运行结果界面

设计界面：在窗体上建立一个文本框、两个复选框。3 个控件的属性如表 6–3 所示。

表 6-3 控件属性设置

对象	属性	设置
Text1	Text	复选框举例
Check1	Caption	加下划线
Check2	Caption	斜体

程序代码如下。

```
Private Sub Check1_Click()
  If Check1.Value = 1 Then
    Text1.FontUnderline = True
  Else
    Text1.FontUnderline = False
  End If
End Sub

Private Sub Check2_Click()
  If Check2.Value = 1 Then
    Text1.FontItalic = True
  Else
    Text1.FontItalic = False
  End If
End Sub

Private Sub Form_Load()
    Text1.FontSize = 20
End Sub
```

Check1_Click()过程用来测试复选框的 Value 属性值是否为 1，若为 1，则把文本框的 FontUnderline 属性设置为 1（加下划线）；否则设置为 False（取消下划线）。Check2_Click()过程作用类似。

6.4 容器与框架

所谓容器，就是可以在其上放置其他控件对象的一种对象。窗体、图片框和框架都是容器。容器内的所有控件成为一个组合，随容器一起移动、显示、消失和屏蔽。

在前一节的例 6.3 中，是在一个窗体上建立一组单选按钮，若要在同一窗体上建立几组相互独立的单选按钮，通常用框架控件（Frame）将每一组单选按钮框起来，这样在一个框架内的单选按钮成为一组，对一组单选按钮的操作不会影响其他组的单选按钮。

在窗体上创建框架及其内部控件时，应先添加框架控件，然后单击工具箱上的控件，用“+”指针在框架中以拖曳的方式添加控件，框架内的控件不能被拖出框架外。不能用双击的方式向框架中添加控件，也不能先画出控件再添加框架。如果要用框架将窗体上现有的控件进行分组，可先选定控件，将它们剪切后粘贴到框架中。

1．属性

（1）Caption 属性。Caption 属性即框架的标题，位于框架的左上角，用于注明框架的用途。

（2）Enabled 属性。Enabled 属性用于决定框架中的对象是否可用，通常把 Enabled 属性设置为 True，以使框架内的控件成为可以操作的。

2．事件

容器与框架的常用事件为 Click 和 DblClick。在大多数情况下，我们用框架控件对控件进行分组，没有必要响应它的事件。

【例 6.6】 使用两个单选按钮组来改变文本框中文字的颜色和大小。运行结果如图 6-8 所示。

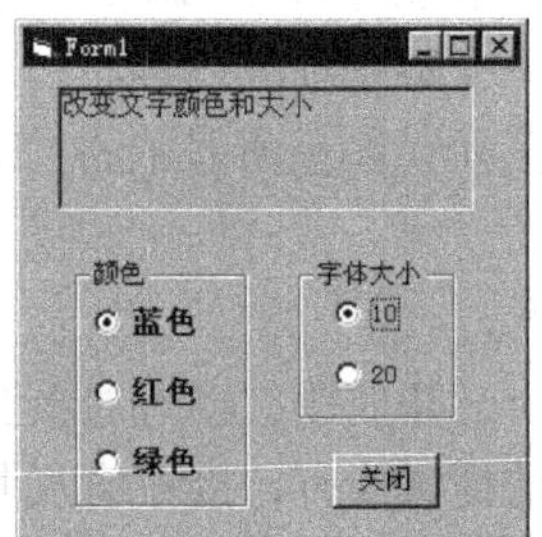

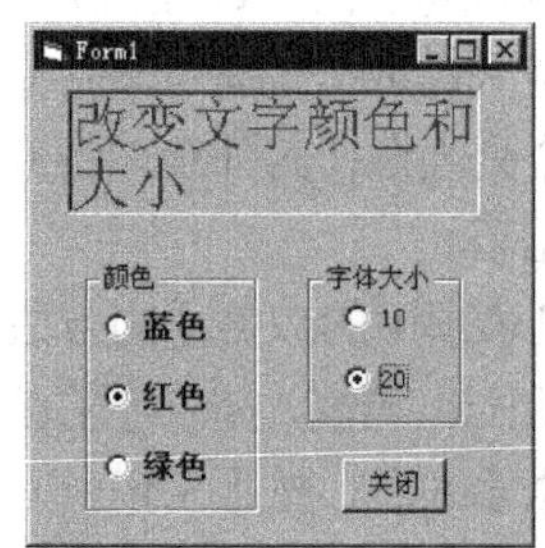

图 6-8 例 6.6 运行结果

设计界面：在窗体上添加一个标签控件、一个命令按钮；添加一个框架控件，在框架控件上画上 3 个单选按钮控件（颜色按钮组）；再添加一个框架控件，在框架控件上画上两个单选按钮控件（字体大小按钮组）。两个框架的 Caption 属性分别设置为“颜色”和“字体大小”，其他控件属性的设置可以按照图 6-8 所示进行。

程序代码如下。

```
Private Sub Command1_Click()
  end
End Sub

Private Sub Option1_Click()                    ' 蓝色单选按钮
   Label1.ForeColor = &HFF0000
End Sub

Private Sub Option2_Click()                    ' 红色单选按钮
```

```
   Label1.ForeColor = &HFF&
End Sub

Private Sub Option3_Click()              ' 绿色单选按钮
   Label1.ForeColor = &HFF00&
End Sub

Private Sub Option4_Click()              ' 文字大小 10 单选按钮
   Label1.FontSize = 10
End Sub

Private Sub Option5_Click()              ' 文字大小 20 单选按钮
   Label1.FontSize = 20
End Sub
```

6.5 列表框与组合框

列表框（ListBox）控件将一系列的选项组合成一个列表，用户可以选择其中的一个或几个选项，但不能向列表清单中输入项目；组合框（ComboBox）控件是综合文本框和列表框特性而形成的一种控件，用户可通过在组合框中输入文本来选定项目，也可从列表中选定项目。

6.5.1 列表框

列表框控件的主要用途是提供列表式的多个数据项供用户选择。在列表框中放入若干个项的名字，用户可以通过单击某一项或多项，来选择自己所需要的项目。如果放入的项较多，超过了列表框设计时可显示的项目数，则系统会自动在列表框边上加一个垂直滚动条。

1．属性

（1）List 属性。List 属性是一个字符串数组，用来保存列表框中的各个数据项内容。List 数组的下标从 0 开始，即 List(0)保存表中的第一个数据项的内容。List(1)保存表中第二个数据项的内容，以此类推，List(ListCount-1)保存表中最后一个数据项的内容。

在窗体上添加一个列表框，其外观如图 6-9 所示，图上所显示的“List1”是控件的名称，而不是列表项中的数据项。

用 List 属性设置列表项中的数据项的方法如下。

选择属性列表中的 List 属性，单击它右方的下三角按钮，输入列表项中的一项数据。需要说明的是，每一项数据输入后，按下 Ctrl+Enter 快捷键换行，接着输入下一项数据；输入最后一项后，按下 Enter 键表示输入结束。

如图 6-10 所示，输入数据的顺序为“列表项 1 Ctrl+Enter……列表项 4 Enter”。完成后可以看到，列表框的外观将如图 6-11 所示。

图 6-9 添加到窗体上的列表框外观

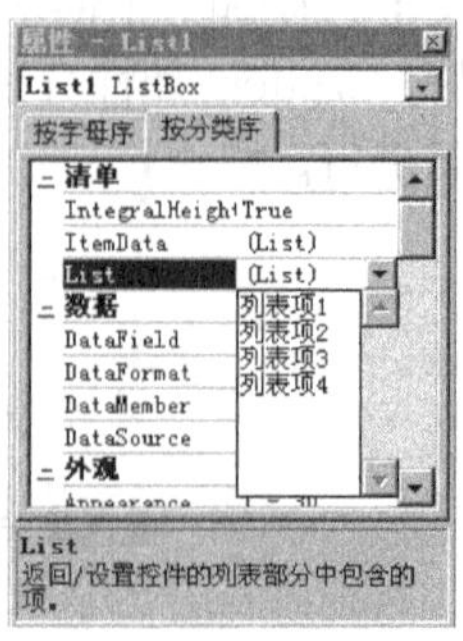

图 6-10 List 属性

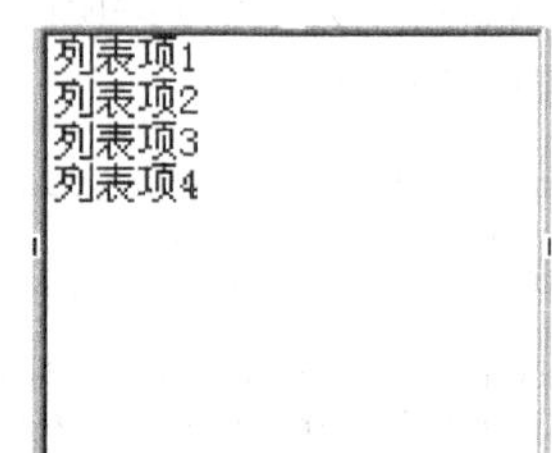

图 6-11 输入列表项后图 6-9 的外观

在输入列表项数据后，可以重新编辑列表中的数据，方法是：选择列表框控件属性列表中的 List 属性，按下它右方的下拉按钮，移动光标至要修改处进行修改即可。在程序运行中，则需要用列表框所提供的方法进行添加（AddItem）或删除数据（RemoveItem）的操作。

另外，也可以在程序中设置列表项的数据，其格式为

[列表框.] List（下标）

例如：

```
List1.list(3)="Li Ping"          ' 把列表框 List1 第 4 项的内容设置为"Li Ping"
```

（2）ListCount 属性。ListCount 属性记录了列表框中的数据项数，只能在程序中引用该属性。

（3）Text 属性。Text 属性用于存放被选中列表项的文本内容。该属性是只读的，不能在属性窗口中设置，也不能在程序中设置，只用于获取当前选定的列表项的内容。可在程序中引用 Text 属性值。

（4）ListIndex 属性。ListIndex 属性是 List 数组中被选中的列表项的下标值（即索引号）。如果用户选择了多个列表项，则 ListIndex 是最近所选列表项的索引号；如果用户没有从列表框中选择任何一项，则 ListIndex 为–1。程序运行时，可以使用 ListIndex 属性判断列表框中哪一项被选中。

例如，在列表框 List1 中选中第 2 项，即 List1.List 数组的第 2 项，则 ListIndex＝1（ListIndex 从 0 开始）。

ListIndex 属性不能在设计时设置，只有程序运行时才起作用。

（5）Selected 属性。Selected 属性是一个逻辑数组，其元素对应列表框中相应的项，表示相应的项在程序运行期间是否被选中。例如，Selected(0)的值为 True，表示第一项被选中；如为 False，表示未被选中。

（6）MultiSelect（多选择列表项）属性。MultiSelect 属性值表明是否能够在列表框控件中进行复选以及如何进行复选。它决定用户是否可以在控件中做多重选择，它必须在设计时设置，运行时只能读取该属性。MultiSelect 属性值的说明如表 6-4 所示。

表 6-4 MultiSelect 属性说明

属性值	说明
0（默认值）	不允许复选
1—简单复选	可同时选择多个项，用鼠标单击或按下 Space 键（空格键），在列表中选中或取消选中项
2—扩展复选	按下 Shift 键并单击鼠标或按下 Shift 键及一个方向键（上箭头、下箭头、左箭头和右箭头），可以选定连续的多个选项；按下 Ctrl 键并单击鼠标，可在列表中选中或取消选中不连续的多个选项

（7）SelCount 属性。SelCount 属性值表示在列表框控件中所选列表项的数目，只有在 MultiSelect 属性值设置为 1（Simple）或 2（Extended）时起作用，通常与 Selected 数组一起使用，以处理控件中的所选项目。

2．方法

ListBox 对应的控件方法有：AddItem、Clear 和 RemoveItem。

（1）AddItem 方法。AddItem 方法向一个列表框中加入列表项，其格式为

Listname.AddItem　item [, index]

说明

① Listname：列表框控件的名称。

② item：要加到列表框的列表项，是一个字符串表达式。

③ index：是索引号，即新增加的列表项在列表框中的位置。如果省略 index，新增加的列表项将添加到列表框的末尾；index 为 0 时，表示添加到列表框的第一个位置。

（2）RemoveItem 方法。RemoveItem 方法用于删除列表框中的列表项，其格式为

Listname.RemoveItem　index

其中，Listname 表示列表框控件的名称，index 参数是要删除的列表项的索引号。需要注意的是，与 AddItem 方法不同，index 参数是必须提供的。

例如：

```
List1.RemoveItem 0              ' 删除 List1 列表框中的第一个列表项
```

（3）Clear 方法。该方法删除列表框控件中的所有列表项。其格式为

Listname.Clear

其中，Listname 表示列表框控件的名称。

【例 6.7】 利用列表框和命令按钮编程，要求程序能够实现添加项目、删除项目和删除全部项目的功能。

设计界面：在窗体上添加一个列表框控件、3 个命令按钮。控件属性设置如表 6-5 所示。

表 6-5　　控件属性设置

对象	属性	设置
Command1	Caption	添加项目
Command2	Caption	删除项目
Command3	Caption	全部删除
List1	MultiSelect	2
Form1	Caption	列表框的操作

程序代码如下。

```
Private Sub Command1_Click()
   Dim entry
   entry = InputBox("输入添加内容", "添加")
   List1.AddItem entry                              '添加项目
End Sub

Private Sub Command2_Click()
   Dim i As Integer
   For i = List1.ListCount - 1 To 0 Step -1
      If List1.Selected(i) Then List1.RemoveItem i  '删除选中项目
   Next i
End Sub

Private Sub Command3_Click()
   List1.Clear                                      '全部删除
End Sub
```

程序运行结果如图 6-12 所示。

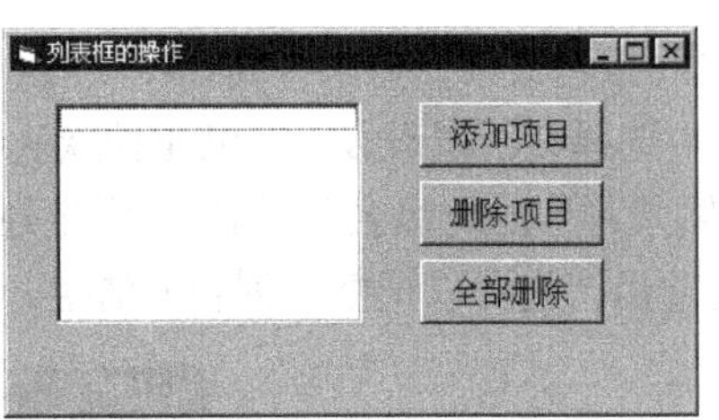

图 6-12 例 6.7 运行结果

（1）在删除项目时，可以一次选一项，也可以多选。

（2）“删除项目”对应程序的循环中，采用的是由后往前扫描数组中的数据，这主要是由于删除了一个项目时，列表框控件的 ListCount 属性值自动减少，如果此时循环是由前向后扫描，在循环执行次数超过表中的项目数时，就会产生运行错误，而由后向前扫描则可以避免此种错误。

6.5.2 组合框

组合框（ComoBox）是一种兼有列表框和文本框功能的控件。它可以像列表框一样，让用户通过鼠标选择所需要的项目；也可以像文本框一样，用输入的方式选择项目。大多数列表框控件的属性和方法也适用于组合框控件，例如，要访问控件的项目，可以用 List 数组；控件的当前选项由控件的 Text 属性确定；AddItem 方法将项目加入到组合框的项目列表中；RemoveItem 方法将组合框中选定的项目删除；Sorted 属性决定在组合框中显示的项目是否排序。

1．属性

（1）Style 属性。Style 属性是组合框的一个重要属性，其取值为 0、1、2，它决定了组合框 3 种不同的类型，分别为下拉式组合框、简单组合框和下拉式列表框，如图 6-13 所示。

① 在默认设置（Style = 0）下，组合框为“下拉式组合框”。用户可像在文本框中一样直接输入文本，也可单击组合框右侧的附带箭头，打开选项列表进行选择，选中的项目显示在文本框中。

② Style 属性值为 1 的组合框称为“简单组合框”（Simple Combo），它由可输入文本的编辑区和一个标准列表框组成，其中列表框不是下拉式的，一直显示在屏幕上。可以选择表项，也可以在编辑区中输入文本，它识别 DblCliCk 事件。在设计时，应适当调整组合框的大小，否则执行时有些表项可能显示不出来。当选项数超过可显示的限度时，将自动插入一个垂直滚动条。

③ Style 属性值为 2 的组合框称为“下拉式列表框”（Dropdown List Box）。和下拉式组合框一样，它的右端也有个箭头，可供“拉下”或“收起”列表框。它与下拉式组合框的主要差别在于，用户不能在列表框中输入选项，而只能在列表中选择。当窗体上的空间较少时，可使用这种类型的列表框。它不能识别 DblClick、Change 事件，但可识别 Dropdown 事件。

（2）Text 属性。Text 属性值是用户所选择的项目的文本或直接从编辑区输入的文本。

2．事件

组合框所响应的事件依赖于其 Style 属性。例如，只有简单组合框（Style 属性值为 1）才能接收 DblClick 事件，其他两种组合框可以接收 Click 事件和 Dropdown 事件。对于下拉式组合框（Style 属性值为 0）和简单组合框（Style 属性值为 1），可以在编辑区输入文本，当输入文本时，可以接收 Change 事件。一般情况下，用户选择项目之后，只需要读取组合框的 Text 属性。

【例 6.8】 设计一个简单的报名窗口，要求界面如图 6-14 所示，从文本框中输入学生姓名，在“班级”旁边的组合框中选择其所属班级（提供 4 种默认班级：电气 13、计算机 14、电信 13 和自动化 14，用户可以输入其他的班级名），然后将学生姓名和班级添加到列表框中。用户可以删除列表框中所选择的项目，也可以把整个列表框清空。

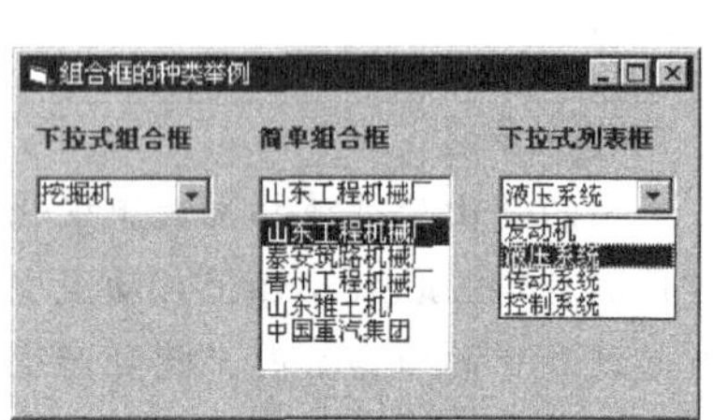

图 6-13 组合框类型

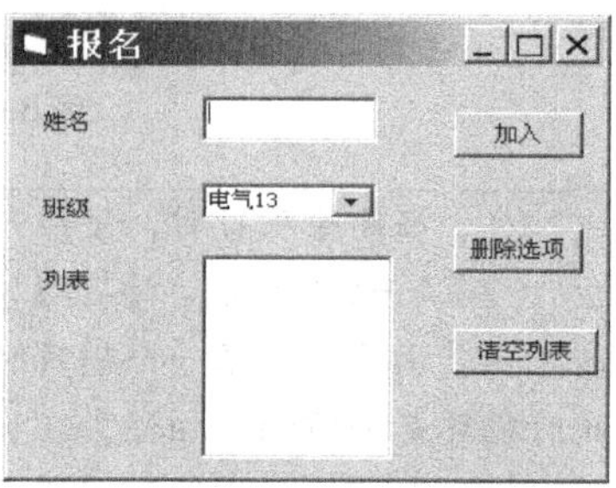

图 6-14 例 6.8 界面

设计界面：在窗体上加入 3 个标签、一个文本框、一个组合框、一个列表框，以及 3 个命令按钮。各控件属性设置如表 6-6 所示。

表 6-6 控件属性设置

对象	属性	设置
Label1	Caption	姓名
Label2	Caption	班级
Label3	Caption	列表
Text1	Caption	空
Combo1	Style	0
List1	Sorted	True
	MultiSelect	2
Command1	Caption	加入
Command2	Caption	删除选项
Command3	Caption	清空列表
Form1	Caption	报名

程序代码如下。

```
Private Sub Command1_Click()
  If ((Text1.Text <> "") And (Combo1.Text <> "")) Then
    List1.AddItem Text1.Text + " " + Combo1.Text
  Else
    MsgBox ("请输入添加内容！")
  End If
     Text1.Text = ""
     Text1.SetFocus

End Sub

Private Sub Command2_Click()
  Dim i As Integer
  If List1.ListIndex >= 0 Then
    For i = List1.ListCount - 1 To 0 Step -1
```

```
      If List1.Selected(i) Then List1.RemoveItem i    '删除被选中的项目
    Next i
  End If
End Sub

Private Sub Command3_Click()
  List1.Clear      ' 清空列表
End Sub

Private Sub Form_Load()
        Combo1.AddItem "电气13"
        Combo1.AddItem "计算机14"
        Combo1.AddItem "电信13"
        Combo1.AddItem "自动化14"
        Combo1.Text = Combo1.List(0)
End Sub
```

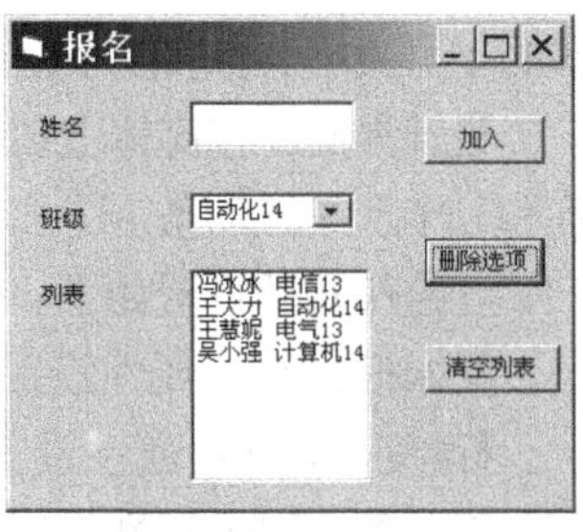

图 6-15　例 6.8 运行结果

程序运行结果如图 6-15 所示。

6.6　滚动条

滚动条通常用来附在窗体边上帮助观察数据或确定位置，作为速度、数量的指示器来使用，也可用来作为数据输入的工具。

滚动条分为水平滚动条（HscrollBar）和垂直滚动条（VscrollBar），如图 6-16 所示。除方向不一样外，水平滚动条和垂直滚动条的结构与操作是完全相同的。

滚动条的两端各有一个滚动箭头，在滚动箭头之间有一个滚动块。滚动块从一端移至另一端时，其值在不断变化。垂直滚动条的值由上往下递增，水平滚动条的值由左往右递增。其值均以整数表示，取值范围为-32768～32767。其最小值和最大值分别在两个端点，其坐标系和滚动条的长度（高度）无关。

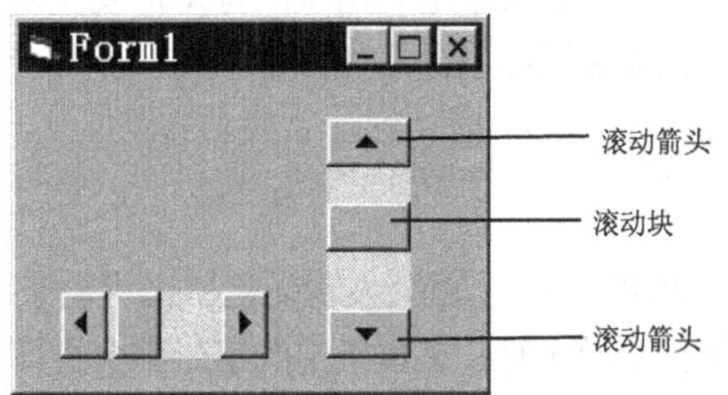

图 6-16　垂直滚动条和水平滚动条

1．属性

（1）Max 属性。Max 属性用于决定滚动条所能表示的最大值。即当滑块处于底部或最右位置时，Value 属性的最大设置值。其取值范围为-32768～32767，默认值为 32767。

（2）Min 属性。Min 属性用于决定滚动条所能表示的最小值。即当滑块处于顶部或最左位置时，Value 属性的最小设置值。其取值范围为-32768～32767，默认值为 0。

（3）Value 属性。Value 属性表示当前滚动条所代表的值，范围在 Max 与 Min 之间。每当用户用鼠标单击滚动箭头、单击滑块与箭头之间的区域，或沿着滚动条拖拉滑块的动作结束时，滚动条的 Value 属性就发生变化。

（4）LargeChang 属性。LargeChang 属性即当用户单击滑块和滚动箭头之间的区域时，滚动条控件（HScrollBar 或 VScrollBar）的 Value 属性值的改变量，默认值为 1。

（5）SmallChange 属性。SmallChange 属性表示当用户单击滚动条两端的箭头时，Value 属性值的增加或减小的量，默认值为 1。

2．事件

滚动条最常用的是 Change 事件和 Scroll 事件。当用户在滚动条内移动滑块时发生 Scroll 事件（当单击滚动箭头或滚动条时不发生该事件）。当用户改变滑块的位置后发生 Change 事件。

因此，可以用 Scroll 事件来跟踪滚动条的动态变化，而用 Change 事件来得到滚动条的最后结果。

【例 6.9】 利用滚动条改变文本框中所显示文本的字号大小。要求程序运行效果如图 6-17 所示。

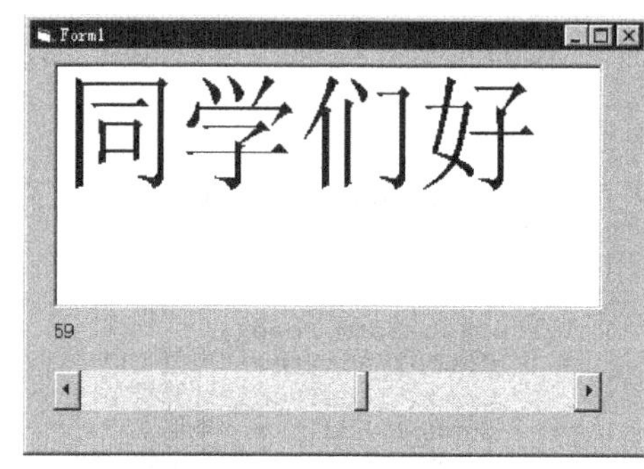

图 6-17 例 6.9 运行效果

设计界面：在窗体上创建一个文本框、一个标签和一个水平滚动条。

各控件属性设置如下。

文本框：Text 属性设置为“同学们好”。

标签：Caption 属性设置为空。

滚动条：Max 属性设置为 100，Min 属性设置为 5。

程序代码如下。

```
Private Sub HScroll1_Change()
  Label1.Caption = HScroll1.Value
  Text1.FontSize = HScroll1.Value
End Sub
```

在此例中，单击滚动条两端的滚动箭头或者单击滑块与滚动箭头之间的区域，文本框中的字号都会发生改变。但是拖动滑块时，文本框中的字号并不发生变化，当松开鼠标左键时，字号才改变。这是因为 Text1.FontSize = HScroll1.Value 语句被放在了水平滚动条的 Change 事件中。如果想让文字随着滑块的拖动而发生变化，可以添加对水平滚动条的 Scroll 事件的响应语句。例如在程序中再添加如下语句。

```
Private Sub HScroll1_scroll()
  HScroll1_Change
End Sub
```

再次运行时，就会发现无论单击滚动条两端的滚动箭头、单击滑块与滚动箭头之间的区域，还是拖动滑块时，文本框中的字号都会立即改变。

6.7 焦点与 Tab 顺序

焦点与 Tab 顺序是和控件接受用户输入有关的两个概念。

6.7.1 焦点

焦点是对象鼠标或键盘输入的能力。当对象具有焦点时，就可以接受用户的输入。例如，一个窗体上有多个文本框，只有具有焦点的文本框（此时光标在文本框中闪烁）才能接受和显示键盘输入的内容。

常用控件 CheckBox、ComboBox、CommandButton、DirListBox、FileListBox、FormHscrollBar、VscrollBar、ListBox、OLE、Container、OptionButton、PictureBox、TextBox 等，都具有接受鼠标或键盘输入的能力；但是控件 Frame、Label、Menu、Image 和 Timer 等，不能接受焦点。

当对象得到焦点时发生 GetFocus 事件，当对象失去焦点时发生 LostFocus 事件。

可用以下方法将焦点赋给对象。

（1）用鼠标选择对象，用 Tab 键移动，或用快捷键。

（2）在程序代码中用 SetFocus 方法可以设置焦点。例如，可以在 Form1 窗体的 Load 事件中添加如下代码，使得程序开始时光标（焦点）位于文本框 Text3 中。

```
Private Sub Form_Load()
  Form1.show   ' 显示 Form1 窗体
  Text3.Setfocus   ' 使焦点位于文本框 Text3 中
End Sub
```

使用以下方法可以使对象失去焦点。

（1）用鼠标单击选择另一个对象，用 Tab 键移动，或用快捷键。

（2）在程序代码中对另一个对象使用 SetFocus 方法改变焦点。

当对象的 Enabled 和 Visible 属性都为 True 时，它才能接受焦点。

6.7.2 Tab 顺序

所谓 Tab 顺序，就是用户按 Tab 键时，焦点在各个控件之间移动的顺序。在一般情况下，Tab 顺序由控件建立时的先后顺序确定。例如，假定在窗体上建立了 5 个控件，其中 3 个文本框，两个命令按钮，按以下顺序建立：Text1、Text2、Text3、Command1、Command2。执行时，焦点位于 Text1 上，每按一次 Tab 键，焦点就按 Text2、Text3、Command1、Command2 的顺序移动。当焦点位于 Command2 时，如果按 Tab 键，则焦点又回到 Text1。

可以通过设置控件的 TabIndex 属性来改变它的 Tab 顺序。TabIndex 属性值决定了它在 Tab 顺序中的位置。按照默认规定，第一个建立的控件的 TabIndex 属性值为 0，第二个建立的控件的 TabIndex 属性值为 1，以此类推。当改变了一个控件的 TabIndex 属性值，VB 会自动对其他控件的 TabIndex 属性重新编号，以反映出插入和删除操作。可以在设计时用属性窗口或在运行时用程序代码来做改变。上例中，如果要把 Command2 的 Tab 顺序由 4 改为 0，则修改前后，TabIndex 属性变化如表 6-7 所示。

表 6-7　　TabIndex 属性变化

控件	修改前的 TabIndex	修改后的 TabIndex
Text1	0	1
Text2	1	2
Text3	2	3
Command1	3	4
Command2	4	0

不能获得焦点的控件，以及无效的和不可见的控件，均不具有 TabIndex 属性，因而不包含在 Tab 顺序中。按 Tab 键时，这些控件将被跳过。

6.8 多窗体

前面已设计了不少 VB 应用程序，这些程序有的较简单，有的较复杂，但它们都有一个共同的特点，即只有一个窗体。在实际应用中，特别是对于较复杂的应用程序，单一窗体往往不能满足需要。VB 允许对多个窗体进行处理，多重窗体（Multi Form）程序中的每个窗体都可以有自己的界面和代码，完成各自的功能。

6.8.1 多窗体有关的操作

1．添加窗体

添加窗体是指在当前工程中添加一个新的窗体，或者把一个属于其他工程的窗体添加到当前工程中。添加一个新窗体的方法有“菜单法”、“工具栏法”等。下面以“菜单法”为例，其步骤如下。

（1）执行“工程”→“添加窗体”菜单命令，弹出图 6-18 所示的对话框。

（2）单击对话框中的“新建”标签，选择“窗体”选项。

（3）单击“打开”按钮，即完成在当前工程中添加一个新窗体，同时工程资源管理窗口（工程窗口）中会增加一个 Form2 窗体，如图 6-19 所示。

新添加的窗体的默认名称和标题，按工程中已有的窗体数自动排列序号，如第二个生成的窗体，其默认名称为 Form2，标题也为 Form2。若把步骤（2）改为单击“添加窗体”对话框中的“现存”标签，并且在其选项卡中选择一个窗体文件，则可以把一个属于其他工程的窗体添加到当前工程中。

2．当前窗体的切换

使用工程窗口可以对多重窗体进行十分方便的管理。双击工程窗口中的窗体名，该窗体便成为当前窗体（被激活）。如图 6-19 所示，在工程窗口中双击 Form2，Form2 即成为当前窗体。

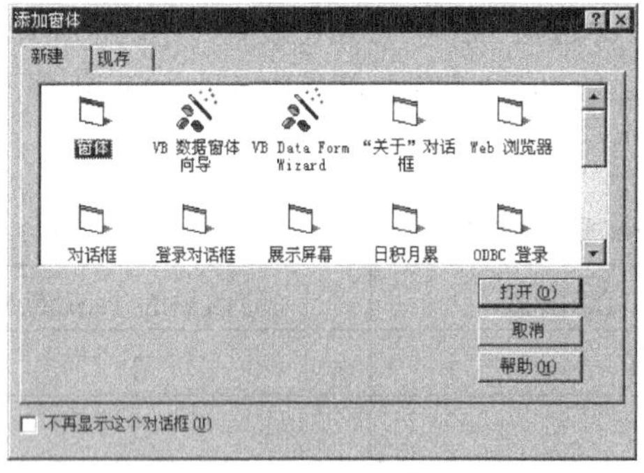

图 6-18 “添加窗体”对话框

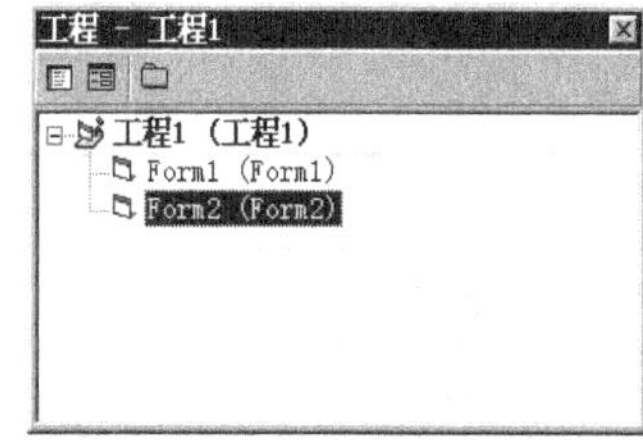

图 6-19 工程资源管理器窗口

3．删除窗体

不再需要的窗体可把它删除，方法是：在工程窗口中用鼠标右键单击想要删除的窗体名，在弹出的快捷菜单中选择“移除”命令。

4．多窗体程序的保存

将应用程序存盘保存时，多窗体程序中的每个窗体都作为一个文件单独保存，并保存其工程文件。若要保存某个窗体，在工程窗口中用鼠标右键单击想要保存的窗体名，在弹出的快捷菜单中选择“保存窗体”或“窗体另存为”命令即可。

5．启动窗体的设置

拥有多个窗体的应用程序，默认情况下，在设计阶段建立的第一个窗体为启动窗体。即应用程序开始运行时，先运行这个窗体。如果要改变系统默认的启动窗体，需要另外设置。设置启动窗体的步骤如下。

（1）执行“工程”→“工程属性”菜单命令，打开“工程属性”对话框，如图 6-20 所示。

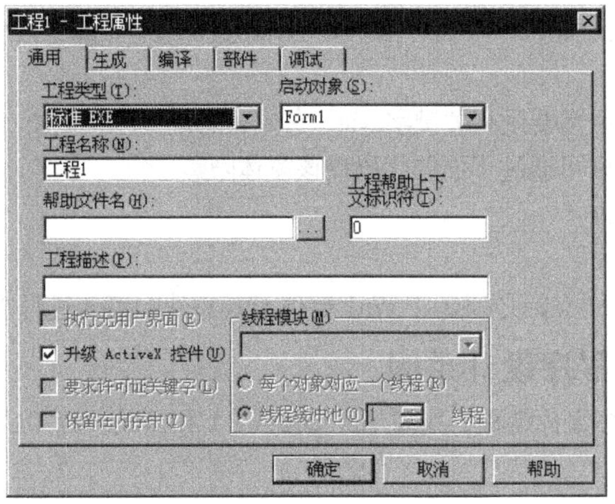

图 6-20 “工程属性”对话框

（2）进入对话框中的“通用”选项卡。

（3）在“启动对象”下拉列表框中选取要作为启动窗体的窗体。

（4）单击“确定”按钮。

6.8.2 多窗体有关的语句和方法

在多窗体程序设计中，经常需要打开、关闭、隐藏或显示指定的窗体。这可以通过相应的语句和方法来实现。

1．Load 语句

格式：Load 窗体名称

Load 语句把一个窗体装入内存。“窗体名称”是窗体的 Name 属性。执行 Load 语句后，可以引用窗体中的控件及各种属性，但此时窗体没有显示出来。要显示窗体，可以使用 Show 方法。

2．Show 方法

格式：[窗体名称.] Show [模式]

Show 方法用来显示一个窗体。

如果省略“窗体名称”，则显示当前窗体。

参数“模式”用来确定窗体的状态，可以取两种值，即 0 和 1（不是 False 和 True）。当“模式”值为 1（或常量 vbModal）时，表示窗体是“模式型”窗体。在这种情况下，鼠标只有在此窗体内起作用，不能移动到其他窗体内进行操作，只有在关闭该窗体后才能对其他窗体进行操作。当“模式”值为 0（默认值）时，表示窗体为“非模式型”窗口，不用关闭该窗体就可以对其他窗口进行操作。

Show 方法兼有装入内存和显示窗体两种功能。也就是说，在执行 Show 时，如果窗体不在内存中，则 Show 自动把窗体装入内存，然后显示出来。

3．Unload 语句

格式：Unload 窗体名称

该语句与 Load 语句的功能相反，它清除内存中指定的窗体。

4．Hide 方法

格式：[窗体名称.]Hide

Hide 方法使窗体隐藏起来，不在屏幕上显示，但此时窗体仍在内存中。因此，它与 Unload 语句的作用是不一样的。

在多窗体程序中，经常要用到关键字 Me，它代表的是程序代码所在的窗体。例如，假如建立了一个窗体 Form1，则可通过下面的代码使该窗体隐藏：

```
Form1.Hide
```

它与 Me.Hide 等价。

这里应注意，“Me.Hide”必须是 Form1 窗体或其控件的事件过程中的代码。

6.8.3 多窗体程序设计举例

【例 6.10】 利用多窗体编程，实现华氏温度（F）和摄氏温度（C）的互相转换。

转换公式为

$$C = \frac{5}{9}(F - 32)$$

分析

我们共使用 3 个窗体，窗体 Form1 作为主窗体，窗体 Form2 完成摄氏温度转为华氏温度，窗体 Form3 完成华氏温度转为摄氏温度。

界面设计如下。

（1）主窗体 Form1：在其上建立 3 个命令按钮，并按表 6-8 设置控件属性，如图 6-21 所示。

表 6-8 控件属性设置

对象	属性	设置
Command1	Caption	摄转华
Command2	Caption	华转摄
Command3	Caption	退出
Form1	Caption	主窗体

主窗体的程序代码如下。

```
Private Sub Command1_Click()
   Form1.Hide          ' 隐藏主窗体
   Form2.Show          ' 显示摄转华窗体
End Sub

Private Sub Command2_Click()
   Form1.Hide          ' 隐藏主窗体
   Form3.Show          ' 显示华转摄窗体
End Sub
```

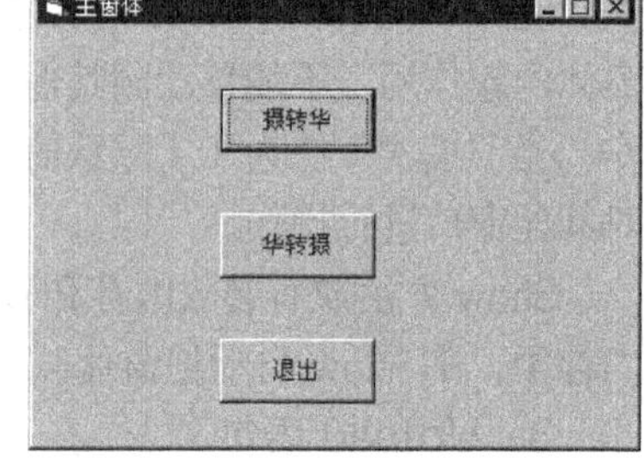

图 6-21 主窗体界面

（2）Form2 窗体是单击了主窗体上的“摄转华”按钮后弹出的窗体，用于输入摄氏温度，求其对应的华氏温度。

Form2 的界面设置：在其上建立两个命令按钮、一个标签和两个文本框控件，并按表 6-9 设置控件属性。Form2 窗体如图 6-22 所示。

表 6-9　　控件属性设置

对象	属性	设置
Command1	Caption	求华氏温度
Command2	Caption	返回
Label1	Caption	请输入一个摄氏温度
Text1	Text	空
Text2	Text	空
Form2	Caption	摄转华

Form2 窗体的程序代码如下。

```
Private Sub Command1_Click()
   Dim c As Single, f As Single
   c = Text1.Text
   f = 9 / 5 * c + 32
   Text2.Text = "华氏温度为" + CStr(f)
End Sub

Private Sub Command2_Click()
   Form2.Hide    ' 隐藏摄转华窗体
   Form1.Show    ' 显示主窗体
End Sub
```

（3）Form3 窗体是单击了主窗体上的“华转摄”按钮后弹出的窗体，用于输入华氏温度，求其对应的摄氏温度。可以参照 Form2 窗体的设置完成 Form3 窗体的界面设置，如图 6-23 所示。

Form3 窗体的程序代码如下。

```
Private Sub Command1_Click()
   Dim c As Single, f As Single
   f = Text1.Text
   c = 5 / 9 * (f - 32)
   Text2.Text = "摄氏温度为" + CStr(c)
End Sub

Private Sub Command2_Click()
   Form3.Hide          ' 隐藏华转摄窗体
   Form1.Show          ' 显示主窗体
End Sub
```

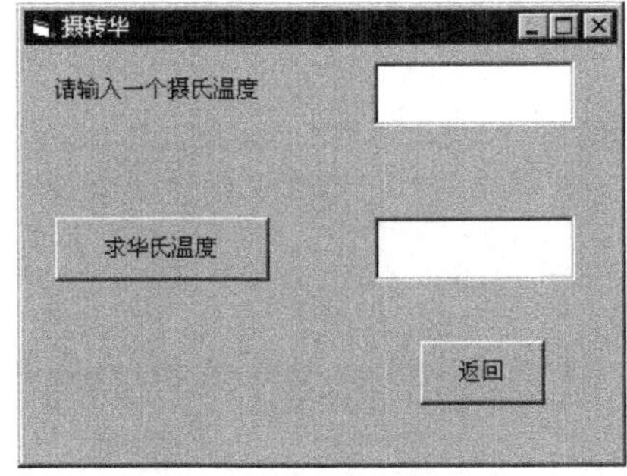

图 6-22　摄转华窗体界面

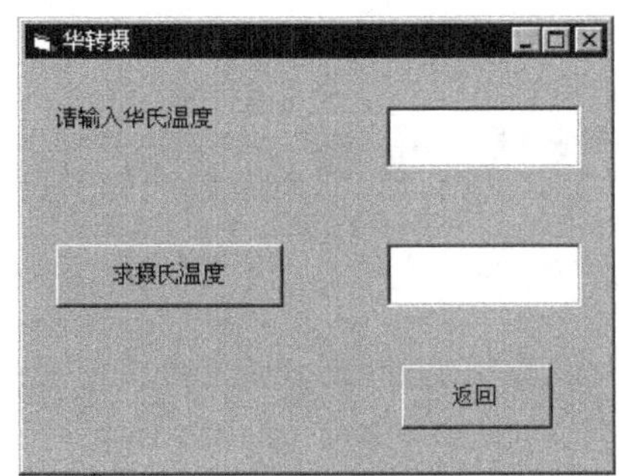

图 6-23　华转摄窗体界面

从上述举例可以看出，我们可以利用多窗体的设计，把一个较复杂的问题分解为若干个简单问题，每个简单问题可以使用一个窗体来实现。这种“分而治之”的方法在编程中经常用到。

在一般情况下，屏幕上某个时刻只显示一个窗体。为了提高执行速度，暂时不显示的窗体通常用 Hide 方法隐藏。窗体隐藏后，只是不在屏幕上显示，仍在内存中，它要占用一部分内存空间。因此，当窗体较多时，有可能造成内存紧张。所以对于一部分预计将来用不到的窗体，应当用 UnLoad 方法从内存中删除，需要时再用 Show 方法显示。而 Show 方法具有双重功能，若窗体不在内存中，则先装入后显示，这样可能会对执行速度有一定影响。因此，什么时候用 Hide 方法，什么时候用 Unload 语句，需要仔细考虑。

利用窗体可以建立较为复杂的对话框。但是，在某些情况下，如果用 InputBox 或 MsgBox 函数能满足需要，则不必用窗体作为对话框。

习题

1. 说明图片框控件和图形框控件的区别。二者在何种情况下可以通用？在何种情况下必须使用图片框控件？

2. 编写程序，交换两个图片框中的图形。

3. 设计一个数字表，用以显示当天的日期、时间。

4. 利用图像框控件和计时器控件来设计一个简单的动画程序。

5. 说明框架的主要用途是什么。

6. 简述组合框和列表框的主要区别。

7. 设计一个程序，窗体上有“显示”和“退出”两个命令按钮。单击“显示”按钮时，窗体上显示一个图片（图片可以自己选定），同时将两个命令按钮隐藏；双击有图片的窗体时，窗体上又只有“显示”和“退出”两个命令按钮。单击“退出”按钮时，结束程序的运行。

8. 设计一个程序，查询北京至全国各个大城市的距离。程序运行后，用户从列表框中选择一个城市，然后单击“选择完毕”按钮，显示出从北京至某地的距离。

PART 7 第 7 章 数组

从存储角度看，我们前面使用的变量都是相互独立的、无关的，通常称它们为简单变量。但如果处理将 200 个学生的成绩按大小顺序排序这类问题，只使用简单变量将会非常麻烦，利用数组却很容易实现。本章讲述 VB 数组的基本概念和使用方法，主要内容有：数组的概念、数组的定义及应用、可调数组的概念及应用、控件数组的概念及应用。

7.1 数组的概念

在实际应用中，常常需要处理相同类型的一批数据。例如，为了处理 100 个员工的工资，可以用 S(1)，S(2)，…，S(100)来分别代表每个员工的工资，其中 S(1)代表第一个员工的工资，S(2)代表第二个员工的工资……在 VB 中，把一组相互关系密切的数据放在一起，并用一个统一的名字作为标志，这就是数组。数组中的每一个数据称为数组元素，用数组名和该数据在数组中的序号来标识。序号又称为下标，数组元素又称为下标变量。例如，S(2)是一个数组元素，其中的 S 称为数组名，2 是下标。在使用数组元素时，必须把下标放在一对紧跟在数组名之后的括号中。S(3)是一个数组元素，而 S3 是一个简单变量。

如果只用一个下标就能确定某个数组元素在数组中的位置，这样的数组称为一维数组。如果用两个或多个下标才能确定某个数组元素在数组中的位置，则数组分别称为二维数组或多维数组。

7.2 一维数组

7.2.1 一维数组的定义

数组必须先定义后使用，数组的定义又称为数组的声明或说明。

对于固定大小的一维数组，用如下格式进行定义：

说明符　数组名(下标) [As　类型]

例如：Dim　y(5) As Integer

定义了一个一维数组，该数组的名字为 y，类型为 Integer，占据 6 个（0～5）整型变量的空间。

说明：（1）“说明符”为保留字，可以为 Dim、Public、Private 和 Static 中的任意一个。在使用过程中可以根据实际情况进行选用。本章主要讲述用 Dim 声明数组，其他参数的意义在第 8.4 节介绍。定义数组后，数值数组中的全部元素都初始化为 0，字符串数组中的全部元素都初始化为空字符串。

（2）“数组名”的命名遵守标识符规则。

（3）“下标”的一般形式为“[下界 to]上界”。下标的上界、下界为整数，不得超过 Long 数据类型的范围，并且下界应该小于上界。如果不指定“下界”，下界默认为 0。

例如：

```
Dim a(5) As Integer        '定义 a 数组，含 6 个元素，下标值从 0 到 5
Dim b(2 to 5) As Single    '定义 b 数组，含 4 个元素，下标值从 2 到 5
```

如果希望下界默认为 1，则可以通过语句 Option Base 1 来设置。

Option Base 1 语句只能出现在窗体级或模块级，不能出现在过程中，并且必须放在数组定义之前。

（4）要注意区分“可以使用的最大下标值”和“元素个数”。“可以使用的最大下标值”指的是下标值的上界，而“元素个数”则是指数组中成员的个数。例如，在 Dim a(5)中，数组可以使用的最大下标值是 5。数组中的元素为 a(0)、a(1)、a(2)、a(3)、a(4)、a(5)，共有 6 个元素。

（5）“As 类型”用来说明“数组元素”的类型，可以是 Integer、Long、Single、Double、Currency、String（定长或变长）等基本类型，或用户定义的类型，也可以是 Variant 类型。如果省略“As 类型”，则数组为 Variant 类型。

（6）在同一个过程中，数组名不能与变量名同名，否则会出错。

例如：

```
Private Sub Form_Click()
   Dim a(5)
   Dim a
   a=8
   a(2)=10
   Print a,a(2)
End Sub
```

图 7-1 数组名与变量名同名时的错误提示

程序运行后，单击窗体，将显示一个信息框，如图 7-1 所示。

（7）可以通过类型说明符来指定数组的类型。

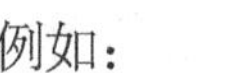

例如：

```
Dim A%(5)、B!(3 To 5)、C#(12)
```

7.2.2 一维数组的引用

数组的引用通常是对数组元素的引用。一维数组元素的表示形式为

数组名(下标)

（1）下标可以是整型常量或整型表达式。

（2）引用数组元素时，数组名、数组类型和维数必须与数组声明时一致。

（3）引用数组元素时，下标值应在数组声明的范围之内；否则将会出现图 7-2 所示的错误提示。

（4）一般通过循环语句及 InputBox 函数给数组输入数据。数组的输出一般用 Print 方法、标签或文本框实现。

【例 7.1】 对输入的 20 个整数按每行 5 个元素格式输出。

```
Private Sub Command1_Click()
 Dim b(20) As Integer, i%
```

```
   For i = 1 To 20
      b(i) = InputBox("请输入一个整型数")
   Next i
   For i = 1 To 20
      Print b(i);
      If i Mod 5 = 0 Then Print
   Next i
End Sub
```

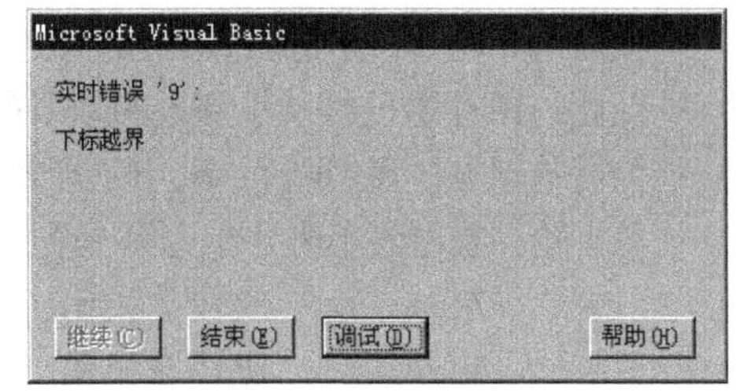

图 7-2　下标越界的错误提示

【例 7.2】　编写程序，把输入的 10 个整数按逆序输出。

```
Private Sub Command1_Click()
   Dim a(10) As Integer, i%
   Print "输入的数据为"
   For i = 1 To 10
      a(i) = InputBox("请输入一个整型数")
      Print a(i),
   Next i
   Print
   Print "逆序输出为"
   For i = 10 To 1 step -1
      Print a(i),
   Next i
End Sub
```

7.2.3　一维数组的应用举例

【例 7.3】　从键盘上输入 40 人的考试成绩，输出高于平均成绩的分数。

该问题可分 3 部分处理：一是输入 40 个人的成绩；二是求平均分；三是把这 40 个分数逐一和平均成绩进行比较，若高于平均成绩，则输出。

程序代码如下。

```
Private Sub Command1_Click()
   Dim score(40) As Single, aver!, i%
   aver = 0
   For i = 1 To 40
      score(i) = InputBox("请输入成绩")
      aver = aver + score(i)
   Next i
   aver = aver / 40
   For i = 1 To 40
      If score(i) > aver Then Print score(i)
   Next i
End Sub
```

【例 7.4】　从键盘上输入 10 个整数，把这些数按由小到大的顺序排序输出。

排序的方法很多，如选择法、冒泡法等。这里介绍最容易理解的“比较排序法”。

设 10 个数存放在 A 数组中，分别为：A(1)、A(2)、A(3)、A(4)、A(5)、A(6)、A(7)、A(8)、A(9)、A(10)。

第 1 轮：先将 A(1)与 A(2)比较，若 A(1) > A(2)，则将 A(1)、A(2)的值互换；否则不做交换。这样处理后，A(1)一定是 A(1)、A(2)中的较小者。

再将 A(1)分别与 A(3)、…、A(10)比较，并且依次做出同样的处理。最后，10 个数中的最小者被放入 A(1)中。

第 2 轮：将 A(2)分别与 A(3)、…、A(10)比较，并依次做出同第 1 轮一样的处理。最后，第 1 轮余下的 9 个数中的最小者放入 A(2)中，即 A(2)是 10 个数中第二小的数。

照此方法，继续进行第 3 轮……

直到第 9 轮后，余下的 A(10)是 10 个数中的最大者。

至此，10 个数已按从小到大的顺序存放在 A(1)～A(10)中。

为简单起见，我们以 7、5、3 三个数为例，再做说明。

第 1 轮：找出最小值 3 作为第一个数组元素。

7　5　3　　比较 7 和 5，7＞5，需要交换，交换后的序列为 5　7　3。

5　7　3　　比较 5 和 3，5＞3，需要交换，交换后的序列为 3　7　5。

第 2 轮：找出剩下元素中的最小值 5 作为第二个数组元素。

3　7　5　　比较 7 和 5，7＞5，需要交换，交换后的序列为 3　5　7。

剩下的一个元素 7 为 3 个元素中的最大者，排序完成。

程序代码如下。

```
Private Sub Command1_Click()
   Dim t%, i%, j%, a(10) As Integer
   For i = 1 To 10
     a(i) = InputBox("输入一个整数")
   Next i
   Print "输入的 10 个整数为"
   For i = 1 To 10
     Print a(i),
   Next i
   Print
   For i = 1 To 9
     For j = i + 1 To 10
        If a(i) > a(j) Then t = a(i): a(i) = a(j): a(j) = t
     Next j
   Next i
   Print "排序后的结果为"
   For i = 1 To 10
     Print a(i),
   Next i
End Sub
```

【例 7.5】 随机产生 10 个两位整数，找出其中最大值、最小值。

该问题可以分为两部分处理：一是产生 10 个随机整数，并保存到一维数组中；二是对这 10 个整数求最大值、最小值。

程序代码如下。

```
Private Sub Command1_Click()
   Dim min%, max%, i%, a(10) As Integer
   Randomize
   For i = 1 To 10
     a(i) = Int(Rnd * 90) + 10
   Next i
   Print "产生的随机数为"
   For i = 1 To 10
     Print a(i),
   Next i
   Print
   min = a(1): max = a(1)
   For i = 2 To 10
     If a(i) > max Then max = a(i)
     If a(i) < min Then min = a(i)
   Next i
   Print "最大值为"
   Print max
   Print "最小值为"
   Print min
End Sub
```

【例 7.6】 输出 Fibonacci 数列：1，1，2，3，5，8…的前 20 个数，即 Fib(1)=1，Fib(2)=1，Fib(*n*)=Fib(*n*−1)+Fib(*n*−2)（*n*≥3）。

根据 Fib(n)=Fib(n−1)+Fib(n−2)计算公式，使用数组很容易解决该问题。

程序代码如下。

```
Private Sub Command1_Click()
  Dim Fib(20) As Integer, i%
  Fib(1) = 1: Fib(2) = 1
  For i = 3 To 20
    Fib(i) = Fib(i - 1) + Fib(i - 2)
  Next i
  For i = 1 To 20
    Print Fib(i),
    IF i Mod 5 = 0 Then Print                    ' 每行输出 5 个数
  Next i
End Sub
```

7.3 二维数组

假如有 30 个学生，每个学生有 5 门考试成绩，如何来表示这些数据呢？VB 中可以用有两个下标的数组来表示，如第 *i* 个学生第 *j* 门课的成绩可以用 S(i，j)表示。其中 *i* 表示学生号，称为行下标（*i*=1，2，…，30）；*j* 表示课程号，称为列下标（*j*=1，2，3，4，5）。有两个下标的数组称为二维数组。

7.3.1 二维数组的定义

对于固定大小的二维数组，可以用如下格式进行定义。

说明符 数组名([下界 to]上界，[下界 to]上界) [As 类型]

例如，Dim T(2，3) As Integer 定义了一个二维数组，名字为 T，类型为 Integer，该数组有 3 行（0～2）4 列（0～3），占据 12（3×4）个整型变量的空间，如图 7-3 所示。

	第 0 列	第 1 列	第 2 列	第 3 列
第 0 行	T(0,0)	T(0,1)	T(0,2)	T(0,3)
第 1 行	T(1,0)	T(1,1)	T(1,2)	T(1,3)
第 2 行	T(2,0)	T(2,1)	T(2,2)	T(2,3)

图 7-3 二维数组

（1）可以将二维数组的定义方法推广至多维数组的定义。

例如，Dim D (3, 1 To 10, 1 To 15)定义了一个三维数组，大小为 4×10×15。注意在增加数组的维数时，数组所占的存储空间会大幅度增加，所以要慎用多维数组。使用 Variant 数组时更要格外小心，因为它们需要更大的存储空间。

（2）在实际使用时，可能需要数组的上界值和下界值，这可以通过 Lbound 函数和 Ubound 函数来求得。其格式为

Lbound(数组名[，维])

Ubound(数组名[，维])

这两个函数分别返回一个数组中指定维的下界和上界。

① Lbound 函数返回“数组”某一“维”的下界值，而 Ubound 函数返回“数组”某一“维”的上界值，两个函数一起使用，即可确定一个数组的大小。

② 对于一维数组来说，参数“维”可以省略；对于多维数组，则“维”不能省略。

例如，Dim A(1 To 10，0 To 5，−1 To 4)定义了一个三维数组，用下面的语句可以得到该数组各维的上下界。

```
Print Lbound(A, 1), Ubound(A, 1)
Print Lbound(A, 2), Ubound(A, 2)
Print Lbound(A, 3), Ubound(A, 3)
```

输出结果为

```
 1      10
 0      5
-1      4
```

7.3.2　二维数组的引用

二维数组的引用和一维数组基本相同，格式为

数组名(下标 1,下标 2)

（1）下标 1、下标 2 可以是常量、变量或表达式。

（2）下标 1、下标 2 的取值范围不能超过所声明的上、下界。

对二维数组进行赋值或输出时，一般采用二重循环来实现。

【例 7.7】　用二维数组输出图 7-4 所示的数字方阵。

程序代码如下。

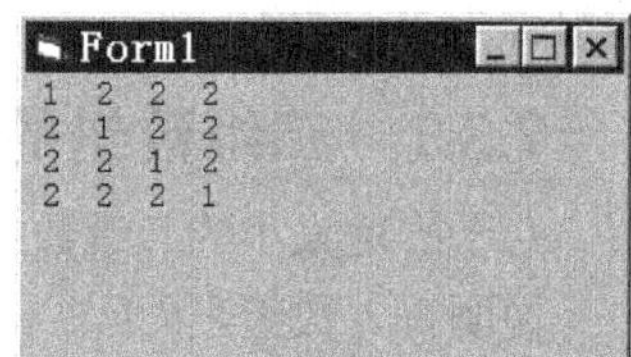

图 7-4　例 7.7 运行结果

```
Private Sub Form_Click()
  Dim a(4, 4) As Integer, i%, j%
  For i = 1 To 4
    For j = 1 To 4
      If i=j Then
        a(i,j)=1
      Else
       a(i,j)=2
     Endif
    Next j
  Next i
  For i = 1 To 4
    For j = 1 To 4
      Print a(i, j);
    Next j
    Print
  Next i
End Sub
```

7.3.3　二维数组的应用举例

【例 7.8】　打印 4 名同学的英语、数学和法律 3 门课的考试成绩，并计算出每个同学的平均成绩。

把 4 名同学的姓名及各科的考试分数分别存入一个一维字符串数组 xm(4)和一个二维数值数组 a(4,3)中，然后对数组（主要是二维数组）进行处理。

程序代码如下。

```
Private Sub Command1_Click()
   Dim a(4, 3) As Single, xm(4) As String * 10, i%, j%, aver!
   Print Tab(25); "成绩表"
   Print
   Print "姓名"; Tab(15); "英语"; Tab(25); "数学";
   Print Tab(35); "法律"; Tab(45); "平均分"
   Print
   For i = 1 To 4
      aver = 0
      xm(i) = InputBox("输入姓名")
      Print xm(i);
      For j = 1 To 3
         a(i, j) = InputBox("输入" & xm(i) & "的一个成绩 ")
          aver = aver + a(i, j)
      Next j
       aver = aver / 3
       Print Tab(15); a(i, 1); Tab(25); a(i, 2);
       Print  Tab(35); a(i, 3); Tab(45); aver
       Print
    Next i
End Sub
```

请思考：若求每门课的平均成绩，应如何对程序进行修改？

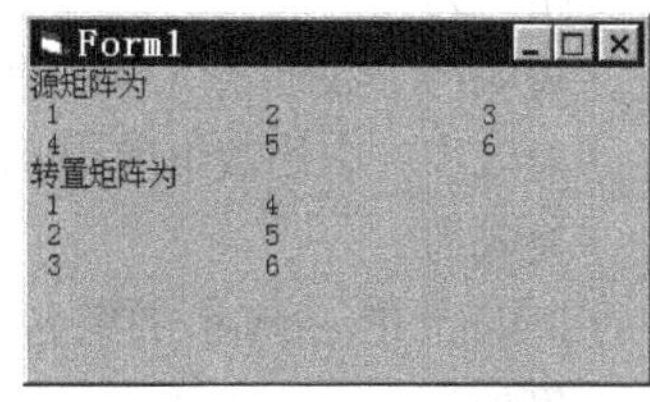

图 7-5　例 7.9 矩阵的转置

【例 7.9】　编写将 2×3 矩阵转置的程序，运行结果如图 7-5 所示。

矩阵的转置就是将 a_{ij} 与 a_{ji} 交换。数学中的矩阵实际上就是一个二维数组。

程序代码如下。

```
Private Sub Form_Click()
  Dim a(2, 3) As Integer, b(3, 2) As Integer, i%, j%
  For i = 1 To 2
    For j = 1 To 3
      a(i, j) = InputBox("输入一个数 ")
      b(j, i) = a(i, j)
    Next j
  Next i
  Print "源矩阵为"
  For i = 1 To 2
    For j = 1 To 3
      Print a(i, j),
    Next j
    Print
  Next i
  Print "转置矩阵为"
  For i = 1 To 3
    For j = 1 To 2
      Print b(i, j),
    Next j
    Print
  Next i
End Sub
```

7.4　可调数组

通过前两节的学习，我们知道，在定义数组时，是用数值常数或符号常量定义数组的维数及下标的上、下界。VB 编译程序在编译时为数组分配了相应的存储空间，并且在应用程序运行期间，数组一直占据这块内存区域，这样的数组称为固定数组。但是，在实际应用中，有时事先无法确定到底需要多大的数组，数组应定义多大，要在程序运行时才能决定。如果定义的数组“足够大”，显然又会造成内存空间的浪费。

可调数组提供了一种灵活有效的管理内存机制，能够在程序运行期间根据用户的需要随时改变数组的大小。

7.4.1 可调数组的定义

可调数组的定义分为两步。

第一步：声明一个没有下标参数的数组。

格式为

说明符 数组名() [As 类型]

第二步：引用数组前用 ReDim 语句重新定义。

格式为

ReDim [Preserve] 数组名([下界 to] 上界[, [下界 to] 上界…]) [As 类型]

例如：

```
Private Sub Command1_Click()
  Dim a() As Integer
  Dim n%
  …
  n = Val(InputBox("input n"))
  ReDim a(n)
  …
End Sub
```

(1) 格式中的“说明符”、“数组名”、“类型”等说明同一维数组的定义。

(2) 下、上界可以是常量，也可以是有了确定值的变量。

(3) ReDim 语句用来重新定义数组，能改变数组的维数及上、下界，但不能用其改变可调数组的数据类型，除非可调数组被声明为 Variant 类型。

(4) 每次使用 ReDim 语句都会使原来数组中的值丢失，可以在 ReDim 后加 Preserve 参数来保留数组中的数据，但 Preserve 只能用于改变多维数组中最后一维的大小，前几维的大小不能改变。

(5) ReDim 语句只能出现在过程中。

7.4.2 可调数组的应用举例

【例 7.10】 编程输出 Fibonacci 数列：1，1，2，3，5，8…的前 *n* 项。

在例 7.6 中，是输出 Fibonacci 数列的前 20 项，使用了固定数组；本例要求输出前 *n* 项，*n* 是一个变量，因此，应该使用可调数组。

程序代码如下。

```
Private Sub Command1_Click()
  Dim Fib() , i%, n%                          '避免溢出，定义数组为 Variant 类型
  n = InputBox("输入 n 的值(n>1)")
  ReDim Fib(n)
  Fib(1) = 1: Fib(2) = 1
    For i = 3 To n
      Fib(i) = Fib(i - 1) + Fib(i - 2)
    Next i
```

```
    For i = 1 To n
      Print Fib(i),
      If i Mod 5 = 0 Then Print              '每行输出 5 个数
    Next i
End Sub
```

请思考：如果例 7.8 中的学生数为 n 人，课程为 m 门，应该如何编程实现？

7.5 控件数组

本节介绍控件数组，控件数组为处理功能相近的控件提供了极大的方便。

7.5.1 控件数组的概念

在实际应用中，我们有时会用到一些类型相同且功能类似的控件。如果对每一个控件都单独处理，就会多做一些麻烦而重复的工作。这时可以用控件数组来简化程序。

控件数组由一组相同类型的控件组成，这些控件共用一个控件名字，具有相似的属性设置，共享同样的事件过程。控件数组中各个控件相当于普通数组中的各个元素，同一控件数组中各个控件的 Index 属性相当于普通数组中的下标。

例如，假设有一个包含 3 个命令按钮的控件数组 Command1，它的 3 个元素就是 Command1(0)、Command1(1)、Command1(2)。

7.5.2 控件数组的建立

控件数组中的每一个元素都是控件，它的定义方式与普通数组不同。可以通过以下两种方法建立控件数组。

方法一：复制已有的控件，并将其粘贴到窗体上。

操作步骤如下。

（1）在窗体上添加一个控件，并选定该控件。

（2）执行“编辑”→“复制”菜单命令，将其复制到剪贴板上。

（3）执行“编辑”→“粘贴”菜单命令，系统会显示图 7-6 所示对话框（以命令按钮数组为例），询问是否建立控件数组。

（4）单击“是”按钮，窗体左上角会出现一个控件，这就是控件数组的第二个元素。

（5）继续粘贴，直到建成所需要的控件数组。

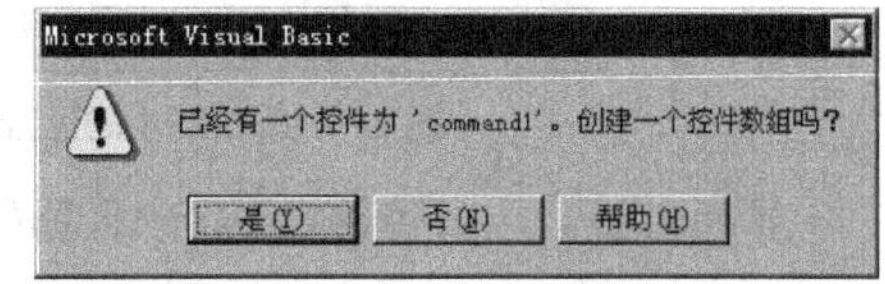

图 7-6 建立控件数组

方法二：将窗体上已有的类型相同的多个控件的 Name 属性设置为同一值。

操作步骤如下。

（1）在窗体上添加同一类型的多个控件。

（2）修改每个控件的 Name 属性，使之相同。当修改第二个控件的 Name 属性时，系统显示一个询问是否创建控件数组的对话框，此时只需单击“是”按钮即可。

（1）VB 自动把第一个控件的 Index 属性设置为 0，其后每个新控件元素的 Index 属性按其加入的顺序自动设置。

（2）按方法二建立控件数组时，所添加的控件元素仅 Name 属性与其他元素相同，其余属性不变。

7.5.3　控件数组的应用举例

建立了控件数组之后，控件数组中的所有控件共享同一事件过程。例如，假定某个控件数组含有 10 个标签，则不管单击哪个标签，系统都会调用同一个 Click 过程。由于每个标签在程序中的作用不同，系统会将被单击的标签的 Index 属性值传递给过程，由事件过程根据不同的 Index 值执行不同的操作。

【例 7.11】　建立含有 3 个命令按钮的控件数组，单击第一个按钮，在窗体上画圆；单击第二个按钮，在窗体上画矩形；单击第三个按钮则退出。

设计界面：在窗体上建立 3 个按钮，3 个按钮的 Name 属性值均设置为“Command1”，Caption 属性分别设置为“画圆形”、“画矩形”、“退出”。

程序代码如下。

```
Private Sub Command1_Click(Index As Integer)
  If Index = 0 Then
    Circle (1500, 1500), 800                        ' 画圆形
  ElseIf Index = 1 Then
    Line (500, 500)-Step(1000, 1000), , B           ' 画矩形
    Else
      End                                           ' 退出
  End If
End Sub
```

上述程序根据 Index 的属性值决定在单击某个按钮时所执行的操作。图 7-7 所示为运行结果。

【例 7.12】　设计一个简易计算器，能进行整数的加、减、乘、除运算，其运行界面如图 7-8 所示。

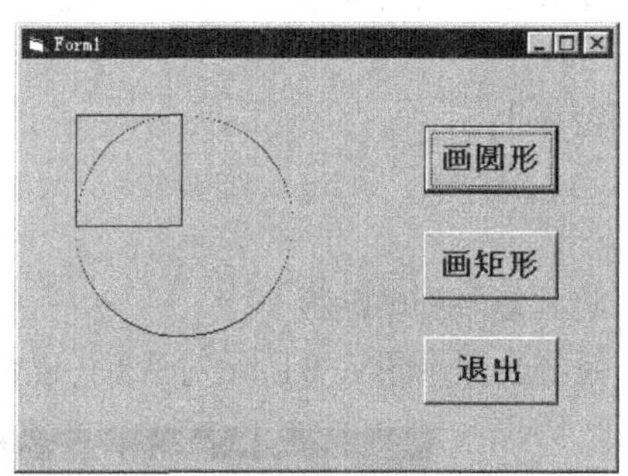

图 7-7　例 7.11 的运行结果

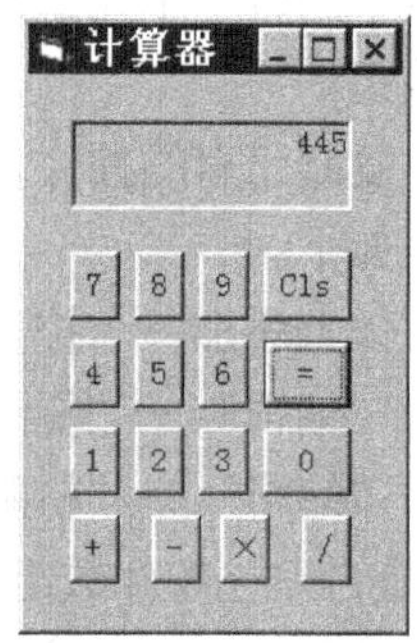

图 7-8　例 7.12 运行界面

界面设计：一个标签用于计算器输出，数字按钮控件数组 Number，操作符控件数组 Operator，一个“=”命令按钮用于计算结果，一个“Cls”命令按钮用于清屏。

界面设计的详细情况如表 7-1 所示。

表 7-1　计算器界面设计

操作步骤	属性	设置
添加一个标签	Name	dataout
	Caption	空
添加一个命令按钮	Name	number
	Caption	0
操作：复制该命令按钮，然后在窗体上粘贴 9 次，把每个按钮的 Caption 属性分别设置为 1、2、3、4、5、6、7、8、9		

续表

操作步骤	属性	设置
添加一个命令按钮	Name	operator
	Caption	+
操作：复制该命令按钮，然后在窗体上粘贴 3 次，把每个按钮的 Caption 属性分别设置为-、×、/		
添加一个命令按钮	Name	clear
	Caption	cls
添加一个命令按钮	Name	result
	Caption	=

程序代码如下。

```
' 窗体级变量声明
Dim op1 As Byte              ' 用来记录前面输入的操作符
Dim ops1&, ops2&             ' 两个操作数
Dim res As Boolean           ' 用来表示是否已算出结果

Private Sub clear_Click()
  dataout.Caption = ""
End Sub

Private Sub Form_Load()
  res = False
End Sub

' 按下数字键 0～9 的事件过程
Private Sub number_Click(i1 As Integer)
  If Not res Then
    dataout.Caption = dataout.Caption & i1
  Else
    dataout.Caption = i1
    res = False
  End If
End Sub

' 按下操作键+、-、×、/的事件过程
Private Sub operator_Click(i2 As Integer)
  ops1 = dataout.Caption
  op1 = i2   ' 记下对应的操作符
  dataout.Caption = ""
End Sub

' 按下=键的事件过程
Private Sub result_Click()
  ops2 =dataout.Caption
  Select Case op1
  Case 0
    dataout.Caption = ops1 + ops2
  Case 1
    dataout.Caption = ops1 - ops2
  Case 2
    dataout.Caption = ops1 * ops2
  Case 3
    dataout.Caption = ops1 / ops2
  End Select
  res = True      ' 已算出结果
End Sub
```

习题

1. 用下面语句定义的数组中各有多少个元素？

（1）Dim　a(9)

（2）Dim　a(3 to 10)

（3）Dim　a(2 to 4,–2 to 2)

（4）Dim　a(2,3,4)

（5）Option Base 1
Dim　a(4,4)

（6）Option Base 1
Dim　a(10)

2. 10 个整数（12，87，96，34，79，45，67，78，93，23）存放在一维数组中。编程序求出最大数及其位置。

3. 有 5 个学生，4 门课成绩。编程序实现以下功能。

（1）找出各课程的最高成绩。

（2）找出各课程不及格的成绩。

（3）求全部学生各门课程的平均分数。

（4）把每个学生的总分数按降序输出。

4. 编写程序，实现两个矩阵的相加。

5. 编写程序，要求用冒泡排序法对输入的 10 个整数按从小到大排序并输出。

冒泡法排序的算法如下。

设有 10 个数存放在数组 A 中，分别表示为：A(1)，A(2)，A(3)，A(4)，A(5)，A(6)，A(7)，A(8)，A(9)，A(10)。

第 1 轮：将 A(1)与 A(2)比较，若 A(2) < A(1)，则将 A(1)，A(2)的值互换，A(2)存放较大者。再将 A(2)与 A(3)比较，较大的数放入 A(3)，…，依次将相邻的两数比较，并做出同样的处理，最后将 10 个数中的最大者放入 A(10)中。

第 2 轮：依次将 A(1)，A(2)，…，A(9)相邻的数做比较，只要后者小于前者，就进行交换，使得后者大于前者。将第 1 轮余下的 9 个数中的最大者放入 A(9)中。

继续第 3 轮、第 4 轮……直到第 9 轮后，余下的 A(1)就是 10 个数中的最小者。至此，10 个数已按从小到大顺序存放在 A(1)～A(10)中。

6. 17 人围成一圈，编号为 1，2，3，…，17，从第 1 号开始报数，报到 3 的倍数的人离开，一直数下去，直到最后剩下 1 人，求此人的编号。

7. 编写程序，建立并输出一个 10×10 的矩阵，使得该矩阵的两条对角线元素都为 1，其余元素均为 0。

8. 用"筛法"查找 1～100 的全部素数。

"筛法"求素数表是由希腊著名数学家 Eraost henes 提出来的。

"筛法"的基本思想是：首先在纸上写出 1～n 的全部整数，然后逐一判断它们是不是素数，找出一个非素数就把它挖掉（筛掉），最后剩下的就是素数。

"筛法"的具体实现办法如下。

（1）先将 1 挖掉。

（2）用 2 去除它后面的每个数，把能被 2 整除的数挖掉，即把 2 的倍数挖掉。

（3）用 3 去除它后面的每个数，把能被 3 整除的数挖掉，即把 3 的倍数挖掉。

（4）分别用 4，5…各数作为除数去除这些数后面的各数（4 已经被挖掉，不必再用 4 当除数，只需用未被挖掉的数作除数即可）。这个过程一直进行到除数为 n 的平方根为止（如果 n 的平方根不是整数，则取其整数部分）。

（5）经过以上几步，剩下的部分都是素数。

PART 8

第 8 章 过程

过程是用来执行一个特定任务的一段程序代码。VB 应用程序（又称工程或项目）由若干过程组成，这些过程保存在文件中，每个文件的内容通常称为一个模块。在 VB 6.0 中，模块分为窗体模块（.Frm）、标准模块（.Bas）和类模块（.Cls）。可以说工程是模块的集合。一般 VB 的应用程序组成可用图 8-1 描述。

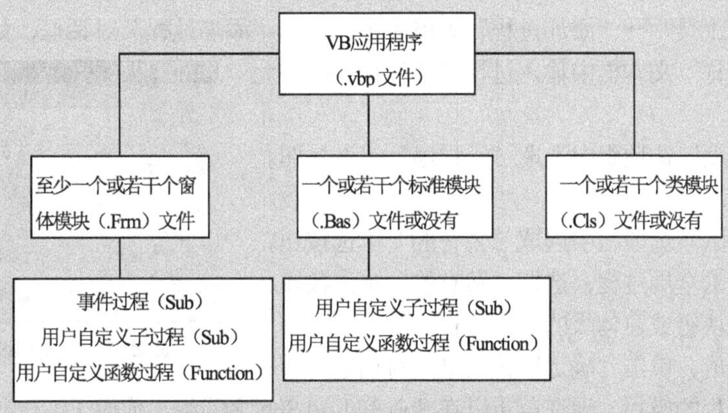

图 8-1　VB 应用程序的组成

前面所讲到的程序只涉及窗体模块。与窗体模块不同，标准模块不含窗体和控件的内容，只含有由程序代码组成的一般过程和函数。添加标准模块的方法如下。

在设计状态下，执行“工程”→“添加模块”菜单命令，弹出“添加模块”对话框。单击对话框中的“打开”按钮，这时在工程窗口就会增加一个新的“Module1（Module1）”标准模块图标，双击 Module1（Module1）可打开其代码窗口。

在 VB 6.0 版本中，新增加了类模块，它包含了可作为 OLE 对象的类定义，主要用于在程序运行过程中生成一些对象。这里对它不再详细讨论。

VB 中的过程主要有两类：一类是前面介绍过的系统提供的内部函数过程和事件过程（当发生某个事件如 Click、Load 时，对该事件做出响应的程序段），事件过程是构成 VB 应用程序的主体；另一类是用户根据自己的需要定义、供事件过程多次调用的自定义过程。

在程序设计过程中，将一些常用的功能编写成过程，可供多个不同的事件过程多次调用，从而可以减少重复编写代码的工作量，实现代码重用，使程序简练，便于调试和维护。在 VB 6.0 中，用户自定义过程分为：以“Sub”保留字开始的子过程，以“Function”保留字开始的函数过程，以“Property”保留字开始的属性过程，以及以“Event”保留字开始的事件过程。

本章主要介绍用户自定义的子过程和函数过程。

8.1 子过程

子过程是用特定格式组织起来的一组代码，通常用来完成一个特定的功能，可以被其他过程作为一个整体来调用。在结构形式上，它与事件过程的唯一区别是在过程名上。事件过程的过程名由对象名和事件名连接而成，而子过程的名字是一个任意合法的标识符。在启动机制上，两种过程有很大的不同。事件过程虽然也可以被其他过程调用，但通常是在特定对象的特定事件发生时被启动。而子过程则只有被另一过程调用时才会启动。

8.1.1 子过程的定义

定义子过程有如下两种方法。

1. 利用“工具”菜单中的“添加过程”命令定义

操作步骤如下。

（1）为想要编写过程的窗体或标准模块打开代码窗口。

（2）执行“工具”→“添加过程”菜单命令，显示“添加过程”对话框，如图 8-2 所示。

（3）在“名称”文本框中输入过程名（过程名中不允许有空格）。

（4）在“类型”选项组中选取“子程序”单选按钮，定义子过程。

（5）在“范围”选项组中选取“公有的”单选按钮，定义一个公共级的全局过程；选取“私有的”单选按钮，定义一个标准模块级或窗体级的局部过程。

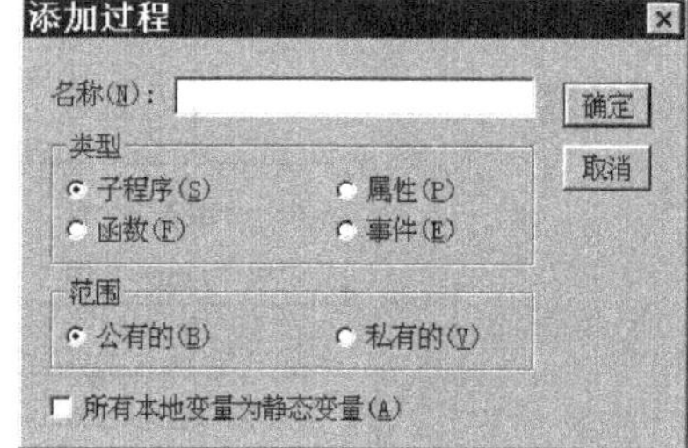

图 8-2 “添加过程”对话框

以上操作完成，单击“确定”按钮退出对话框后，就建立了一个子过程的模板，现在就可以在 Sub 和 End Sub 之间编写代码了。

2. 利用代码窗口直接定义

在窗体或标准模块的代码窗口把插入点放在所有现有过程之外，输入 Sub 子过程名即可。定义一般形式如下。

```
[Static][Public|Private]Sub 子过程名[(参数列表)]
  [局部变量或常数定义]
  [语句序列]
  [Exit  Sub]
  [语句序列]
End  Sub
```

说明

（1）子过程名命名规则遵守标识符命名规则。

（2）参数（也称为形参）列表 是用“，”分隔开的若干个变量，格式如下。

变量名 1 [As 类型]，变量名 2 [As 类型]，…

或　　　　变量名 1 [类型符]，变量名 2 [类型符]，…

（3）[Exit Sub]表示中途退出子过程。

（4）[Static][Public|Private]其意义在第 8.4 节介绍。

下面是一个子过程的例子。

```
Sub sum(x%, y%, s%)
  s = x + y
End Sub
```

上面的子过程有 3 个形式参数，调用该过程可以实现求两数之和。

过程可以有参数，也可以不带任何参数。没有参数的过程称为无参过程。

例如：

```
Sub printhello
  Print "hello"
End Sub
```

上面的过程不带参数，当调用该过程时，打印输出“hello”。

8.1.2 过程的调用

要执行一个过程，必须调用该过程。

子过程的调用有两种方式，一种是利用 Call 语句加以调用，另一种是把过程名作为一个语句来直接调用。

1．用 Call 语句调用 Sub 过程

格式：Call 过程名[(参数列表)]

例如：Call sum(a,b,c)

调用时应注意如下问题。

（1）“参数列表”称为实参，它必须与形参保持个数相同，位置与类型一一对应。

（2）调用时把实参的值传递给形参称为参数传递。其中值传递（形参前有 Byval 说明）时，实参的值不随形参值的变化而改变，而地址传递时，实参的值随形参值的改变而改变。参数传递将在第 8.3 节详细讨论。

（3）当参数是数组时，形参与实参在参数声明时应省略其维数，但括号不能省。

2．把过程名作为一个语句来使用

格式：过程名[参数列表]

与第一种调用方法相比，这种调用方式省略了关键字 Call，去掉了“参数列表”的括号。

例如：sum a,b,c

【例 8.1】 编一个求矩形面积的子过程，然后调用它进行计算。

程序代码如下。

```
Sub area(length!, width!)
  Dim rarea!
  rarea = length * width
  Print "The area of rectangle is "; rarea
End Sub

Sub Form_Click()
  Dim a!, b!
  a = InputBox("输入矩形的长:")
  b = InputBox("输入矩形的宽:")
  area a, b
End Sub
```

【例 8.2】 编一个求 *n*!的子过程，然后调用它，计算 7! +11! -10!。

程序代码如下。

```
Sub jch(n%, p&)
  Dim i%
```

```
  p = 1
  For i = 1 To n
    p = p * i
  Next i
End Sub

Private Sub Form_Click()
  Dim a&, b&, c&, d&
  Call jch(7, a)
  Call jch(11, b)
  Call jch(10, c)
  d = a + b - c
  Print "7!+11!-10!="; d
End Sub
```

8.2 函数过程

函数过程是自定义过程的另一种形式。VB 提供了许多内部函数，如 Sin()、Sqr()等，在编写程序时，只需写出函数名和相应的参数，就可得到函数值。另外，VB 还允许用户自己定义函数过程。同内部函数一样，函数过程也有一个返回值。

8.2.1 函数的定义

函数过程的定义方法也有两种。

1．利用“工具”菜单中的“添加过程”命令定义

操作步骤与定义子过程相似，只是第（4）步改为在“类型”选项组中选中“函数”单选按钮。

2．利用代码窗口直接定义

在窗体或标准模块的代码窗口，把插入点放在所有现有过程之外，输入 Function 函数名即可。定义形式如下。

[Static][Public|Private] Function　函数名([参数列表]) [As 类型]
　[局部变量或常数定义]
　[语句序列]
　[Exit　Function]
　[语句序列]
　函数名=表达式
End　Function

（1）As 类型：指明函数过程返回值的类型。

（2）在函数过程中，至少应该有一个给函数过程名赋值的语句。从函数过程返回时，函数名的值就是返回值。

（3）无论函数有无参数，函数名后的括号都不能省略。

（4）[Exit　Function]表示中途退出函数过程。

8.2.2 函数的调用

调用函数过程可以由函数名带回一个值给调用程序，被调用的函数必须作为表达式或表达式中的一部分，再与其他的语法成分一起配合使用。因此，与子过程的调用方式不同，函数不能作为单独的语句加以调用。

最简单的情况就是在赋值语句中调用函数过程，其形式为

变量名=函数过程名([参数列表])

【例 8.3】 用函数过程实现对例 8.2 的求解。

程序代码如下。

```
Function jch&(n%)
  Dim i%
  jch = 1
  For i = 1 To n
    jch = jch * i
  Next i
End Function

Private Sub Form_Click()
  Dim d&
  d = jch(7) + jch(11) - jch(10)
  Print "7!+11!-10!="; d
End Sub
```

对于同一个问题，若可以用函数过程实现，则也可以用子过程实现。函数过程与子过程的不同之处是函数过程有返回值，而子过程通过形参与实参的传递得到结果；当然它们的调用方式也不同。

【例 8.4】 编写一个求最大公约数的函数过程。调用该函数，求出两个正整数的最大公约数。

程序代码如下。

```
Function gcd%(ByVal x%, ByVal y%)
  Dim r%
  r = x Mod y
  Do While r <> 0
    x = y
    y = r
    r = x Mod y
  Loop
  gcd = y
End Function
Private Sub Form_Click()
  Dim m%, n%
  m = InputBox("输入第一个正整数:")
  n = InputBox("输入第二个正整数:")
  Print m; "和"; n; "的最大公约数是:"; gcd(m, n)
end sub
```

8.3 参数传递

在调用过程时，一般主调过程与被调过程之间有数据传递，即将主调过程的实参传递给被调过程的形参，完成实参与形参的结合，然后执行被调过程体。在 VB 中，实参与形参的结合有两种方法：传址和传值。传址是默认的方法。两种结合方法的区分标志是“ByVal”，形参前加“ByVal”关键字时是传值，否则为传址。本章前面的举例，例 8.4 是传值，其余均为传址。

8.3.1 传值

传值的参数传递过程是：当调用一个过程时，系统将实参的值复制给形参，之后实参与形参便断开了联系。被调过程对形参的操作是在形参自己的存储单元中进行，当过程调用结束时，这些形参所占用的存储单元也同时被释放。因此在过程中，对形参的任何操作都不会影响到实参。

【例 8.5】 编写交换两个数的过程。

程序代码如下。

```
Sub swap(ByVal x%, ByVal y%)
  Dim t%
  Print "子过程执行交换前:", "x="; x, "y="; y
  t = x: x = y: y = t
  Print "子过程执行交换后:", "x="; x, "y="; y
End Sub

Private Sub Form_Click()
  Dim a%, b%
  a = 5: b = 10
  Print "调用前:         ", "a="; a, "b="; b
  swap a, b
  Print "调用后:         ", "a="; a, "b="; b
End Sub
```

程序运行结果如图 8-3 所示。

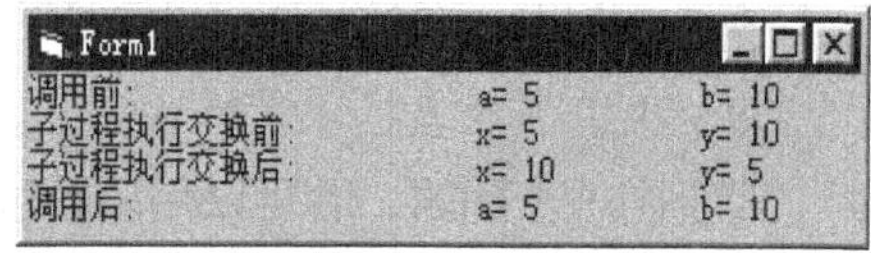

图 8-3　例 8.5 程序运行结果

由程序运行结果可知，实参 a、b 的值在调用子过程时确实是传给了形参 x、y，并且在子过程执行过程中，也确实交换了 x、y 的值，然而交换后的结果却没有在子过程执行结束时带回给调用过程，因此并未真正实现两数的交换。程序执行中参数的变化可用图 8-4 表示。

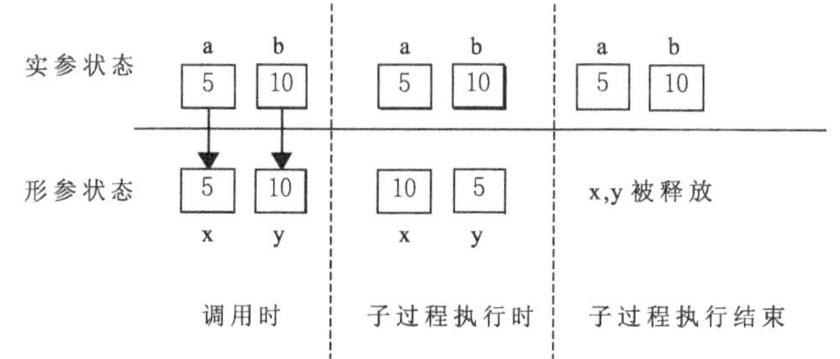

图 8-4　传值方式下的参数状态

由图 8-4 可知，传值方式虽然可以在调用子过程时实现参数的传递，但并不能将子过程对形参的改变结果带回调用过程，这也是为什么例 8.5 不能通过调用子过程实现两个数交换的原因。

8.3.2　传址

传址的参数传递过程是：当调用一个过程时，它将实参的地址传递给形参。因此在被调过程体中，对形参的任何操作都变成了对相应实参的操作，因此实参的值就会随形参的改变而改变。当参数是字符串或数组时，使用传址传递直接将实参的地址传递给过程，会使程序的效率提高。

【例 8.6】　将例 8.5 用传址的参数传递方式编程实现。

程序代码如下。

```
Sub swap(x%, y%)
  Dim t%
  t = x: x = y: y = t
End Sub

Private Sub Form_Click()
  Dim a%, b%
  a = 5: b = 10
  Print "调用前:", "a="; a, "b="; b
  swap a, b
  Print "调用后:", "a="; a, "b="; b
End Sub
```

程序的运行结果为

调用前　a=5　　　b=10

调用后　a=10　　　b=5

程序运行过程中参数状态的变化如图 8-5 所示。

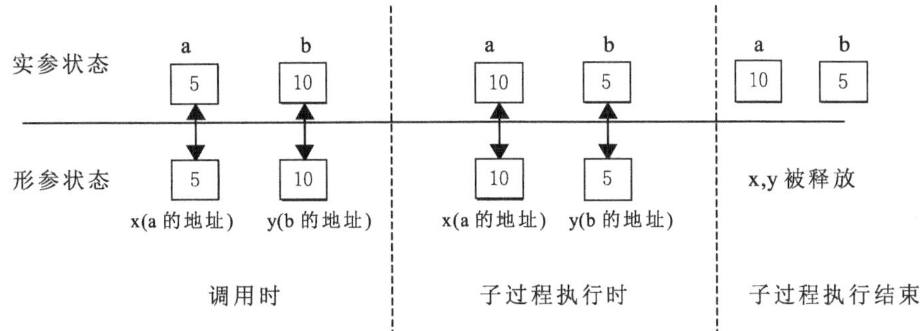

图 8-5　传址方式下不同阶段的参数状态

从图 8-5 中可看出，传址调用子过程运行时，对应的实参和形参共享同一个存储单元，因此，子过程对形参的改变当然会影响到实参。

8.3.3　数组参数的传递

数组可以作为过程的参数。过程定义时，形参列表中的数组用数组名后的一对空的圆括号表示。在过程调用时，实际参数表中的数组可以只用数组名表示，省略圆括号。

当用数组作为过程的参数时，进行的不是“值”的传递，而是“址”的传递，即将数组的起始地址传给被调过程的形参数组，使得被调过程在执行过程中，实参数组与形参数组共享一组存储单元，此时对形参数组操作，就等同于对实参数组操作，因此被调过程中对形参数组的任何改变，都将带回给实参数组。

如果被调过程不知道实参数组的上下界，可在被调过程中用 LBound 和 UBound 求得。

【例 8.7】　用数组作参数，求一维数组中的所有负元素之和。

程序代码如下。

```
 Function sum%(b%())
 Dim i%
 For i = LBound(b) To UBound(b)
   If b(i) < 0 Then
     sum = sum + b(i)
   End If
 Next i
End Function

Private Sub Form_Click()
  Dim a%(1 to 10), s%, i%
  For i = 1 To 10
    a(i) = Int(Rnd * 100) - 50
    Print a(i);
  Next i
  Print
  s = sum(a())
  Print "数组中的负元素之和为:"; s
End Sub
```

【例 8.8】　用随机数产生一个二维数组，求该数组中的最小值及其位置。

程序代码如下。

```
Option Base 1
Sub mini(b%(), minb%, iminb%, jminb%)
```

```
  Dim i%, j%, p1%, p2%, q1%, q2%
  p1 = LBound(b, 1)
  p2 = UBound(b, 1)
  q1 = LBound(b, 2)
  q2 = UBound(b, 2)
  minb = b(p1, q1)
  iminb = p1
  jminb = q1
  For i = p1 To p2
    For j = q1 To q2
      If b(i, j) < minb Then
        minb = b(i, j)
        iminb = i
        jminb = j
      End If
    Next j
  Next i
End Sub

Private Sub Form_Click()
  Dim a%(5, 6), min%, i%, j%, imin%, jmin%
  For i = 1 To 5
    For j = 1 To 6
     a(i, j) = Int(Rnd * 100)
     Print a(i, j);
    Next j
    Print
  Next i
  Print
  Call mini(a(), min, imin, jmin)
  Print "最小值为:"; min, ",它在"; imin; "行"; jmin; "列"
End Sub
```

如果不是将整个数组而只是将某个数组元素作为实参传递给被调过程，则应在数组名后的括号中指出该数组元素的下标。

【例 8.9】 将某正整数数组中的偶数都做加 1 操作。

程序代码如下。

```
Private Sub Form_Click()
  Dim a%(1 To 10), i%
  Call Inputa(a())                '数组初始化
  Call printa(a())                '打印数组中所有元素
  For i = 1 To 10
    If a(i) Mod 2 = 0 Then
      a(i) = add(a(i))            '单个数组元素作为参数
    End If
  Next i
  Call printa(a())          '打印改变后的数组
End Sub

Sub Inputa(b%())
  Dim i%, l%, u%
  l = LBound(b)
  u = UBound(b)
  For i = l To u
    b(i) = Int(Rnd * 50 + 1)
  Next i
End Sub

Sub printa(c%())
  Dim i%, l%, u%
  l = LBound(c)
  u = UBound(c)
  For i = l To u
    Print c(i);
  Next i
  Print
```

```
End Sub

Function add%(p%)
  add = p + 1
End Function
```


8.4 过程与变量的作用域

应用程序中的过程、变量是有作用域的。所谓作用域，也就是过程、变量可以在哪些地方被使用。作用域的大小和过程、变量所处的位置及定义方式有关。

8.4.1 过程的作用域

这里只讨论窗体和标准模块文件。

过程的作用域分为窗体/模块级和全局级。

（1）窗体/模块级：指在某个窗体或标准模块内用 Private 定义的子过程或函数过程，这些过程只能被本窗体或本标准模块中的过程调用。

（2）全局级：指在窗体或标准模块中定义的过程，其默认是全局的，也可加 Public 进行说明。全局级过程可供该应用程序的所有窗体和所有标准模块中的过程调用，但根据过程所处的位置不同，其调用方式有所区别。

① 在窗体定义的过程，外部过程要调用时，必须在过程名前加定义该过程的窗体名。

② 在标准模块定义的过程，外部过程均可调用，但必须保证该过程名是唯一的，否则要加定义该过程的标准模块名。有关规则如表 8-1 所示。

表 8-1　　过程的作用域

作用范围	模块级		全局级	
	窗体	标准模块	窗体	标准模块
定义方式	过程名前加 Private 例如：Private Sub Sub1（形参表）		过程名前加 Public 或默认例如：[Public] Sub Sub2（形参表）	
能否被本模块其他过程调用	能	能	能	能
能否被本应用程序其他模块调用	不能	不能	能，但必须在过程名前加窗体名，例如：Call 窗体名.Sub2(实参表)	能，但过程名必须唯一，否则要加标准模块名，例如：Call 标准模块名.Sub2(实参表)

8.4.2 变量的作用域

变量的作用域决定了哪些子过程和函数过程可访问该变量。变量的作用域分为局部变量、窗体/模块级变量和全局变量。表 8-2 中列出了 3 种变量的作用范围及使用规则。

（1）局部变量：指在过程内用 Dim 语句声明的变量（或不加声明直接使用的变量），只能在本过程中使用，别的过程不可访问。当该过程被调用时，系统给局部变量分配存储单元，并进行变量的初始化，执行该过程对局部变量的存取操作。但是，一旦该过程体执行结束，则局部变量的内容就会自动消失，所占用的存储单元也被释放。不同的过程中可有相同名称的变量，

彼此互不相干。使用局部变量有利于程序的调试。

（2）窗体/模块级变量：指在一个窗体模块的任何过程外，即在“通用声明”段中用 Dim 语句或用 Private 语句声明的变量，可被本窗体/模块的任何过程访问。

（3）全局变量：指在窗体或标准模块的任何过程或函数外，即在“通用声明”段中用 Public 语句声明的变量，可被应用程序的任何过程或函数访问。全局变量的值在整个应用程序中始终不会消失和重新初始化，只有当整个应用程序执行结束时，才会消失。

表 8-2　　变量的作用域

作用范围	局部变量	窗体/模块级变量	全局变量	
			窗体	标准模块
声明方式	Dim，Static	Dim，Private	Public	
声明位置	在过程中	窗体/模块的“通用声明”段	窗体/模块的“通用声明”段	
被本模块的其他过程存取	不能	能	能	
被其他模块存取	不能	不能	能，但在变量名前加窗体名	能

【例 8.10】　通过本例学习不同作用域变量的使用。

在 Form1 窗体代码窗口输入如下代码。

```
Private a%                    '窗体/模块级变量
Private Sub Form_Click()
  Dim c%, s%                  '局部变量
  c = 20
  s = a + Form2.b + c          '引用各级变量
  Print "s="; s
End Sub

Private Sub Form_Load()
  a = 10                      '给窗体/模块级变量赋值
  Form2.Show
End Sub
```

添加 Form2 窗体，在它的代码窗口输入如下代码。

```
Public b%                     '定义全局变量
Private Sub Form_Load()
  b = 30                      '给全局变量赋值
End Sub
```

运行程序，单击 Form1 窗体，结果如下。

```
s=60
```

在本例中，我们在 Form1 窗体的 Click 事件过程中引用了 Form2 窗体中定义的全局级变量 *b*，由此可以看出在代码窗口“通用声明”段中用 Public 定义的变量，确实是在整个应用程序中起作用的。

如果将 Form1 代码窗口中的 Form_Click 事件过程做如下变动：

```
Private Sub Form_Click()
  Dim c%, s%, b%              '局部变量
  c = 20
```

```
  b = 40
  s = a + b + c
  Print "s="; s
End Sub
```

则运行结果变为

```
s=70
```

结果发生了变化，原因是在 VB 中，当同一应用程序中定义了不同级别的同名变量时，系统优先访问作用域小的变量。上例改动后，系统优先访问了局部变量 *b*，因此结果也相应地改变了。如果想优先访问全局变量，则应在全局变量前加上窗体/模块名。

8.4.3 静态变量

由表 8-2 中可知，局部变量除了用 Dim 语句声明外，还可用 Static 语句将变量声明为静态变量，它在程序运行过程中可保留变量的值。也就是说，每次调用过程后，用 Static 说明的变量会保留运行后的结果；而在过程内用 Dim 说明的变量，每次调用过程结束，都会将这些局部变量释放掉。

其形式如下。

Static 变量名 [As 类型]

Static Function 函数名（[参数列表]）[As 类型]

Static Sub 过程名 [（参数列表）]

若在函数名、过程名前加 Static，则表示该函数、过程内的局部变量都是静态变量。

【例 8.11】 调用函数实现变量自动增 1 的功能。

程序代码如下。

```
Private Static Function s%()
  Dim sum%
  sum = sum + 1
  s = sum
End Function

Private Sub Form_Click()
  Dim i%
  For i = 1 To 5
    Print "第" & i & "次结果为" & s()
  Next i
End Sub
```

因为在函数前加了 Static，因此在每次函数调用结束时，不再释放局部变量 *sum*，从而保留了上次调用后的结果，实现了自动增 1 的功能。

8.5 鼠标事件和键盘事件

鼠标对于 Windows 应用程序设计来说几乎是必需的，尤其是在图形图像处理的程序设计中，显得更为重要。而鼠标应用的基础是鼠标事件。下面就来简单介绍一下窗体鼠标事件及其应用。

8.5.1 鼠标事件

除了单击（Click）事件和双击（DblClick）事件外，基本的鼠标事件还有 3 个：MouseDown、MouseUp 和 MouseMove。工具箱中的大多数控件都能响应这 3 个事件。

MouseDown：鼠标的任一键被按下时触发该事件。

MouseUp：鼠标的任一键被释放时触发该事件。

MouseMove：鼠标被移动时触发该事件。

以 Form 对象为例，它们的语法格式为

Private Sub Form_MouseDown(Button As Integer, Shift As Integer, X As Single, Y As Single)

Private Sub Form_MouseMove(Button As Integer, Shift As Integer, X As Single, Y As Single)

Private Sub Form_MouseUp(Button As Integer, Shift As Integer, X As Single, Y As Single)

说明：

（1）Button：是一个三位二进制整数，表示用户按下或释放的鼠标键。Button 值与鼠标键状态的对应关系如表 8-3 所示。

表 8-3　　Button 值与鼠标状态的对应关系

二进制值	十进制值	VB 常数值	鼠标对应状态描述
001	1	vbLeftButton	按下左键
010	2	vbRightButton	按下右键
011	3	vbLeftButton+ vbRightButton	同时按下左键和右键
100	4	vbMiddleButton	按下中间按钮
101	5	vbLeftButton+vbMiddleButton	同时按下左键和中间按钮
110	6	vbRightButton+vbMiddleButton	同时按下右键和中间按钮
111	7	vbRightButton+vbMiddleButton +vbLeftButton	同时按下鼠标三按钮

（2）Shift：是一个三位二进制整数，表示鼠标事件发生时 Shift 键、Ctrl 键和 Alt 键的状态。二进制位与三键状态的对应关系如表 8-4 所示。

表 8-4　　Shift 值与 Shift 键、Ctrl 键和 Alt 键状态的对应关系

二进制值	十进制值	VB 常数值	对应状态描述
001	1	vbShiftMask	按下 Shift 键
010	2	vbCtrlMask	按下 Ctrl 键
100	4	vbAltMask	按下 Alt 键
011	3	vbShiftMask +vbCtrlMask	按下 Shift 键和 Ctrl 键
101	5	vbShiftMask +vbAltMask	按下 Shift 键和 Alt 键
110	6	vbCtrlMask +vbAltMask	按下 Ctrl 键和 Alt 键
111	7	vbCtrlMask+vbAltMask+ vbShiftMask	按下 Ctrl 键、Alt 键和 Shift 键

（3）X，Y：返回的都是单精度数值，返回鼠标指针的当前位置。该鼠标位置的数值是参照接受鼠标事件的窗体的坐标系统确定的。

【例 8.12】 显示鼠标指针的当前位置。

程序代码如下。

```
Private Sub Form_MouseMove(Button As Integer, _
   Shift As Integer,X As Single, Y As Single)
  Text1.Text = X
  Text2.Text = Y
End Sub
```

程序运行结果如图 8-6 所示。

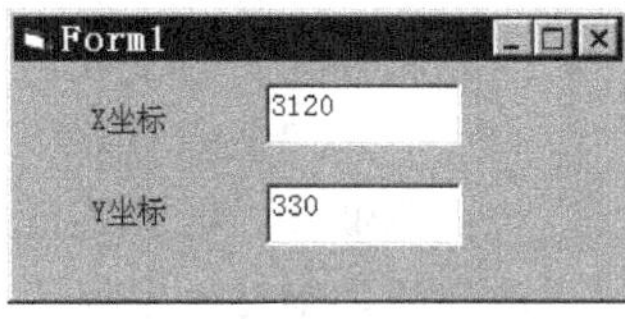

图 8-6 程序运行结果

【例 8.13】 假设窗体上有两个图片框，在两个框内已放置了两张图片。编写具有如下功能的程序：单击鼠标左键，显示左边的图片，单击鼠标右键，显示右边的图片。运行效果如图 8-7、图 8-8 所示。

程序代码如下。

```
Private Sub Form_Load()
    Picture1.Visible = False
    Picture2.Visible = False
End Sub

Private Sub Form_MouseDown(Button As Integer, _
Shift As Integer,X As Single, Y As Single)
  If Button = 1 Then
    Picture1.Visible = True
    Picture2.Visible = False
  Else
    If Button = 2 Then
      Picture1.Visible = False
      Picture2.Visible = True
    End If
  End If
End Sub
```

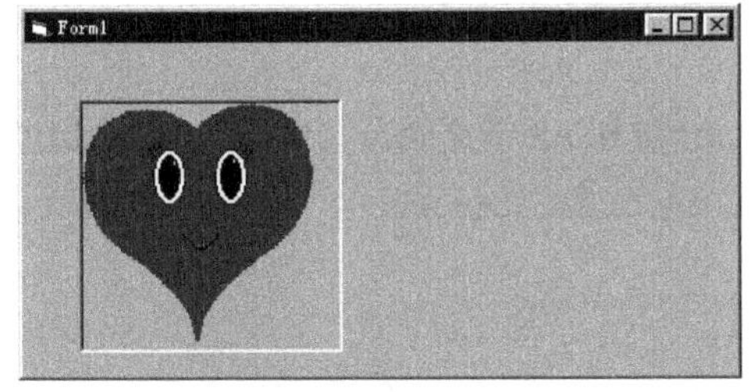

图 8-7 单击鼠标左键的运行结果

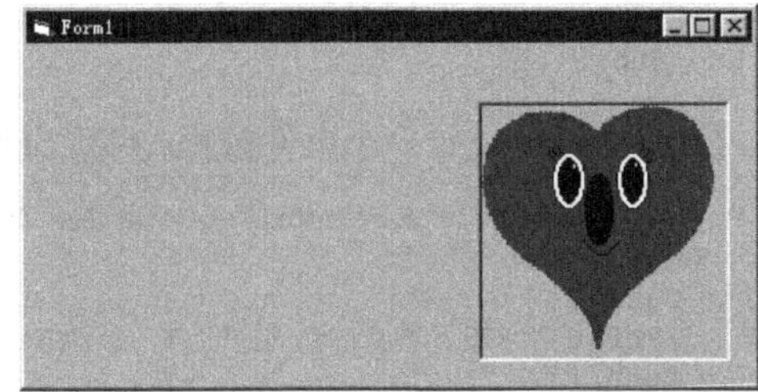

图 8-8 单击鼠标右键的运行结果

8.5.2 键盘事件

VB 中的对象识别键盘事件，包括 KeyPress、KeyUp 和 KeyDown 事件。用户按下并且释放一个 ANSI 键时，就会触发 KeyPress 事件；用户按下一个键时触发 KeyDown 事件，释放引发 KeyUp 事件。在引发键盘事件的同时，用户所按的键盘码作为实参传递给相应的事件过程，供程序判断识别用户的操作。

KeyPress 事件只响应按下标准 ASCII 字符表中对应的键时的事件，如 Enter、Tab、Backspace 等以及标准键盘中的字母、标点、数字键等。而 KeyDown 和 KeyUP 事件则提供了最低级的键盘响应。

它们的格式如下。

```
Sub Object_KeyPress([Index As Integer,] KeyAscii As Integer)
Sub Object_KeyDown([Index As Integer,] KeyCode As Integer, Shift As Integer)
Sub Object_KeyUp([Index As Integer,] KeyCode As Integer, Shift As Integer)
```

（1）Object：一个对象名称。

（2）KeyAscii：返回一个标准 ANSI 键代码的整数。改变 KeyAscii 值时，通过引用传递给对象发送一个不同的字符。当 KeyAscii 改变为 0 时，可取消击键，对象便接收不到字符。

（3）KeyCode：返回用户操作键的扫描代码。它告诉事件过程用户所操作的物理键位。也就是说，只要是在同一个键上的字符，它们返回的 KeyCode 值是相同的。如对于字符“A”和“a”，它们在 KeyUP 或 KeyDown 事件中的返回值都是相同的，而在 KeyPress 事件中的返回值却是不一样的。

（4）Shift：是一个正数，它的含义与鼠标事件过程中的 Shift 一样。

（5）Index：是一个整数，用来唯一地标识一个在控件数组中的控件。

【例 8.14】 在窗体上放一文本框，编写一事件过程，保证在该文本框内只能输入字母，且无论大小写，都要转换成大写字母显示。

程序代码如下。

```
Private Sub Text1_KeyPress(KeyAscii As Integer)
    Dim str$
  If KeyAscii < 65 Or KeyAscii > 122 Then
    Beep
    KeyAscii = 0
  ElseIf KeyAscii >= 65 And KeyAscii <= 90 Then
    Text1 = Text1 + Chr(KeyAscii)
  Else
    str = UCase(Chr(KeyAscii))
    KeyAscii = 0
    Text1 = Text1 + str
  End If
End Sub
```

【例 8.15】 设计一个事件过程，判断 Shift 键、Ctrl 键和 Alt 键之间及它们与其他键的组合。

```
Private Sub Form_KeyDown(KeyCode As Integer, Shift As Integer)
  Select Case Shift
    Case 1
     Print "你按下了 Shift 键和" & Chr(KeyCode),
    Case 2
     Print "你按下了 Ctrl 键和" & Chr(KeyCode),
    Case 3
     Print "你按下了 Shift 键、Ctrl 键和" & Chr(KeyCode),
    Case 4
     Print "你按下了 Alt 键和" & Chr(KeyCode),
    Case 5
     Print "你按下了 Shift 键、Alt 键和" & Chr(KeyCode),
    Case 6
     Print "你按下了 Alt 键、Ctrl 键和" & Chr(KeyCode),
    Case 7
     Print "你按下了 Shift 键、Ctrl 键、Alt 键和" & Chr(KeyCode),
    Case Else
     Print "你按下了" & Chr(KeyCode) & "键",
  End Select
  Print "KeyCode="; KeyCode
End Sub
```

运行该程序后可知，在键盘同一键上的字母或符号，无论输入哪个，KeyCode 的返回值都是相同的。

习题

1. 函数过程与子过程有什么区别?

2. 子过程调用有哪两种形式?

3. 什么是形参? 什么是实参? 什么是值传递? 什么是地址传递? 地址传递时, 对应的实参有什么限制?

4. 输入一个整数, 判断它是否是素数。

5. 编写过程, 用下面的公式计算π的近似值。

$$\frac{\pi}{4}=1-\frac{1}{3}+\frac{1}{5}-\frac{1}{7}+\cdots+(-1)^{n-1}\frac{1}{2n-1}$$

调用该过程, 并分别输出当 n=100, 300, 1000 时π的近似值。

6. 编写一子程序, 完成从一组数中找到最小元素及其位置的功能。调用此子程序, 从某个一维数组中找出最小元素及其下标。

7. 定义一个大小为 100 的数组, 编写 3 个过程, 并调用它们, 完成如下功能: 用随机函数给数组中的所有元素赋值; 将所有数组元素按由小到大的顺序排序; 将所有数组元素 10 个一行输出。

PART 9 第9章 文件

对于文件，我们并不陌生，如文本文件、Word 文档文件，VB 中的窗体文件、标准模块文件等。使用计算机总离不了对文件的操作。所谓文件，一般是指存储在外部介质（如磁盘）上的数据的集合。每个文件都有一个文件名，用户和系统都通过文件名对文件进行访问。

从根本上说，文件本身除了一系列定位在磁盘上的相关字节外，并不存在其他东西。但是，我们可以从不同的角度对文件进行分类。文件从内容区分，可分为程序文件和数据文件；文件从存储信息的编码方式区分，可分为 ASCII 文件、二进制文件等。

本章讨论的主要是数据文件。数据文件存储的是程序运行时所用到的数据。在实际应用中，经常涉及需要重复使用的大量数据，在这种情况下，如果每次都从键盘上输入，一方面造成大量的人力、物力浪费；另一方面又增大了输入出错的可能性。解决这种问题的常用方法是，把待输入的大量数据预先准确无误地以文件的形式存储到磁盘上，需要用到数据时，从文件中读出即可。同样，也可把程序的运行结果存到磁盘上，这样既能长期保存数据，又能做到数据共享。

在 VB 中，文件按照存取访问方式，分为顺序文件、随机文件和二进制文件。应用程序访问一个文件时，应根据文件包含什么类型的数据，确定合适的访问类型。VB 为用户提供了多种处理文件的方法，具有较强的文件处理能力。

9.1 文件操作流程

在 VB 中，对于顺序文件、随机文件和二进制文件的操作通常都有 3 个步骤：

（1）打开文件；

（2）访问文件；

（3）关闭文件。

本节仅对以上 3 个步骤做概念上的说明，具体的语句格式及使用在后续小节中介绍。

9.1.1 打开文件

文件操作的第一步是打开文件。在创建新文件或使用旧文件之前，必须先打开文件。打开文件的操作，会为这个文件在内存中准备一个读写时使用的缓冲区，并且声明文件在什么地方、叫什么名字、文件处理方式如何。

9.1.2 访问文件

访问文件是文件操作的第二步。所谓访问文件，即对文件进行读/写操作。从磁盘将数据送到内存称为“读”，从内存将数据存到磁盘称为“写”。

9.1.3 关闭文件

打开的文件使用（读/写）完后，必须关闭，否则会造成数据丢失。关闭文件会把文件缓冲区中的数据全部写入磁盘，释放掉该文件缓冲区占用的内存。

9.2 顺序文件

顺序文件用于处理一般的文本文件，它是标准的 ASCII 文件。顺序文件中各数据的写入顺序、在文件中的存放顺序和从文件中的读出顺序三者是一致的。即先写入的数据放在最前面，也将最早被读出。如果要读第 100 个数据项，也必须从第一个数据读起，读完前 99 个数据后才能读出第 100 个数据，不能直接跳转到指定的定点。顺序存取是顺序文件的特点，也是它的缺点，顺序文件的优点是占用空间较少。通常在存储少量数据且访问速度要求不太高时使用顺序文件。

顺序文件按行组织信息。每行由若干项组成，行的长度不固定，每行由回车换行符号结束。

9.2.1 顺序文件的打开与关闭

在对顺序文件进行操作之前，必须用 Open 语句打开要操作的文件。在对一个文件操作完成后，要用 Close 语句将它关闭。

1．Open 语句的一般格式

格式：Open　文件名　[For 打开方式]　As　[#]文件号

说明：

（1）文件名：指要打开的文件的名字，可以是字符串常数，也可以是字符串变量。

（2）打开方式包括以下 3 种。

Input：向计算机输入数据，即从所打开的文件中读出数据。

Output：向文件写入数据，即从计算机向所打开的文件写数据。如果该文件中原来有数据，则原来已有的数据被抹去，即新写上的数据将原有的数据覆盖。通常在创建一个新的顺序文件时使用该方式。

Append：向文件添加数据，即从计算机向所打开的文件添加数据。与 Output 方式不同的是，Append 方式把新的数据添加到文件原有数据的后面，文件中原有的数据保留。

（3）文件号：是一个 1～511 的整数。它用来代表所打开的文件，文件号可以是整数或数值型变量。

例如：

① Open　"d:\shu1.dat"　For　Input　As　#1

该语句以输入方式打开文件 shu1.dat，并指定文件号为 1。

② Open　"d:\shu2.dat"　For　Output　As　#5

该语句以输出方式打开文件 shu2.dat，即向文件 shu2.dat 进行写操作，并指定文件号为 5。

③ Open　"d:\shu3.dat"　For　Append　As　#7

该语句以添加方式打开文件 shu3.dat，即向文件 shu3.dat 添加数据，并指定文件号为 7。

2．Close 语句的一般格式

格式：Close　[文件号表列]

说明：

文件号表列是用“,”隔开的若干个文件号，文件号与 Open 语句的文件号相对应。

例如：

① Close #1

该语句关闭文件号为 1 的文件。

② Close #2，#7，#8

该语句关闭文件号为 2、7、8 的文件。

③ Close

该语句关闭所有已打开的文件。

9.2.2 顺序文件的写操作

VB 用 Print 语句或 Write 语句向顺序文件写入数据。创建一个新的顺序文件或向一个已存在的顺序文件中添加数据，都是通过写操作实现的。另外，顺序文件也可由文本编辑器（记事本、Word 等）创建。

1．Print 语句

Print 语句的一般格式为

Print #文件号 [，输出表列]

说明：文件号是在 Open 语句中指定的。“输出表列”是准备写入到文件中的数据，可以是变量名也可以是常数，数据之间用“,”或“;”隔开，输出表列中还可以使用 Tab 和 Spc 函数，它们的意义与第 3 章 Print 方法中介绍的一样。

例如：

```
Open  "d:\shu2.dat"  For  Output  As  #2
Print  # 2,  "zhang" ;"wang"; "li"
Print  # 2,  78 ;99; 67
Close  #2
```

执行上面的程序段后，写入到文件中的数据如下。

zhangwangli

 78 99 67

如果把上面 Print 语句中的分号改为逗号，即：

```
Print  # 2,  "zhang" , "wang", "li"
Print  # 2,  78, 99, 67
```

写入到文件中的数据为

zhang   wang   li

 78   99   67

每一个数据占一个输出区，每个输出区为 14 个字符长。

在实际应用中，经常把一个文本框的内容以文件的形式保存在磁盘上，以下程序段可把文本框 Text1.text 的内容一次性地写入到文件 test.dat 中。

```
Open  "d:\test.dat"  For  Output  As  #1
Print  # 1, Text1.text
Close  #1
```

2．Write 语句

用 Write 语句向文件写入数据时，与 Print 语句不同的是，Write 语句能自动在各数据项之间插入逗号，并给各字符串加上双引号。

Write 语句的一般格式为

Write #文件号 [，输出表列]

说明：文件号和输出表列的意义与 Print 语句相同。

例如：

```
Open  "d:\shua.dat"  For  Output  As  #6
Write  # 6,  "zhang" ;"wang";  "li"
Write  # 6,  78 ;99;  67
Close  #6
```

执行上面的程序段后，写入到文件中的数据如下。

"zhang" ，"wang"， "li"

78，99，67

9.2.3 顺序文件的读操作

顺序文件的读操作，就是从已存在的顺序文件中读取数据。在读一个顺序文件时，首先要用 Input 方式将准备读的文件打开。VB 提供了 Input、Line Input 语句和 Input 函数，将顺序文件的内容读入。Input 函数将在第 9.4 节中介绍。

1．Input 语句

Input 语句的一般格式为

Input #文件号 ，变量表列

说明：变量用来存放从顺序文件中读出的数据。变量表列中的各项用逗号隔开，并且变量的个数和类型应该与从磁盘文件读取的记录中所存储的数据状况一致。

使用该语句将从文件中读出数据，并将读出的数据分别赋给指定的变量。为了能够用 Input 语句将文件中的数据正确地读出，在将数据写入文件时，要使用 Write 语句，而不是用 Print 语句。因为 Write 语句可以确保将各个数据项正确地区分开。

例如：

```
Private Sub form_Click()
  Dim x$, y$, z$, a%, b%, c%
  Open "c:\_vb\shua.dat" For Input As #1
  Input #1, x, y, z
  Input #1, a, b, c
  Print x, y, z
  Print a, b, c
  Print a + b + c
  Close #1
End Sub
```

如果顺序文件 shua.dat 的内容如下：

"zhang" ，"wang"， "li"

78，99，67

执行 Form_Click 过程，在窗体上显示的内容为

```
zhang          wang          li
 78             99           67
 244
```

2．Line Input 语句

Line Input 语句是从打开的顺序文件中读取一行。

Line Input 语句的一般格式为

Line Input #文件号，字符串变量

说明：其中的字符串变量用来接收从顺序文件中读出的一行数据。读出的数据不包括回车

及换行符。例如，如果顺序文件 shua.dat 的内容如下：

"zhang" ，"wang"， "li"

78，99，67

用 Line Input 语句将数据读出，并且把它显示在文本框中。

```
Private Sub Command1_Click()
 Dim a$, b$
 Open "c:\_vb\shua.dat" For Input As #2
 Line Input #2, a
 Line Input #2, b
 Text1.Text = a & b
End Sub
```

执行以上过程，文本框中显示的内容为

"zhang","wang","li"78,99,67

9.3 随机文件

使用顺序文件有一个很大的缺点，就是它必须顺序访问，即使明知所要的数据是在文件的末端，也要把前面的数据全部读完，才能取得该数据。而随机文件则可直接快速访问文件中的任意一条记录，它的缺点是占用空间较大。

随机文件由固定长度的记录组成，一条记录包含一个或多个字段。具有一个字段的记录对应于任一标准类型，如整数或者定长字符串。具有多个字段的记录，对应于用户定义类型。随机文件中的每个记录都有一个记录号，只要指出记录号，就可以对该文件进行读写。

9.3.1 随机文件的打开与关闭

在对一个随机文件操作之前，也必须用 Open 语句打开文件，随机文件的打开方式必须是 Random 方式，同时要指明记录的长度。与顺序文件不同的是，随机文件打开后，可同时进行写入与读出操作。

Open 语句的一般格式为

Open 文件名 For Random As #文件号 Len=记录长度

说明：记录长度是一条记录所占的字节数，可以用 Len 函数获得。

例如，定义以下记录：

```
Type student
 Name  As  String*10
 Age  As  Integer
End  Type
```

就可以用下面的语句打开：

```
Open  "d:\Test.dat"  For  Random  As  #9  Len=Len(student)
```

随机文件的关闭同顺序文件一样，用 Close 语句。

9.3.2 随机文件的写操作

用 Put 语句进行随机文件的写操作。

Put 语句的一般格式为

Put # 文件号，记录号，变量

说明：Put 语句把变量的内容写入文件中指定的记录位置。记录号是一个大于或等于 1 的整数。

例如：

```
Put  # 1, 9, t
```

表示将变量 *t* 的内容送到 1 号文件中的第 9 号记录去。

【例 9.1】 建立一个随机文件，文件包含 3 个学生的学号、姓名和成绩信息。

```
 ' 标准模块代码
Type student
No As Integer
Name As String * 10
score As Integer
End Type
 ' 窗体代码
Private Sub Command1_Click()
 Dim st As student
 Dim str1$, str2$, str3$, title$, i%
 Open "c:\_vb\student.dat" For Random As #1 Len = Len(st)
 title = "写记录到随机文件"
 str1 = "输入学号"
 str2 = "输入姓名"
 str3 = "输入成绩"
 For i = 1 To 3
  st.No = InputBox(str1, title)
  st.Name = InputBox(str2, title)
  st.score = InputBox(str3, title)
  Put #1, i, st
 Next i
 Close #1
End Sub
```

9.3.3 随机文件的读操作

用 Get 语句进行随机文件的读操作。

Get 语句的一般格式为

Get # 文件号，记录号，变量

说明：Get 语句把文件中由记录号指定的记录内容读入到指定的变量中。

例如：

```
Get  # 2, 3, u
```

表示将 2 号文件中的第三条记录读出后，存放到变量 *u* 中。

【例 9.2】 按指定记录号直接读取例 9.1 随机文件 student.dat 中的一条记录，记录内容显示在文本框中。

程序代码如下。

```
Private Sub Command2_Click()
 Dim st As student
 Dim str1$, str2$, str3$, title$, i%
 Open "c:\_vb\student.dat" For Random As #2 Len = Len(st)
 i=InputBox("输入一个记录号 1---3", "读随机文件")
 Get #2, i, st
 Text1.Text=str$(st.No)+st.name+str$(st.Score)
 Close #2
End Sub
```

9.4 二进制文件

二进制文件被看做是按字节顺序排列的。由于对二进制文件的读写是以字节为单位进行的，所以能对文件进行完全的控制。如果知道文件中数据的组织结构，则任何文件都可以当做二进制文件来处理使用。

9.4.1　二进制文件的打开与关闭

二进制文件的打开用 Open 语句。其格式为

Open　文件名　For　Binary　As #文件号

关闭二进制文件使用 Close 语句。

9.4.2　二进制文件的读/写操作

对二进制文件的读/写同随机文件一样，使用 Put 和 Get 语句。它们的格式如下：

Put　# 文件号，位置，变量

Get　# 文件号，位置，变量

其中，位置指定读写文件的开始地址，它是从文件头算起的字节数。Get 语句从该位置读 Len（变量）个字节到变量中；Put 语句则从该位置把变量的内容写入文件，写入的字节数为 Len（变量）。

例如：

```
Open  "d:\fan.dat"  For  Binary  As #8
S1$="I like VB."
Put  #8,100,s1$
Close #8
```

以上程序段从文件 fan.dat 的位置 100 起写入一个字符串“I like VB.”。

9.5　文件操作常用函数

VB 提供了许多函数，用于对各种文件的操作。本节对几个常用函数做简单介绍。

1．LOF 函数

格式：LOF（文件号）

功能：返回一个已打开文件的大小，类型为 Long，单位是字节。

【例 9.3】　使用 LOF 函数获取 c:\vb\stu.dat 文件的大小。

```
Dim FileLength  as  Long
Open "c:\vb\stu.dat" For Input As #1   ' 打开文件
FileLength = LOF(1)   ' 取得文件大小
Debug.Print  FileLength   '输出文件大小
Close #1   ' 关闭文件
```

2．FileLen 函数

格式：FileLen（文件名）

功能：返回一个未打开文件的大小，类型为 long，单位是字节。文件名可以包含驱动器及目录。

【例 9.4】　使用 FileLen 函数获取一个未打开文件 c:\vb\workers.dat 的大小。

```
Dim Mysize  as  Long
Mysize=FileLen("c:\vb\workers.dat")
```

3．EOF 函数

格式：EOF（文件号）

功能：用于判断读取的位置是否已到达文件尾。当读到文件尾时，返回 True，否则返回 False。对于顺序文件，用 EOF 函数测试是否到达文件尾；对于随机文件和二进制文件，如果读不到最后一个记录的全部数据，返回 True，否则返回 False。对于以 Output 方式打开的文件，EOF 函数总是返回 True。

【例 9.5】　把文本文件“c:\vb\tud.txt”的内容一行一行地读入文本框。

```
Text1.Text=""
Open  "c:\vb\tud.txt"  For  Input  As #1
Do While Not  EOF(1)                      '当未读到文件尾时循环
Line Input #1, Dt
Text1.Text = Text1.Text & Dt & vbNewLine 'vbMewLine 为换行符
Loop
Close#1
```

4. LOC 函数

格式：LOC （文件号）

功能：返回文件当前读/写的位置，类型为 Long。 对于随机文件，返回最近读/写的记录号；对于二进制文件，返回最近读/写的字节的位置。对于顺序文件，返回文件中当前字节位置除以 128 的值。对于顺序文件而言，LOC 函数的返回值无实际意义。

5. Input 函数

格式：Input（字符数，#文件号）

功能：从打开的顺序文件读取指定数量的字符。Input 函数返回从文件中读出的所有字符，包括逗号、回车符、换行符、引号和空格等。

例如：

```
Text1.Text=Input(Lof(2), #2)
```

该语句是将 2 号文件的内容全部复制到文本框中。

【例 9.6】 使用 Input 函数，一次读取文件中的一个字符，并将它显示到立即窗口。本例假设 Testfile.txt 文件内含数行文本数据。

```
Dim MyChar
Open "c:\vb\Testfile.txt" For Input As #1   ' 打开文件
Do While Not EOF(1)   ' 循环至文件尾
   MyChar = Input(1, #1)   ' 读入一个字符
   Debug.Print MyChar   ' 显示到立即窗口
Loop
Close #1
```

习题

1. 什么是文件？什么是数据文件？
2. 使用数据文件有什么好处？
3. 简述文件操作的步骤。
4. 文件按照存取访问方式分为几种？
5. 分别写出满足以下条件的 OPEN 语句。

（1）创建一个新的顺序文件 newfile1.txt，准备写入数据，指定文件号为 1。

（2）打开一个老的顺序文件 oldfile1.txt，准备从该文件读出数据，指定文件号为 2。

（3）打开一个老的顺序文件 appendfile1.txt，准备从该文件读出数据，指定文件号为 3。

6. 通过键盘输入若干数据，并将数据保存到顺序文件 stu1.txt 中，数据项包括学号，姓名，性别，数学、外语和计算机成绩。
7. 从 stu1.txt 中读取数据，将其中平均成绩不及格的学生的数据存入一个新的文件 nos.txt 中。
8. 编写应用程序，功能如下。

（1）建立一个随机文件，存放 10 个学生的数据（学号、姓名和成绩）。

（2）可以按姓名查找，并显示找到的记录信息。

PART 10 第10章 高级界面设计

对于任何一个 Windows 应用程序而言，用户界面始终是重要的、不可缺少的一部分。对用户来说，界面就是应用程序，因为他们感觉不到幕后正在执行的代码。因此，要想设计一个让用户真正满意的应用程序，首先就应该设计一个让用户感到"亲切友好"的应用程序界面。在本章中，主要介绍菜单、对话框、多文档界面、工具栏等一些与界面设计有关的知识。

10.1 菜单

在应用程序窗口中加入菜单可以使用户方便、直观地选择命令和选项，让用户感到操作更简单、快捷。在 VB 中，利用系统提供的工具，可以非常方便地建立下拉菜单和弹出式菜单。

10.1.1 下拉菜单

在关闭状态下，下拉菜单作为菜单栏位于窗口的标题栏下面，当单击其中某一项时，下拉出其相应的子菜单，如图 10-1 所示。

菜单标题也就是基本菜单项，水平排列在窗体标题栏的下面。

子菜单由若干菜单项组成。菜单项可以包括菜单命令、分隔条和子菜单标题。

如果某一菜单项还有子菜单，也即该菜单项是一个子菜单标题，它的后面将会自动添加一个"▶"。

VB 中的菜单通过菜单编辑器，即菜单设计窗口建立。将要建立下拉菜单的窗体设为活动窗体后，可以通过 4 种方法进入菜单编辑器。

（1）执行"工具"→"菜单编辑器"菜单命令。

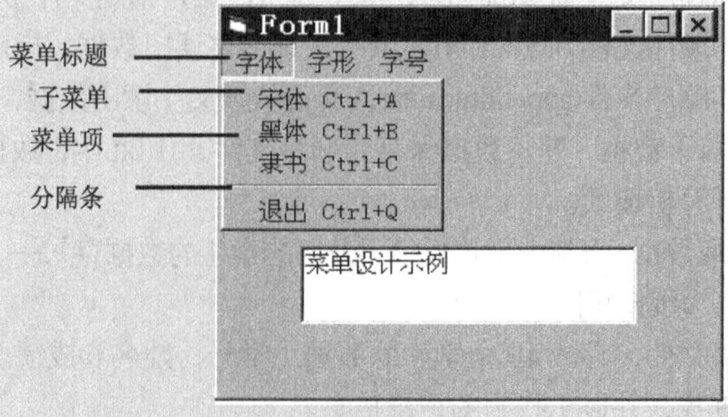

图 10-1　下拉菜单示例

（2）使用热键 Ctrl+E。

（3）单击工具栏中的“菜单编辑器”按钮。

（4）在要建立菜单的窗体上单击鼠标右键，在弹出的快捷菜单中选择“菜单编辑器”命令。

通过以上任一方法，均可调出“菜单编辑器”对话框，如图 10-2 所示。

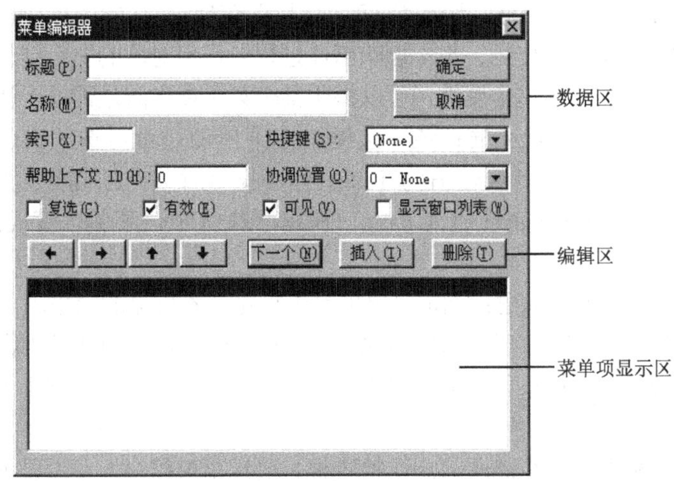

图 10-2 “菜单编辑器”对话框

“菜单编辑器”对话框分为 3 个部分，即数据区、编辑区和菜单项显示区。

1．数据区

数据区用来输入或修改菜单项，在 VB 中，下拉菜单中的每个菜单项（主菜单或子菜单项）都被看做是一个图形对象，即控件，因此每个菜单项都具备某些与控件相同的属性。

（1）“标题”（Caption）文本框：让用户输入显示在窗体上的菜单标题，输入的内容会在“菜单编辑器”对话框下边的菜单项显示区中显示出来。

如果输入时，在菜单标题的某个字母前输入一个&符号，那么该字母就成了热键字母，在窗体上显示时，该字母有下划线，操作时同时按住“Alt”键和该带有下划线的字母，就可选择这个菜单项命令。例如，建立“文件”（File）菜单，在标题文本框内应输入“&File”，程序执行时按 Alt+F 组合键就可以选择“File”菜单。

如果设计的下拉菜单要分成若干组，则需要用分界符（Separator Bar）进行分隔，在建立菜单时，需在标题文本框中输入一个减号“-”，这样菜单显示时形成一个分隔条。

（2）“名称”（Name）文本框：由用户输入菜单项的名称，它不会显示出来，在程序中用来标识该菜单项。在“标题”文本框中输入了一个菜单标题，在“名称”文本框中应有一个对应的菜单名称。分隔条也要有相应的名称。

（3）“索引”（Index）文本框：用来为用户建立的控件数组设立下标。

（4）“快捷键”（Shortcut Key）下拉列表框：列出了很多快捷键，供用户为菜单项选择一个快捷键。菜单项的快捷键可以不要，但如果选择了快捷键，则会显示在菜单标题的右边。在程序运行时，用户按快捷键同样可以完成选择该菜单项并执行相应命令的操作。

（5）“帮助上下文 ID”（Help ConText ID）文本框：可以通过输入一个数值，在帮助文件（用 HelpFile 属性设置）中查找相应的帮助主题。

（6）“协调位置”（Negotiate Position）下拉列表框：通过这一下拉列表框，可以确定菜单或菜单项在窗体中是否出现或怎样出现。该下拉列表框有 4 个选项，作用如下。

0-None：菜单项不显示。

1-Left：菜单项左显示。

2-Middle：菜单项中显示。

3-Right：菜单项右显示。

（7）“复选”（Checked）复选框：当选择该项时，可以在相应的菜单项旁加上指定的记号（例如“√”）。它不改变菜单项的作用，也不影响事件过程对任何对象的执行结果，只是设置或重新设置菜单项旁的符号。利用这个属性，可以指明某个菜单项当前是否处于活动状态。

（8）“有效”（Enabled）复选框：该复选框决定菜单项是否可选（有效）。当该复选框被选中，表示菜单项的 Enabled 属性值为 True，程序执行时菜单项高亮度显示，是可选的；如果没有被选中，即 Enabled 属性值为 False，在程序执行时该菜单项变成灰色，不能被用户选择。

（9）“可见”（Visible）复选框：确定菜单项是否可见。不可见的菜单项是不能执行的，在默认情况下，该属性值为 True，即菜单项可见。当一个菜单项的“可见”属性值为 False 时，该菜单项将暂时从菜单中去掉；如果把它的“可见”属性值改为 True，该菜单项将重新出现在菜单中。

（10）“显示窗口列表”（Windows List）检查框：决定菜单控件上是否显示所打开的子窗体标题。该检查框仅对 MDI 窗体和 MDI 子窗体有效，对普通窗体无效。

2．编辑区

编辑区共有 7 个按钮，用来对输入的菜单项进行简单的编辑。菜单在数据区输入，在菜单项显示区显示。

（1）“←”和“→”按钮：菜单层次的选择按钮。若建立好一个菜单项后单击“→”按钮，则该菜单项在显示区中向右移一段，前面加内缩符号（…），表示该菜单项降为下一级的菜单项。如果选定了某菜单项后，单击“←”按钮，前面的一个内缩符号将被取消，表示该菜单项的级别上升一级。

（2）“↑”和“↓”按钮：用来改变菜单项的位置。选中某个菜单项后，单击“↑”按钮，将使该菜单项上移，单击“↓”按钮，将使该菜单项下移。

（3）“下一个”（Next）按钮：当用户把一个菜单项的各个属性设置完成后，单击此按钮，即可换行设置下一个菜单项。

（4）“插入”（Insert）按钮：在选定的菜单项前插入一个菜单项。

（5）“删除”（Delete）按钮：删除选定的菜单项。

3．菜单项显示区

菜单项显示区位于菜单设计窗口的下部，输入的菜单项在这里显示出来，并通过内缩符号（…）表明菜单项的层次，一个内缩符号表示一层，一个菜单项前最多可有 5 个内缩符号。

【例 10.1】 菜单设计。建立一个如图 10-3 所示的菜单，用户可以通过选择菜单中的菜单项改变文本框中内容的外观。

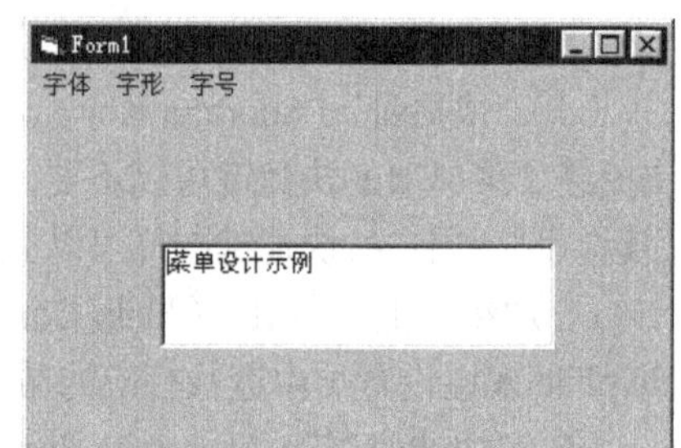

图 10-3 菜单设计示例

设计步骤如下。

（1）建立控件。在窗体上添加一个文本框，将它的 Text 属性置为空。

（2）设计菜单。在窗体设计状态下执行“工具”→“菜单编辑器”菜单命令，调出“菜单编辑器”对话框。在菜单设计窗口中，按表10-1设计菜单项。

表10-1 菜单项及其属性设置

菜单项	名称	快捷键
字体	Zt	
…宋体	St	Ctrl+A
…黑体	Ht	Ctrl+B
…隶书	Lsh	Ctrl+C
…-	Sep	
…退出	Quit	Ctrl+Q
字形	Zx	
…粗体	Ct	Ctrl+D
…斜体	Xt	Ctrl+E
…下划线	Xhx	Ctrl+F
字号	Zh	
…20号	Er	Ctrl+G
…12号	Sh	Ctrl+H

当完成所有的输入工作后，“菜单编辑器”对话框就成为图10-4所示的窗口，单击“确定”按钮退出，就完成了菜单的建立过程。

（3）把代码连接到菜单上。在窗体窗口单击菜单标题，然后在下拉菜单中选择要连接代码的菜单项，在屏幕上就会出现代码窗口，并自动给出事件过程的头尾语句。只要在头尾语句间输入代码即可。

图10-4 菜单项及其属性设计

程序代码如下。

```
Private Sub ct_Click()
  Text1.FontBold = Not Text1.FontBold
End Sub
```

```
Private Sub er_Click()
  Text1.FontSize = 20
End Sub

Private Sub ht_Click()
  Text1.FontName = "黑体"
End Sub

Private Sub lsh_Click()
  Text1.FontName = "隶书"
End Sub

Private Sub quit_Click()
  End
End Sub

Private Sub sh_Click()
  Text1.FontSize = 12
End Sub

Private Sub st_Click()
  Text1.FontName = "宋体"
End Sub

Private Sub xhx_Click()
  Text1.FontUnderline = Not Text1.FontUnderline
End Sub

Private Sub xt_Click()
  Text1.FontItalic = Not Text1.FontItalic
End Sub
```

10.1.2 弹出式菜单

与下拉菜单不同，弹出式菜单（快捷菜单）不需要在窗口顶部下拉打开，而是通过单击鼠标右键，在窗体的任意位置打开，因而使用方便，具有较大的灵活性。

弹出式菜单是一种小型的菜单，它可以在窗体的某个地方显示出来，对程序事件做出响应。通常用于对窗体中某个特定区域有关的操作或选项进行控制，例如用来设置某个文本区的段落格式等。

建立弹出式菜单通常有两步：首先在菜单编辑器中建立菜单，然后用 PopupMenu 方法弹出显示。第一步的操作与前面介绍的基本相同，唯一的区别是，如果不想在窗体顶部显示该菜单，就应把菜单名（即主菜单项）的“可见”属性设置为 False（子菜单项不要设置为 False）。

PopupMenu 方法用来显示弹出式菜单，其格式为

[对象.] PopupMenu　菜单名[,Flags[,x[,y[,BoldCommand]]]]

说明如下。

（1）“对象”是窗体名，当省略“对象”时，弹出式菜单只能在当前窗体中显示。如果需要在其他窗体中显示弹出式菜单，必须加上窗体名。

（2）“菜单名”是在菜单编辑器中定义的主菜单项名，如果主菜单项不需要在窗口顶部显示出来，则应在菜单编辑器中，将主菜单项的“可见”属性设置为 False。

（3）弹出式菜单的位置由 x、y 及 Flags 参数共同确定。x 和 y 分别用来指定弹出式菜单显示位置的横坐标和纵坐标。如果省略，则弹出式菜单在鼠标光标的当前位置显示。Flags 参数是一个数值或符号常量，它的取值有两组，一组用于指定菜单位置，另一组用于定义特殊的菜单行为，具体描述如表 10-2 所示。

表 10-2　　Flags 属性值描述

常数		值	说明
位置常量	VbPopupMenuLeftAlign	0	默认值，指定的 X 值定义为弹出式菜单的左边界位置
	VBPopupMenuCenterAlign	4	指定的 X 值定义为弹出式菜单的中心位置
	VBPopupMenuRightAlign	8	指定的 X 值定义为弹出式菜单的右边界位置
行为常量	VBPopupMenuLeftButton	0	默认值，菜单命令只接收鼠标左键单击
	VBPopupMenuRightButton	2	菜单命令可接收鼠标左键或右键单击

以上常数可单独使用，也可两组中各取一个常数，再用 Or 将其连接起来组成 Flags 参数。

（4）BoldCommand 的取值是弹出式菜单中某个菜单项的名字，如果选择该参数，则在弹出式菜单中将黑体显示指定的菜单项标题。

【例 10.2】 将例 10.1 中的“字形”菜单的内容作为弹出式菜单的内容。

只需在代码窗口添加如下代码。

```
 Private Sub Form_MouseDown(Button As Integer, Shift As Integer, _
X As Single, Y As Single)
      If Button = 2 Then
       PopupMenu zx, 2
      End If
  End Sub
```

运行程序，用鼠标右键单击窗体，即可弹出“字形”菜单内容。如果不想在窗体顶部显示“字形”菜单，则可在窗体编辑器中将 zx 主菜单项的“可见”属性设为 False。

10.2　对话框

对话框是应用程序在执行过程中与用户进行交流的窗口。在 VB 中，可以利用系统提供的通用对话框，也可以根据需要自己设计对话框。

10.2.1　通用对话框

VB 提供了一组基于 Windows 操作系统的常用的标准对话框界面，用户可以充分利用通用对话框（Common Dialog）控件在窗体上创建 6 种标准对话框，它们分别是打开（Open）、另存为（Save As）、颜色（Color）、字体（Font）、打印机（Printer）和帮助（Help）对话框。程序设计中如果所有的对话框都由设计人员来完成，将会耗费大量的时间，而利用系统提供的通用对话框，则可以节省很大的工作量。

通用对话框不是标准控件，因此使用前，需要先把通用对话框控件添加到工具箱中，操作步骤如下。

（1）执行“工程”→“部件”菜单命令，打开“部件”对话框，如图 10-5 所示。

（2）在“控件”选项卡中选择“Microsoft Common Dialog Control 6.0”选项。

（3）最后单击“确定”按钮退出。

经过上面的操作后，通用对话框控件就出现在控件工具箱中，如果需要使用上面的某种对话框，就可以像使用标准控件一样把它添加到窗体中。

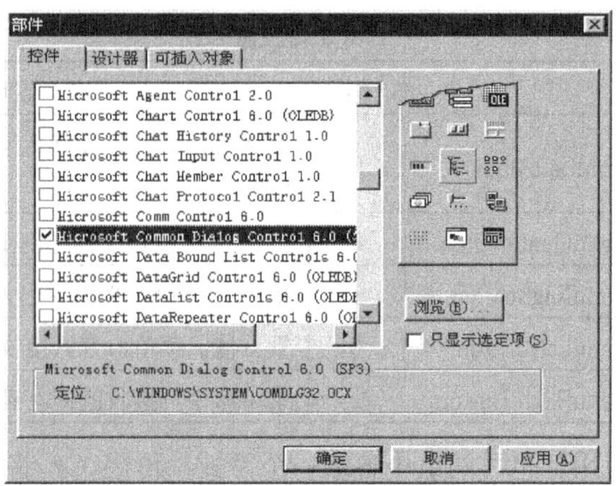

图 10-5 “部件”对话框

在设计状态，窗体上显示通用对话框图标，但在程序运行时，窗体上不会显示通用对话框，直到在程序中用 Action 属性或 Show 方法激活而调出所需的对话框。

通用对话框仅用于应用程序与用户之间进行的信息交互，是输入输出界面，不能实现打开文件、存储文件、设置颜色、字体打印等操作。如果想要实现这些功能还要靠编程。

1．通用对话框的基本属性

（1）基本属性。Name 是通用对话框的名称属性，Index 是由多个对话框组成的控件数组的下标。Left 和 Top 表示通用对话框的位置。

（2）Action（功能）属性。Action 属性直接决定打开何种类型的对话框。

0-None：无对话框显示。

1-Open：“打开”对话框。

2-Save As：“另存为”对话框。

3-Color：“颜色”对话框。

4-Font：“字体”对话框。

5-Printer：“打印机”对话框。

6-Help：“帮助”对话框。

该属性不能在属性窗口内设置，只能在程序中赋值，用于调出相应的对话框。

（3）DialogTitle（对话框标题）属性。DialogTitle 属性是通用对话框标题属性，可以是任意字符串。

（4）CancelError 属性。CancelError 属性表示用户在与对话框进行信息交互时，单击“取消”按钮时是否产生出错信息。

True：表示单击对话框中的“取消”按钮时，便会出现错误警告。

False（默认）：表示单击对话框中的“取消”按钮时，不会出现错误警示。

对话框被打开后，有时为了防止用户在未输入信息时便使用取消操作，可用该属性设置出错警告。当该属性设为 True 时，用户对话框中的“取消”按钮一经操作，自动将错误标志 Err 置为 32755（CDERR-CANCEL），供程序判断。该属性值在属性窗口及程序中均可设置。

在通用对话框的使用过程中，除了上面的基本属性外，每种对话框还有自己的特殊属性。这些属性可以在属性窗口中进行设置，也可以在通用对话框控件的属性对话框中设置。在窗体中的通用对话框控件上单击鼠标右键，在弹出的快捷菜单中选择“属性”命令，即可调出通用对话框控件“属性页”对话框，如图 10-6 所示。该对话框中有 5 个选项卡，可以分别对不同类型的对话框设置属性。例如，要对字体对话框设置，就选择“字体”选项卡。

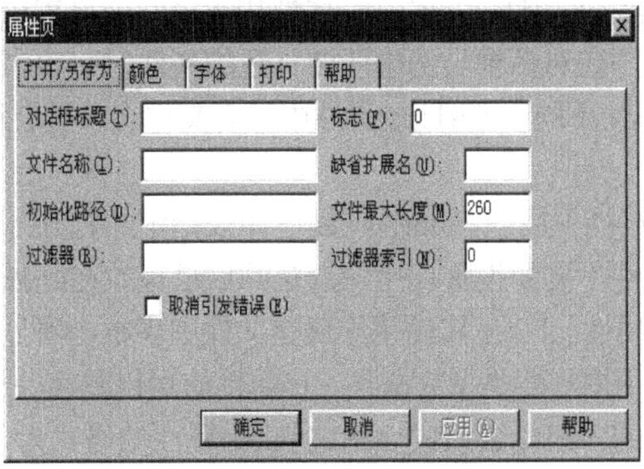

图 10-6　通用对话框“属性页”对话框

2．通用对话框的方法

在实际应用中，除了可以通过对通用对话框的 Action 属性设置对话框的类型外，还可以使用 VB 提供的一组方法来打开不同类型的通用对话框。这些方法如下。

ShowOpen：“打开”对话框。

ShowSave：“另存为”对话框。

ShowColor：“颜色”对话框。

ShowFont：“字体”对话框。

ShowPrinter：“打印机”对话框。

ShowHelp：“帮助”对话框。

如果在程序中有下面的语句：

```
Commondialog1.ShowOpen
```

或

```
Commondialog1.Action = 1
```

在运行到上面的语句时，系统就会调出“打开”对话框。

10.2.2　“打开”对话框

在程序运行时，通用对话框的 Action 属性被设置为 1，就立即弹出“打开”对话框，如图 10-7 所示。“打开”对话框并不能真正打开一个文件，它仅仅提供一个打开文件的用户界面，供用户选择所要打开的文件，打开文件的具体工作还是要通过编程来完成。

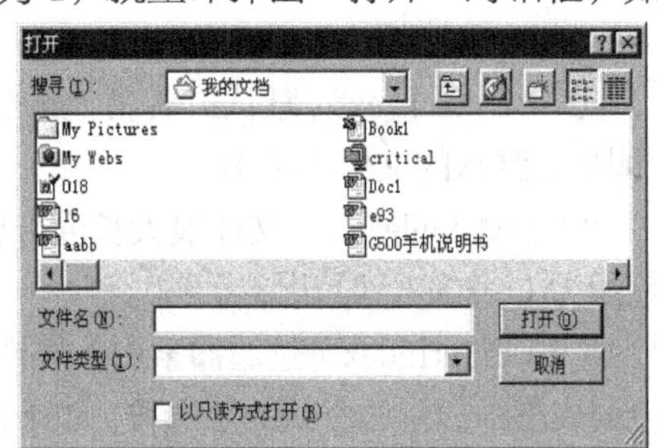

图 10-7　“打开”对话框

对于“打开”对话框，主要有下面几项属性需要设置。

（1）DialogTitle（对话框标题）属性。DialogTitle 属性用来给出对话框的标题内容，默认值为“打开”。

（2）FileName（文件名称）属性。FileName 属性用于设置在对话框的“文件名”文本框中显示的文件名，在程序中可用该属性值设置或返回用户所选定的文件名（包括路径名），即程序执行时，用户用鼠标选中某个文件名，或用键盘输入的文件名被显示在“文件名”文本框中，同时用此文件名为 FileName 属性赋值，FileName 属性得到的是一个包括路径名和文件名的字符串。

（3）FileTitle（文件标题）属性。FileTitle 属性用于返回或设置用户所要打开的文件的文件名，它不包含路径。当用户在对话框中选中所要打开的文件时，该属性就立即得到了该文件的文件名。它与 FileName 属性不同，FileTitle 属性中只有文件名，没有路径名，而 FileName 属性中包含所选定文件的路径。

（4）InitDir（初始化路径）属性。InitDir 属性用来指定"打开"对话框中的初始目录，若要显示当前目录，则该属性不需要设置。用户选定的目录也放在此属性中。

（5）Filter（过滤器）属性。Filter 属性用于确定文件列表框中所显示文件的类型。通过对该属性的设置，可以筛选出用户需要类型的文件。该属性值可以是由一组元素或用"|"符号分开的分别表示不同类型文件的多组元素组成。指定 Filter 属性的格式为

描述符 1|筛选符 1|描述符 2|筛选符 2|……

其中，描述符是在对话框的"文件类型"下拉列表框中原样显示出来给用户看的，作用类似于提示字符串。但筛选符是有严格规定的，由通配符和文件扩展名组成，如表示全部文件用*.*，表示 VB 工程文件用*.vbp。注意：描述符与筛选符要成对出现，二者缺一不可。

（6）Flags（标志）属性。Flags 属性用来设置对话框的一些选项，常用属性值的含义如表 10-3 所示。

表 10-3　　Flags 属性值描述

Flags 的值	作用
1	在对话框中显示"只读"（Read Only Check）选择框
2	如果用磁盘上已有的文件名保存文件，则显示一个消息框，询问用户是否覆盖已有文件
4	不显示"只读"选择框
8	保留当前目录
16	显示一个 Help 按钮
256	允许在文件中有无效字符
512	允许用户选择多个文件
…	

（7）DefaulText（默认扩展名）属性。DefaulText 属性用来指定对话框中文件的默认扩展名（即指定默认的文件类型）。

（8）MaxFileSize（文件最大长度）属性。MaxFileSize 属性用来指定 FileName 的最大长度，范围为 1～2048，默认值为 260。

（9）FilterIndex（过滤器索引）属性。FilterIndex 属性用来指定在对话框中"文件类型"下拉列表框中显示的默认的筛选符。如果在指定 Filter 属性时有一组文件类型，则这些文件类型按顺序排为 1，2，3…

例如：

```
Commondialog1.Filter="all files(*.*)|*.*|vbp 文件|*.vbp| word 文档|*.doc"
Commondialog1.FilterIndex=3
```

在执行上面的语句打开对话框时，“文件类型”下拉列表框中自动显示的就是“Word 文档”。

（10）CancelError 属性。CancelError 属性用来确定当用户单击对话框内的“取消”按钮时，是否显示出错信息。如果设置属性时选中该项，则属性值为 True，当用户单击“取消”按钮时，系统将显示一个出错提示消息框；否则不显示。该属性的默认值为 False。

【例 10.3】 编写一个应用程序，运行结果如图 10-8 所示。

图 10-8 “打开”对话框应用示例

程序代码如下。

```
Private Sub Form_Click()
  Commondialog1.Filter = "all files(*.*)|*.*|vbp 文件|*.vbp| _
  word 文档|*.doc"
  Commondialog1.FilterIndex = 3
  Commondialog1.InitDir = "c:\my documents"
  Commondialog1.Flags = 1
  Commondialog1.Action = 1
End Sub
```

我们可以用上面的代码实现，也可以直接在属性窗口直接定义（Action 属性除外），该例中没有出现的属性都采用默认值。

在上例中，只是给出了一个打开文件的用户界面，当用户选择了其中某一文件，并单击“确定”按钮退出对话框后，并没有实际地打开一个文件。如果要实际地打开该文件，还需要编程实现。

【例 10.4】 设计图 10-9 所示的运行界面，并为“打开”按钮编写打开文本文件的代码，文本文件的内容显示在文本框中。

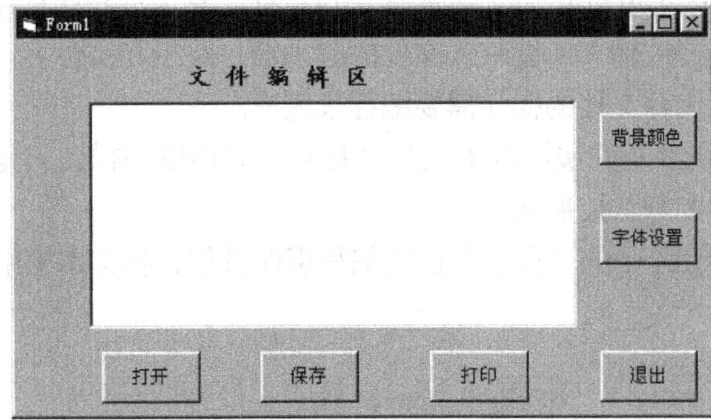

图 10-9 通用对话框应用示例

控件属性设置如表 10-4 所示。

表 10-4　　控件属性设置

对象	属性	设置
Label1	Caption	文本编辑区
Text1	Multiline	True
Commondialog1	Initdir Filter	C:\my documents 文本文件（*.txt）|*.txt
Command1	Name Caption	Open 打开
Command2	Name Caption	Save 保存
Command3	Name Caption	Backcolor 背景颜色
Command4	Name Caption	Font 字体设置
Command5	Name Caption	Print 打印
Command6	Name Caption	Quit 退出

“打开”按钮的事件过程如下。

```
Private Sub Open_Click()
  Commondialog1.Action = 1
  Text1.Text = ""
  Open Commondialog1.FileName For Input As #1
  Do While Not EOF(1)
    Line Input #1, inputdata
    Text1.Text=Text1.Text+inputdata+ vbNewLine
  Loop
  Close #1
End Sub
```

10.2.3　“另存为”对话框

“另存为”对话框是当 Action 为 2 时的通用对话框。它为用户在存储文件时提供了一个标准用户界面，供用户选择或输入所要存入文件的驱动器、路径和文件名。同样，它并不能提供真正的存储文件操作，储存文件的操作需要编程来完成。

“另存为”对话框所涉及的属性基本上和“打开”对话框一样，只是还有一个 DefaulText 属性，它表示所存文件的默认扩展名。

【例 10.5】　为例 10.4 中的“保存”按钮编写事件过程，将文本框中的内容存盘。

程序代码如下。

```
Private Sub Save_Click()
  Commondialog1.InitDir = "c:\my documents"
  Commondialog1.Filter="文本文件(*.txt)|*.txt "
  Commondialog1.FilterIndex = 2
  Commondialog1.DefaulText = "txt"
  Commondialog1.Action = 2
  Open Commondialog1.FileName For Output As #1
```

```
    Print #1, Text1.Text
End Sub
```

10.2.4 “颜色”对话框

“颜色”对话框是当 Action 为 3 时的通用对话框，如图 10-10 所示，供用户选择颜色。

对于“颜色”对话框，除了基本属性之外，还有个重要属性 Color，它返回或设置选定的颜色。

在调色板中提供了基本颜色（Basic Colors），还提供了用户的自定义颜色（Custom Colors），用户可自己调色，当用户在调色板中选中某颜色时，该颜色值赋给 Color 属性。

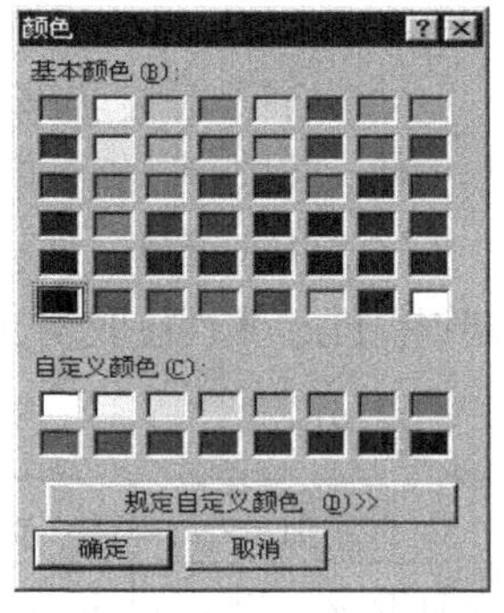

图 10-10 “颜色”对话框

“颜色”对话框的 Flags 属性有 4 种可能值，如表 10-5 所示。

表 10-5 Flags 属性值描述

Flags 属性值	描述
1	使 Color 属性定义的颜色在首次显示对话框时显示出来
2	打开的对话框包括“自定义颜色”窗口
4	不能使用“规定自定义颜色”按钮
8	显示一个 Help 按钮

【例 10.6】 为例 10.4 中的“背景颜色”按钮编写事件过程。

程序代码如下。

```
Private Sub Backcolor_Click()
 Commondialog1.Action = 3
  Text1.backcolor = Commondialog1.Color
End Sub
```

10.2.5 “字体”对话框

“字体”对话框是当 Action 为 4 时的通用对话框，如图 10-11 所示，供用户选择字体。

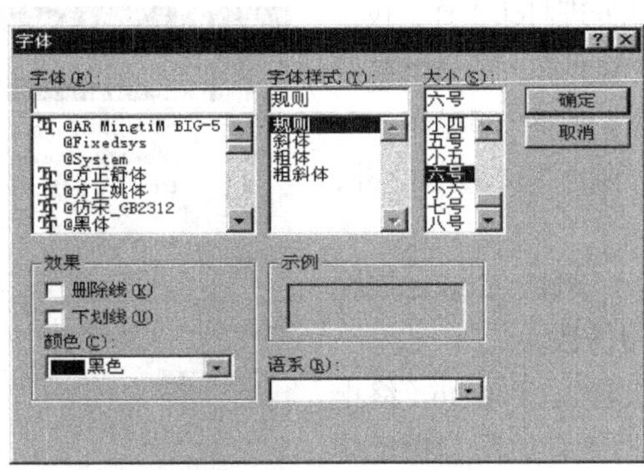

图 10-11 “字体”对话框

对于“字体”对话框有下列重要属性。

（1）Color 属性。Color 属性值表示字体的颜色，当用户在“颜色”下拉列表框中选定某颜色时，Color 属性值即为所选颜色值。

（2）FontName 属性。FontName 属性用来设置用户所选定的字体名称。

（3）FontSize 属性。FontSize 属性用来设置用户所选定的字体大小。

（4）FontBold、FontItalic、FontStrikethru 和 FontUnderline 属性。这些属性均为逻辑类型，即它们的值是 True 或 False。

（5）Min、Max 属性。这两个属性用于设定用户在“字体”对话框中所能选择的最小值和最大值，即用户只能在此范围之内选择字体大小，该属性以点（Point）为单位。

（6）Flags 属性。在显示“字体”对话框之前必须设置 Flags 属性，否则将发生不存在字体错误。Flags 属性应取表 10-6 所示的常数。

表 10-6　　Flags 属性值描述

常数	值	说明
cdlCFScreenFonts	&H1	显示屏幕字体
cdlCFPrinterFonts	&H2	显示打印机字体
cdlCFBoth	&H3	显示打印机字体和屏幕字体
cdlCFEffects	&H100	在“字体”对话框中显示删除线和下划线检查框以及颜色组合框

【例 10.7】　为例 10.4 中的“字体设置”按钮编写事件过程。

程序代码如下。

```
Private Sub Font_Click()
  Commondialog1.Flags=cdlCFBoth Or cdlCFEffects
  Commondialog1.Action = 4
  Text1.FontName = Commondialog1.FontName
  Text1.FontSize = Commondialog1.FontSize
  Text1.FontBold = Commondialog1.FontBold
  Text1.FontItalic = Commondialog1.FontItalic
  Text1.FontStrikethru=Commondialog1.FontStrikethru
  Text1.FontUnderline = Commondialog1.FontUnderline
  Text1.ForeColor = Commondialog1.color
End Sub
```

10.2.6　“打印”对话框

“打印”对话框是当 Action 为 5 时的通用对话框，是一个标准打印对话窗口界面，如图 10-12 所示。“打印”对话框并不能处理打印工作，仅仅是一个供用户选择打印参数的界面，所选参数存在于各属性中，再通过编程来处理打印操作。

对于“打印”对话框，除了基本属性之外，还有下列重要属性。

（1）Copies（复制份数）属性。Copies 属性为整型值，存放指定的打印份数。

（2）FromPage（起始页号）、Topage（终止页号）属性。这两个属性用于存放用户指定的打印起始页号和终止页号。

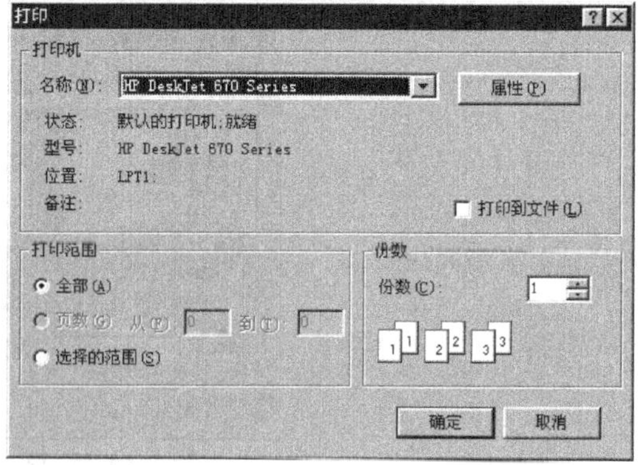

图 10-12　“打印”对话框

【例 10.8】　为例 10.4 中的“打印”按钮编写事件过程。

程序代码如下。

```
Private Sub Print_Click()
  Commondialog1.Action = 5
  For i = 1 To Commondialog1.Copies
```

```
    Printer.Print Text1.Text
  Next i
  Printer.EndDoc
End Sub
```

10.2.7 “帮助”对话框

“帮助”对话框是当 Action 为 6 时的通用对话框，是一个标准的帮助窗口，可以用于制作应用程序的在线帮助。“帮助”对话框不能制作应用程序的帮助文件，只能将已制作好的帮助文件从磁盘中提取出来，并与界面连接起来，达到显示并检索帮助信息的目的。

对于“帮助”对话框，除了基本属性之外，还有下列重要属性。

（1）HelpCommand（帮助命令）属性。HelpCommand 属性用于返回或设置所需要的在线 Help 帮助类型，如上下文相关的帮助或特定关键字的帮助等。

（2）HelpFile（帮助文件）属性。HelpFile 属性用于指定 Help 文件的路径及其文件名称。即找到帮助文件，再从文件中找到相应内容，显示在“帮助”对话框中。

（3）HelpKey（帮助键）属性。HelpKey 属性用于指定帮助信息的内容，“帮助”对话框中显示由该帮助关键字指定的帮助信息。

（4）HelpConText（帮助上下文）属性。HelpConText 属性用于返回或设置所需要的 HelpTopic 的 ConText ID，一般与 HelpCommand 属性（设置为 vbHelpContents）一起使用，指定要显示的 HelpTopic。

【例 10.9】 假定已建好了一个“有源滤波器”帮助文件，编写一个应用程序，显示该帮助文件，程序运行结果如图 10-13 所示。

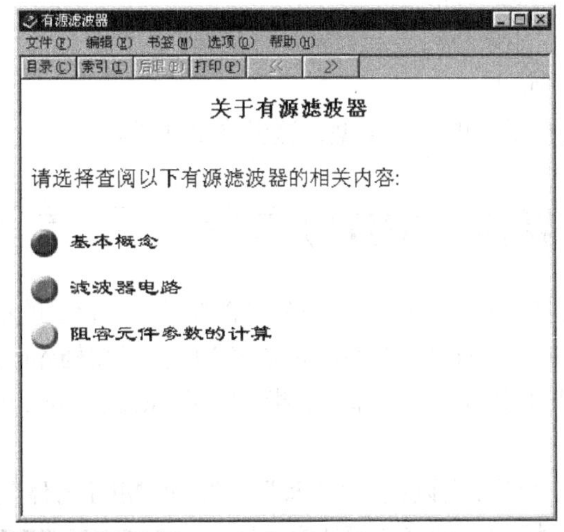

图 10-13 “帮助”对话框应用示例

程序代码如下。

```
Private Sub Form_Click()
  Commondialog1.HelpCommand = cdlHelpForceFile
  Commondialog1.HelpFile = "c:\unzipped\help\aa2.help"
  Commondialog1.Action = 6
End Sub
```

10.2.8 自定义对话框

自定义对话框是用户所创建的含有控件的窗体。这些控件包括命令按钮、单选按钮、检查框和文本框等，它们可以为应用程序接收信息。因此，创建自定义对话框就是建立一个窗体，在窗体上根据需要放置控件，通过设置属性值来自定义窗体的外观。用户可以根据实际需要或自己的喜好，综合利用系统提供的各种控件，设计出自己真正满意的对话框。

一般来说，作为对话框的窗体与一般的窗体在外观上是有所区别的，对话框没有最大化、最小化按钮，不能改变它的大小，所以应对对话框进行如表 10-7 所示的属性设置。

表 10-7　　自定义对话框属性设置

属性	值	说明
BorderStyle	1	边框类型定义为固定单边框，运行时不能改变尺寸
MaxButton	False	取消最大化按钮
MinButton	False	取消最小化按钮

设计好自定义对话框后，就要考虑如何显示对话框。显示对话框是用 Show 方法，对话框分成两种类型：模式的和无模式的。

所谓模式对话框，就是在可以继续操作应用程序的其他部分之前，必须先关闭该对话框（隐藏或卸载）。

无模式对话框允许在对话框与其他窗体之间转移焦点而不用关闭对话框。当对话框正在显示时，可以在当前应用程序的其他地方继续工作。无模式对话框较少使用。

对不同类型的对话框，Show 方法所用的参数是不同的，对应关系如下。

vbModel：显示为模式对话框。

vbModeless：显示为无模式对话框。

如有一窗体 frmInput，如果将它显示为模式对话框，则为：

```
frmInput.Show  vbModel
```

用户可以根据需要选择不同的显示类型，这里不再细述。

10.3　多重文档界面（MDI）

多文档界面允许同时打开多个文档，每一个文档都显示在自己的被称为子窗体的窗体中，如我们非常熟悉的 Word 97、Excel 97 等都是多文档界面。多文档界面由父窗体和子窗体组成。在 VB 中，父窗体就是 MDI 窗体，子窗体就是指 MDIChild 属性为 True 的普通窗体。

1．创建 MDI 窗体

用户要建立一个 MDI 窗体，可以执行“工程”→“添加 MDI 窗体”菜单命令，弹出图 10-14 所示的“添加 MDI 窗体”对话框，选择“MDI 窗体”，再单击“打开”按钮即可。

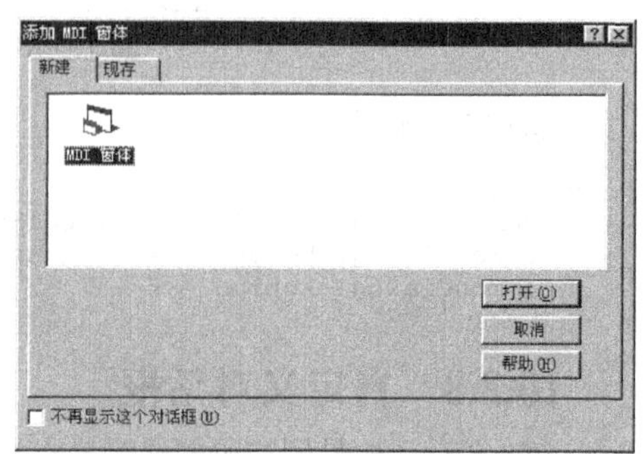

图 10-14　“添加 MDI 窗体”对话框

需要注意的是，一个应用程序只能有一个 MDI 窗体，但是可以有多个 MDI 子窗体。如果 MDI 子窗体有菜单，那么，当 MDI 子窗体为活动窗体时，子窗体的菜单将自动取代 MDI 窗体的菜单。

MDI 窗体上放置菜单和 PictureBox 控件，以及具有 Align 属性的自定义控件。为了把其他的控件放入 MDI 窗体，应该先在 MDI 窗体上绘制一个

PictureBox 图片框，然后在图片框中绘制其他控件。可以在 MDI 窗体的图片框中使用 Print 方法显示文本，但是不能在 MDI 窗体上显示文本。

2．子窗体

MDI 子窗体是一个 MDIChild 属性为 True 的普通窗体。因此，要创建一个 MDI 子窗体，应先创建一个新的普通窗体，然后将它的 MDIChild 属性设置为 True。

MDI 子窗体的设计与 MDI 窗体无关，但在运行时总是包含在 MDI 窗体中，当 MDI 窗体最小化时，所有的子窗体都被最小化。每个子窗体都有自己的图标，但只有 MDI 窗体的图标显示在任务栏中。子窗体相互之间没有约束关系，它们可以用不同的方式排列。

3．与 MDI 有关的方法和事件

（1）Arrange 方法。Arrange 方法用来以不同的方式排列 MDI 中的窗体或图标。其格式为

<MDI 窗体名>.Arrange<方式>

方式：是一个整数值，用来指定 MDI 窗体中子窗体或图标的排列方式，可以取以下 4 种值，如表 10-8 所示。

表 10-8　　MDI 窗体排列方式取值说明

文字常量	值	说明
vbCascade	0	对 MDI 子窗体进行层叠排列
vbTileHorizontal	1	对 MDI 子窗体进行水平平铺
vbTileVertical	2	对 MDI 子窗体进行垂直平铺
vbArrangeIcons	3	对最小化的 MDI 子窗体的图标进行排列

（2）显示 MDI 窗体及其子窗体的方法。显示 MDI 窗体及其子窗体的方法是 Show，例如：MDIForm1.show。加载子窗体时，其父窗体（MDI 窗体）会自动加载并显示。而加载 MDI 窗体时，其子窗体并不会自动加载。

（3）QueryUnload 事件。当用户从 MDI 窗体的控制菜单中选择“关闭”命令，或者从提供的菜单项中选择“退出”命令时，系统就会试图卸载 MDI 窗体，此时就会触发 QueryUnload 事件，然后每一个打开的子窗体也都触发该事件。若在这些 QueryLoad 事件过程中没有代码，则取消 QueryUnload 事件，逐个卸载子窗体，最后，MDI 窗体也被卸载。

由于 QueryUnload 事件在窗体卸载之前被触发，因此在窗体卸载以前，可以给用户一个保存变动后的窗体信息的机会。

下面通过一个例子来进一步了解多文档界面应用程序的设计。

【例 10.10】 设计一个 MDI 窗体，它有两个子窗体 Form1、Form2。其中，Form1 上有一文本框，可以显示文件内容，Form2 上有一图像框，可以加载显示图像。

图 10-15　MDI 窗体设计示例

运行时可以同时打开两个子窗体，在文本框显示某文档的内容，单击 Form2 会在图像框显示某幅图片，如图 10-15 所示。当关闭窗体或选择“文件”→“退出”菜单命令时，系统会提示保存文本框中已变

动的内容。另外，可以通过“窗口”菜单对两个子窗体进行不同方式的排列。

设计步骤如下。

（1）创建 MDI 窗体。执行“工程”→“添加 MDI 窗体”菜单命令，从弹出的对话框中选择“MDI 窗体”，并单击“打开”按钮，此时就建好了一个 MDI 窗体。

（2）创建 MDI 窗体的子窗体。单击工程窗口中的 Form1，把它的 MDIChild 属性设为 True，使它成为 MDI 窗体的子窗体，在该窗体上放一文本框。执行“工程”→“添加窗体”命令，建立一个新的窗体 Form2，把它的 MDIChild 属性设为 True，在该窗体上放一图像框。这样，MDI 窗体就有了两个子窗体。

（3）按表 10-9 设置两个子窗体及文本框、图像框的属性。

表 10-9　　MDI 子窗体及其控件属性设置

对象	属性	设置
Form1	MDIChild	True
Text1	multiline Text	True 无
Form2	MDIChild	True
Picture1		均使用默认属性值

（4）指定 MDI 窗体为启动窗体。

（5）按表 10-10 设计 MDI 窗体的菜单。

表 10-10　　MDIForm1 窗体的菜单项属性设置

菜单项	名称	快捷键
文件	File	空白
…打开	Openfile	Ctrl+F
…保存	Savefile	Ctrl+S
…退出	Quit	Ctrl+Q
窗口	Win	空白
…打开子窗体	Openchild	Ctrl+O
…层叠	Cas	Ctrl+C
…平铺	Hor	Ctrl+H
…排列图标	Arr	Ctrl+R

（6）在 MDIForm1 窗体的代码窗口编写如下代码。

```
Dim f As Boolean
Public changetrue As Boolean
Private Sub Arr_Click()
  MDIForm1.Arrange vbArrangeIcons
End Sub

Private Sub Cas_Click()
  MDIForm1.Arrange vbCascade
End Sub
```

```
Private Sub Hor_Click()
  MDIForm1.Arrange vbTileHorizontal
End Sub

Private Sub MDIForm_Load()
  f = False
End Sub

Private Sub Openchild_Click()
  Form1.Show
  Form2.Show
End Sub

Private Sub Openfile_Click()
  If Not f Then
    Form1.Show
    Call Form1.Openf
    f = True
  Else
    Form2.Show
  End If
End Sub

Private Sub quit_Click()
 Unload MDIForm1
 End
End Sub

Private Sub Savefile_Click()
  Call Form1.Savef
End Sub
```

在 Form1 子窗体编写如下代码。

```
Public Sub Savef()
  Commondialog1.Action = 2
  Open Commondialog1.FileName For Output As #1
  Print #1, Text1.Text
  Close #1
End Sub

Public Sub Openf()
  Commondialog1.Action = 1
  Text1.Text = ""
  Open Commondialog1.FileName For Input As #1
  Do While Not EOF(1)
    Line Input #1, inputdata
    Text1.Text = Text1.Text + inputdata + Chr(13) + Chr(10)
  Loop
  Close #1
End Sub

Private Sub Form_QueryUnload(Cancel As Integer, _
   UnloadMode As Integer)
  If MDIForm1.changetrue Then
    If MsgBox("要保存更改后的内容吗?", vbQuestion + vbYesNo)_
 = vbYes Then
      Call Savef
      MDIForm1.changetrue = False
    End If
  End If
End Sub

Private Sub Text1_Change()
  MDIForm1.changetrue = True
End Sub
```

在 Form2 子窗体编写如下代码。

```
Private Sub Form_Click()
  Commondialog1.FileName = "*.bmp"
  Commondialog1.InitDir = "c:\windows"
```

```
  Commondialog1.Filter = "Pictures|*.bmp|all files|*.*"
  FilterIndex = 1
  Commondialog1.ShowOpen
  Picture1.Picture = LoadPicture(Commondialog1.FileName)
End Sub
```

10.4 文件操作控件

为了适应在应用程序中处理文件的需要，VB 提供了 3 种文件系统控件：驱动器列表框（DriveListBox）、目录列表框（DirListBox）和文件列表框（FileListBox）。利用文件系统控件，可以设计出用户所喜爱的、具有不同风格的对话框，利用它们进行文件管理十分方便。

10.4.1 驱动器列表框

驱动器列表框控件在工具箱中，如图 10-16 所示，可以通过单击该图标，并用鼠标在窗体上拖曳出一个驱动器列表框，可以看到它的右端有一个向下的箭头，在程序运行时，单击此箭头可以打开一个列表，列出当前系统中所有能用的驱动器的名字。打开列表时，列表框的顶部显示当前驱动器的名字，用户如单击列表框中某一驱动器的名字，则顶部立即改为用户所选的驱动器名。

驱动器列表框最重要的属性是 Drive 属性，它用来设置当前驱动器，但不能在设计阶段使用此属性，必须在程序中设置或引用，格式如下。

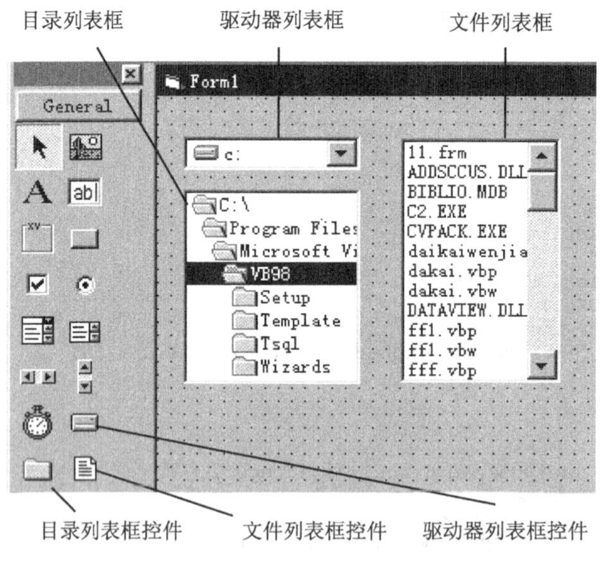

图 10-16 文件系统控件

[对象.]drive[=drive]

其中，对象是驱动器列表框的名字。当用户单击列表框中的某一驱动器名时，该驱动器名就成为该列表框的 Drive 属性值，也就是说，Drive 属性可以用来设置当前驱动器，也可以接收并返回用户选定的驱动器名。例如：

```
Drive1.drive="a"
```

执行此赋值语句后，当前驱动器改为“a:”。当 Drive 属性值发生改变时，会触发 Change 事件。例如，执行上面的赋值语句后，就触发 Drive1_Change()事件过程。

10.4.2 目录列表框

目录列表框用于显示当前磁盘驱动器下的目录。当把目录列表框控件添加到窗体后，从图 10-16 中可以看到顶部是根目录“C:\”，下面列出“C:\”下的子目录名，其中“VB98”被选中，表示它是系统的当前目录。列表框右侧有一个垂直滚动条，在程序运行时移动滚动条，可以浏览全部目录。

目录列表框有一个重要属性——Path（路径）属性，用来设置和返回当前的路径。Path 属性不能在设计状态时设置。格式如下。

[对象.]Path[=pathName]

其中，对象是指目录列表框或文件列表框。pathName 是一个路径名字符串。同驱动器列表框一样，每次 Path 属性的改变都会引发 Change 事件。

可以把驱动器列表框和目录列表框结合起来用，使二者“同步”，这需要编程实现。如在代码窗口加入如下事件过程。

```
Private Sub Drive1_Change()
 Dir1.Path = Drive1.Drive
End Sub
```

当驱动器列表框中改变驱动器时，就会触发 Change 事件，执行 Drive1_Change 过程，在过程执行时，就把刚选定的驱动器目录结构赋给目录列表框 Dir1 的 Path 属性，因此在目录列表框就“同步”显示选定的驱动器的目录结构。

10.4.3 文件列表框

文件列表框列出在当前目录下的文件名。由于文件数量多，无法在列表框中全部显示出来，VB 自动加上垂直滚动条用以浏览，如图 10-16 所示。

文件列表框有 3 个重要的常用属性：Path、Pattern 和 FileName。

1．Path 属性

Path 属性用来指定当前路径，默认值为系统的当前路径。目录列表框和文件列表框都有 Path 属性，但二者的含义不同：目录列表框列出的是 Path 指定的路径下的所有目录结构，而文件列表框列出的是 Path 指定的路径下的所有文件。

为了目录列表框和文件列表框在程序运行时能“同步”工作，即当用户单击目录列表框中的目录名以改变当前目录时，文件列表框也要显示新目录下的文件，需要在代码窗口添加如下事件过程。

```
Sub dir1_change()
   file1.Path = dir1.Path
End Sub
```

这样就会使文件列表框“同步”显示目录列表框中新选定目录下的所有文件。

2．Pattern 属性

Pattern 属性用来指定在文件列表框显示的文件类型，它的默认值为“*.*”，即显示所有文件的名字。Pattern 属性值既可以在设计阶段在属性表中设置，也可以在运行阶段由语句实现，格式如下。

[对象.]Pattern[=value]

其中，对象是指文件列表框名称，value 是文件类型的字符串。例如：

```
file1.pattern="*.frm"
```

则文件列表框中只显示.frm 文件。每次 Pattern 属性值的改变都会触发“PatternChange”事件。

3．FileName 属性

FileName 属性用来在程序运行时设置或返回所选中的文件名。格式如下。

[对象.]FileName[=pathName]

其中，对象是文件列表框，pathName 是一个指定文件名及其路径的字符串。例如：

```
file1.fileName="c:\xyf\example.vbp"
```

表示将 C 盘中 xyf 目录下的 example.vbp 文件作为当前文件。但是，需要注意的一点就是，FileName 的属性值是返回选定文件的文件名，即为“example.vbp”，要访问该文件的路径，则只有引用 Path 属性才能得到。如果用户单击文件列表框中一个文件名，则也是将此文件名送到了列表框控件的 fileName 属性。

下面就通过一个例子来进一步说明驱动器列表框、目录列表框和文件列表框的使用，从而帮助读者设计自己喜欢的文件管理界面。

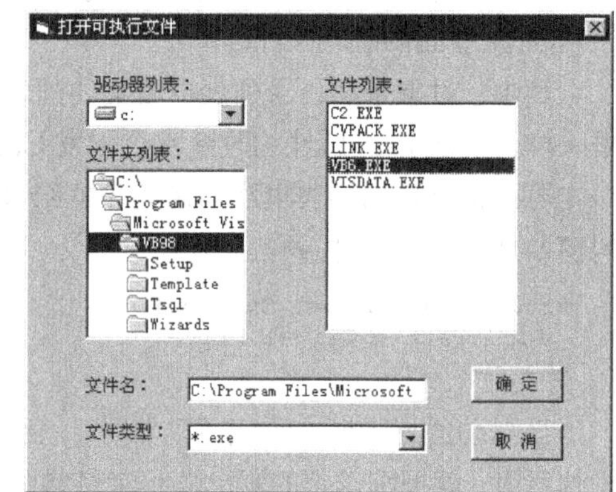

图 10-17　文件系统控件应用示例

【例 10.11】 设计一个如图 10-17 所示的“打开可执行文件”管理界面。

控件属性设置如表 10-11 所示。

表 10-11　控件属性设置

对象	属性	设置
Form1	Caption	打开可执行文件
	BorderStyle	1-Fixed Single
	MaxButton	False
	MinButton	False
Label1	Caption	驱动器列表：
Label2	Caption	文件夹列表：
Label3	Caption	文件列表：
Label4	Caption	文件名：
Label5	Caption	文件类型：
Text1	Text	空白
Command1	Caption	确定
Command2	Caption	取消

其他控件属性均使用默认值。

程序代码如下。

```
Dim fullName As String
Private Sub Combo1_Click()
  File1.Pattern = Combo1.Text
End Sub
Private Sub Command1_Click()
```

```
  File1_DblClick
End Sub

Private Sub Command2_Click()
  Unload Me
End Sub

Private Sub Dir1_Change()
  Text1.Text = Dir1.Path
  File1.Path = Dir1.Path
End Sub

Private Sub Drive1_Change()
  Text1.Text = Drive1.Drive
  Dir1.Path = Drive1.Drive
End Sub
Private Sub File1_Click()
  If Right$(Dir1.Path, 1) = "\" Then
    sep = ""
  Else
    sep = "\"
  End If
  fullName = Dir1.Path + sep + File1.FileName
  Text1.Text = fullName
End Sub
Private Sub File1_DblClick()
  fid = Shell(fullName, 1)
End Sub
Private Sub Form_Load()
  Combo1.AddItem "*.exe"
  Combo1.AddItem "*.com"
  Combo1.AddItem "*.bat"
End Sub
```

在上面的事件过程中用到了 Shell 函数，使用该函数可以调用外部应用程序。格式为

Shell(pathName[,windowstyle])

其中，pathName 是可执行的命令字符串或应用程序的执行文件名，windowstyle 用来指定应用程序执行时的窗口样式，具体取值与窗口样式的对应关系如表 10-12 所示。

表 10-12　windowstyle 取值说明

常数	值	描述
vbHide	0	隐藏窗口，焦点也被移到隐藏的窗口
vbNormalFocus	1	窗口以原来的大小和位置显示，且拥有焦点
vbMinimizedFocus	2	窗口以一个具有焦点的图标来显示
vbMaximizedFocus	3	窗口显示为具有焦点的最大化窗口
vbNormalNoFocus	4	窗口被还原到最近使用的大小和位置，不拥有焦点
vbMinimizedNoFocus	6	窗口以一个图标的方式显示，不拥有焦点

如果 Shell 函数顺利地执行了所要运行的文件，则会返回一个文件的标识符 ID。如果 Shell 函数不能打开指定的文件，就会产生错误信息。如打开记事本就可以用下面的语句。

```
Dim  Rid
Rid=Shell("c:\windows\notepad.exe",1)    '打开记事本
```

10.5　工具栏

工具栏为用户提供了对于应用程序中最常用的菜单命令的快速访问，进一步增强了应用程

序的菜单界面，现在已成为 Windows 应用程序的标准功能。

下面通过一个例子来说明如何建立工具条。

【例 10.12】 建立如图 10-18 所示的工具条。

操作步骤如下。

（1）新建一个“标准 EXE”类型的工程。

（2）执行“工程”→“部件”菜单命令，在“部件”对话框中进入“控件”选项卡，从列表框中选择“Microsoft Windows Common Controls 6.0”选项，如图 10-19 所示，单击“确定”按钮退出，此时就把 Toolbar 和 ImageList 控件添加到了当前工程的工具箱中。

（3）将 Toolbar 和 ImageList 控件放到窗体上。

图 10-18　工具条应用示例

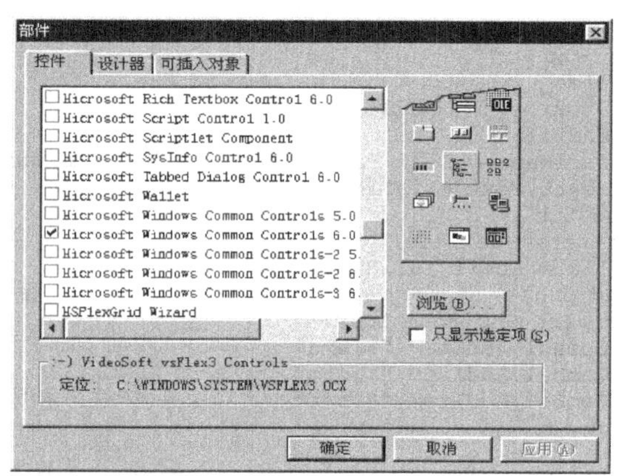

图 10-19　“部件”对话框

（4）用鼠标右键单击 ImageList 控件，从快捷菜单中选择“属性”命令，打开“属性页”对话框，如图 10-20 所示。

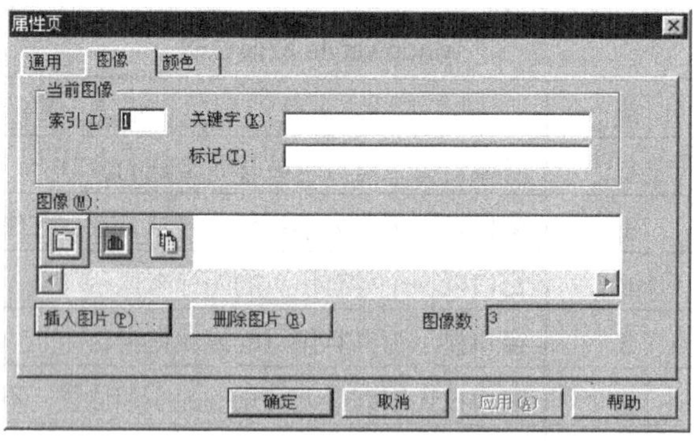

图 10-20　ImageList 控件的“属性页”对话框

（5）在 ImageList 控件的“属性页”对话框中进入“图像”选项卡，单击“插入图片”按钮，通过“选定图片”对话框将显示在工具栏按钮上的一些图片添加到 ImageList 控件中，系统将按添加顺序给每幅图片赋一个索引值。最后单击“确定”按钮退出。

（6）用鼠标右键单击窗体上的 ToolBar 控件，然后从快捷菜单中选择“属性”命令，打开 ToolBar 控件的“属性页”对话框，如图 10-21 所示。

（7）进入 ToolBar 控件“属性页”对话框中的“通用”选项卡，从“图像列表”下拉列表框中选择前面添加了图片的 ImageList1 控件，这样就将这两个控件关联起来。

（8）进入“按钮”选项卡，单击“插入按钮”按钮，在 ToolBar 控件上添加一个按钮。然后在“图像”文本框中输入 ImageList1 控件中的某个图片的索引值，如要在第一个按钮上显示 ImageList1 控件中的第一幅图片，就在“图像”文本框中输入 1，如图 10-22 所示。

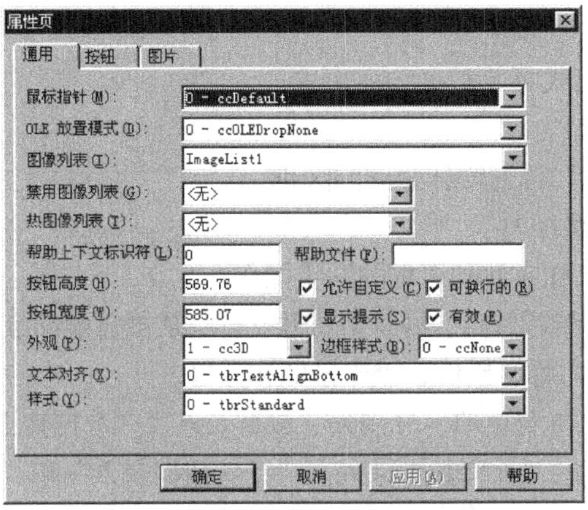

图 10-21　ToolBar 控件的“属性页”对话框

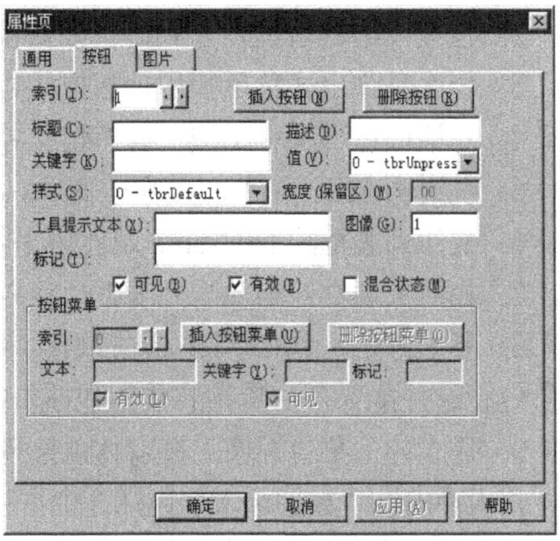

图 10-22　“按钮”选项卡

（9）重复步骤（8），在 ToolBar 控件上添加 3 个按钮，在按钮上面分别显示 ImageList1 控件上的前三幅图片。最后单击“确定”按钮，退出 ToolBar 控件的“属性页”对话框。

经过以上步骤的操作，就在窗体上创建了一个工具条。但如果要实现图标所代表的功能，还要在 ToolBar 控件的 ButtonClick 事件中编写代码。可以通过编写一段代码来判断用户单击了工具条中的哪一个按钮。

程序代码如下。

```
Private Sub Toolbar1_ButtonClick(ByVal Button As _
MSComctlLib.Button)
 Select Case Button.Index
   Case 1
    MsgBox "你选择了文件夹图标"
   Case 2
    MsgBox "你选择了图表图标"
   Case 3
    MsgBox "你选择了复制图标"
 End Select
End Sub
```

运行应用程序，单击工具条上的任何一个按钮，结果如图 10-23 所示。

如果要在鼠标指向工具条上某个按钮时出现图 10-24 所示的提示文字，则只需进入 ToolBar 控件“属性页”对话框中的“按钮”选项卡，在“工具提示文本”文本框中加入提示文字即可。

图 10-23　运行结果

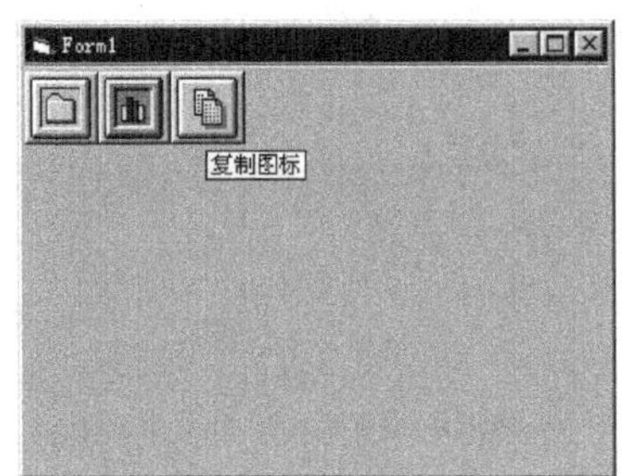

图 10-24　设置“工具提示文本”后的效果

习题

1. 菜单的主要作用是什么？VB 提供什么类型的菜单？
2. 在菜单中如何设置分界符？如何使一个菜单项失效？
3. 什么是弹出式菜单？用什么方法显示弹出式菜单？
4. 对话框有哪两种类型？各有什么特点？
5. 试说明 MDI 窗体、MDI 子窗体、对话框和普通窗体之间的区别。
6. 文件列表框的 FileName 属性值是否包含路径？
7. 如何实现文件驱动器列表框、目录列表框和文件列表框的同步操作？
8. 事先建立一个库存货物数据的顺序文件。编写程序，要求能打开文件，从键盘能继续添加货物记录并能保存。货物的数据包括货物号、名称、单价、进库日期和数量。
9. 建立如下菜单程序：在窗体顶部建立 3 个主菜单项，分别为“数据录入”、“数据查询”和“报表输出”。“数据录入”包括 3 个下拉菜单项：“入库数据录入”、“销售数据录入”和“退出”。“数据查询”包括 4 个下拉菜单项：“每笔入库数据查询”、“每笔销售数据查询”、“出入库数据查询”和“库存数据查询”。“报表输出”包括 4 个下拉菜单项：“统计报表计算”、“生产销售月报表”、“月收发存汇总表”和“产品入库汇总表”。

在窗体上添加一个文本框，程序运行时，单击某一菜单项，要求能在文本框中显示对应菜单项的标题；单击菜单项“退出”时，程序结束运行。

PART 11

第 11 章 图形操作

第 6 章介绍了用图片框和图像框装入和显示图形的方法。但是，仅仅能够把图形显示在窗体上往往不能满足用户的需求。用户常常希望能根据自己的意愿，画出一些图形。VB 提供了强大的图形功能，可以直接画点、直线、矩形、正方形、圆、椭圆等，并由这些基本元素组成各种图形。

在 VB 中进行绘图操作有 3 个途径：一是利用图形控件，二是利用图形方法、三是利用 API 调用。本章介绍前两种方法。

11.1 图形控件

VB 提供的用于画图的图形控件有直线控件（Line）和形状控件（Shape）。用图形控件画图无需编写代码，只需在设计阶段在需要画图的地方拖动鼠标即可。

11.1.1 直线控件（Line）

直线控件用于画直线。操作步骤如下。

（1）单击工具箱中的 Line 图标。

（2）移动到画线的起始位置。

（3）按下鼠标左键拖曳到直线的终点，松开鼠标左键。

直线控件的常用属性如下。

1．BorderStyle 属性

BorderStyle 属性用于设置直线的类型，共有下列 7 种类型。

0-Transparent：透明的，即不显示出线来。

1-Solid：实线。

2-Dash：虚线。

3-Dot：点线。

4-Dash- Dot：点划线。

5-Dash- Dot- Dot：双点划线。

6-Inside Solid：内实线。

只有当 BorderWidth 为 1 时，才可以用以上 7 种类型的线，如果 BorderWidth 不为 1，则上述 7 种类型中只有 0 和 6 有效。

2．BorderWidth 属性

BorderWidth 属性用于设置线的粗细。

3．BorderColor 属性

BorderColor 属性用于设置线的颜色。

4．X1、Y1 和 X2、Y2 属性

这些属性用于控制线的两个端点的位置。

11.1.2 形状控件（Shape）

形状控件可以用来画矩形、正方形、圆、椭圆、圆角矩形以及圆角正方形。

画某一形状图形的步骤如下。

（1）单击工具箱中的 Shape 图标。

（2）在窗体内将鼠标移到要画图形的左上角位置。

（3）按下鼠标左键拖曳到要画图形结束处的右下角。

（4）松开鼠标左键，屏幕上出现一个矩形。

为该矩形设置不同的 Shape 属性，可以得到不同的形状。

形状控件的常用属性如下。

1．Shape 属性

Shape 属性确定图形的类型，一共有如下 6 种类型。

0-Rectangle：矩形。

1-Square：正方形。

2-Oval：椭圆。

3-Circle：圆。

4-Rounded Rectangle：圆角矩形。

5-Rounded Square：圆角正方形。

Shape 属性的默认值是 0（矩形）。

2．Borderstyle 属性

Borderstyle 属性用于设置边框线型。

3．Fillstyle 属性和 FillsColor 属性

Fillstyle 属性确定以什么样的样式来填充图形。如果 Fillstyle 的值不为 1（默认值是 1），可以用 FillsColor 属性来确定所填充的线条的颜色，默认值是 0（黑色）。

Fillstyle 属性的取值及含义如下。

0-Solid：实心。

1-Transprent：透明。

2-Horizontal Line：水平线。

3-Vertical Line：垂直线。

4-Upward Diagonal：向上对角线。

5-Down Ward Diag：向下对角线。

6-Cross：交叉线。

7-Diagonal Cross：对角交叉线。

填充示例如图 11-1 所示。

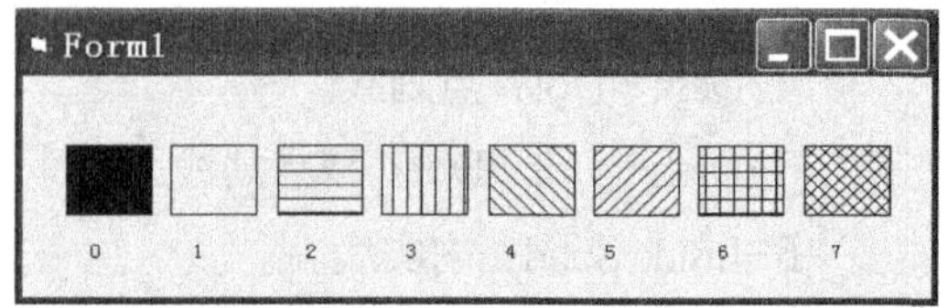

图 11-1　填充示例

11.2　VB 坐标系

11.2.1　坐标系

在第 6.4 节介绍了容器的概念，容器就是对象的载体。为描述对象在载体上的位置，VB 规定了坐标系。

例如，窗体在屏幕内，屏幕是窗体的容器。在框架内绘制控件，框架就是该控件的容器。每个容器都有一个坐标系。如图 11-2 所示，窗体上除标题栏和窗体边框以外的可供使用的区域称为工作区。在工作区内，系统默认的窗体坐标系的原点在工作区内的左上角，水平向右为 *x* 轴，垂直向下为 *y* 轴。VB 中可以在其上绘图的对象除窗体外还有图片框。图片框坐标系的原点在图片框的左上角，水平向右为 *x* 轴，垂直向下为 *y* 轴。显然，它的原点位置和 *y* 轴方向都不同于数学中的直角坐标系。

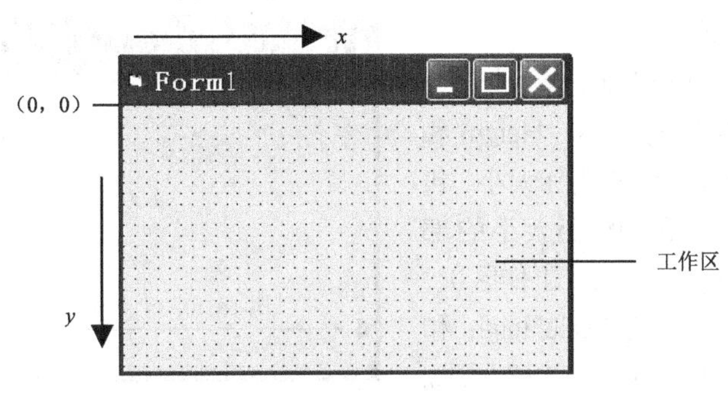

图 11-2　坐标系

11.2.2　坐标单位

系统默认的坐标单位是 Twip（缇）。1Twip=1/20 磅=1/1440 英寸=1/567 厘米。用户也可以通过对容器 ScaleMode 属性的重新设置更改坐标单位。

ScaleMode 属性有 8 种选择，即可以设定 8 种坐标单位，具体如下。

0-User：用户自定义，详见第 11.2.3 小节。

1-Twip：缇，系统默认设置。

2-Point：磅，每英寸约为 72 磅。

3-Pixel：像素，像素是监视器或打印机分辨率的最小单位。每英寸像素的数目由系统设备的分辨率决定。

4-Character：字符，打印时，一个字符高为 1/6 英寸，宽为 1/12 英寸。

5-Inch：英寸，每英寸为 2.54 厘米。

6-Millimeter：毫米。

7-Centimeter：厘米。

在上述设置值中，除了 0 和 3 以外，其他所有模式都是打印机所打印的单位长度。例如，某对象长为 4 个单位，当 ScaleMode 属性设为 5 时，打印时就是 4 英寸长。

ScaleMode 属性既可以在属性窗口中设置，也可以在程序代码中设置，用程序代码设置 ScaleMode 属性的格式如下。

对象名.ScaleMode=属性值

例如，语句 form1. ScaleMode=6，表示窗体坐标系的坐标单位是毫米。

语句 Picture1. ScaleMode=1，表示窗体中的图片框 Picture1 坐标系的坐标单位是 Twip 。

11.2.3 自定义坐标系

系统规定的坐标系难以表示负值坐标，为此用户可用自定义坐标系来解决。通过容器对象的 ScaleTop、ScaleLeft、ScaleWidth 和 ScaleHeight 4 个属性，可以改变容器的坐标系，其方法如下。

1．重定义坐标原点

属性 ScaleTop、ScaleLeft 的值用于控制容器对象的左上角坐标，所有容器对象的 ScaleTop、ScaleLeft 属性的默认值都是 0，坐标原点（0，0）在容器对象的左上角。

例如，窗体坐标系的原点（0，0）在窗体左上角。当 ScaleTop 属性设置成（负数）$-N$时，表示将 x轴向 y轴的正方向（向下）平移 N个单位。当 ScaleTop 属性设置成（正数）N时，表示将 x轴向 y轴的负方向（向上）平移 N个单位。同理，通过 ScaleLeft 属性的设置值可向左或向右平移坐标系的 y轴。

我们知道，Heigh 和 Width 这两个属性可以用来定义一个窗体的大小。Heigh 和 Width 属性所代表的是窗体的实际大小，包括了标题栏这类无法任意改变大小的部分。真正可以控制的显示区域（工作区），它的高度和宽度分别记录在 ScaleHeigh 和 ScaleWidth 这两个属性中，如图 11-3 所示。

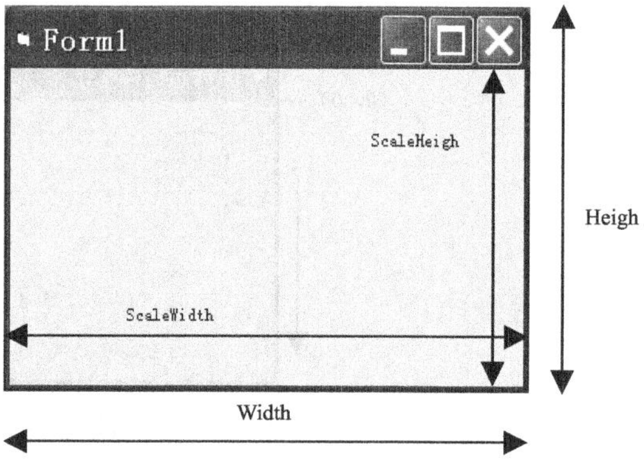

图 11-3　ScaleHeigh 和 ScaleWidth 属性

例如，在设计阶段定义窗体 Form1 的坐标属性如下。

```
Form1.ScaleWidth=640
Form1.ScaleHeigh=480
Form1.ScaleLeft=-320
Form1.ScaleTop=240
```

以上定义了窗体工作区宽为 640，窗体工作区高为 480，窗体左上角坐标是（-320，240）。

2．重定义坐标轴方向

ScaleWidth、ScaleHeight 属性的值可确定对象坐标系 x轴与 y轴的正向及最大坐标值。默认时其值均大于 0，此时，x 轴的正向向右，y 轴的正向向下。对象右下角坐标值为（ScaleLeft+ScaleWidth，ScaleTop+ScaleHeight）。

如果 ScaleWidth 属性的值小于 0，则 x轴的正向向左，如果 ScaleHeight 属性的值小于 0，则 y轴的正向向上。

另外，VB 还提供了一种方便高效的设置坐标系的办法，这就是利用 Scale 方法设置坐标系。该方法通过自定义左上角和右下角坐标来设置新的坐标系统。

语句格式如下。

[对象 .]Scale[(xLeft,yTop)-(xRight,yBottom)]

其中，对象为容器对象，（xLeft，yTop）表示对象左上角的坐标值，（xRight，yBottom）表示对象右下角的坐标值。

例如：

```
Scale (-320,240) - (320,-240)
```

（-320，240）为左上角坐标，（320，-240）为右下角坐标，若窗体工作区是 640×480，则该语句将坐标系的原点设在了工作区的中央，向右为 x 轴正方向，向上为 y 轴正方向。

若 Scale 不带参数，则取消用户自定义的坐标系，而采用默认坐标系。

11.3 图形方法

11.3.1 Pset 方法画点

Pset 方法是在屏幕上单纯地画一个点。

格式：

[对象名.] Pset [Step] (x,y) [,颜色]

例如，Pset（100，200），是在窗体上（100，200）处画一个点。

说明：

（1）对象名：指窗体或图片框，默认时为窗体。

（2）（x，y）：指画点的坐标位置。

（3）Step：是关键字，当选用该参数时，则 x，y 是在当前光标所在点坐标的增量，例如，Pset Step(x,y)语句，是在（CurrentX+x，CurrentY+y）处画点。其中 CurrentX、CurrentY 是画图对象的一种属性，用于返回或设置在绘图时的当前坐标。

（4）颜色：点的颜色，默认时画出点的颜色是对象的前景色（ForeColor 属性值）。采用背景颜色（BackColor）可清除某个位置上的点。如果需要其他颜色，可使用 RGB 函数或 QBColor 函数来指定。例如：

Pset（100，200），RGB（255，0，0）表示画一个红点。

RGB 函数的语法格式为

RGB(red, green, blue)

参数 red、green、blue 分别代表颜色的红、绿、蓝成分，取值都是 0～255 的整数，三色组合形成特定的颜色。表 11-1 列出了一些颜色的组合。

表 11-1　RGB 函数颜色效果

颜色	红色值	绿色值	蓝色值
黑色	0	0	0
蓝色	0	0	255
绿色	0	255	0
青色	0	255	255
红色	255	0	0
洋红色	255	0	255
黄色	255	255	0
白色	255	255	255

颜色也可用 QBColor 函数来表示。

语法格式为

QBColor(color)

color 参数是一个介于 0～15 的整数。例如，QBColor（6）表示黄色。其他颜色如表 11-2 所示。

表 11-2　　QBColor 函数颜色效果

值	颜色	值	颜色
0	黑色	8	灰色
1	蓝色	9	亮蓝色
2	绿色	10	亮绿色
3	青色	11	亮青色
4	红色	12	亮红色
5	洋红色	13	亮洋红色
6	黄色	14	亮黄色
7	白色	15	亮白色

【例 11.1】　用 Pest 方法在图片框中画一条斜线。

添加一个图片框控件、一个命令按钮控件到窗体，命令按钮的 Caption 属性值设置为画图。

程序代码如下。

```
Private Sub Command1_Click()
  Picture1.Scale (0, 0)-(640, 480)          ' 定义图片框左上角、右下角坐标
  For i = 30 To 320
    Picture1.Pset (i, i), QBColor(12)       ' 画亮红色像素点
  Next
End Sub
```

程序运行结果如图 11-4 所示。

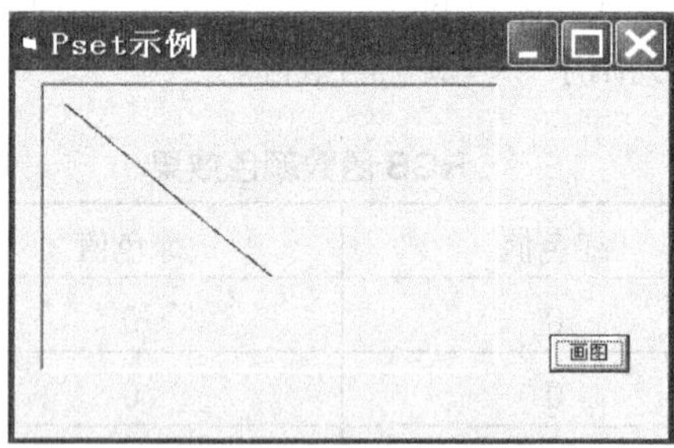

图 11-4　例 11.1 的运行结果

11.3.2　Line 方法画直线或矩形

Line 方法是在窗体或图片框上画一个直线或矩形。

格式：

[对象名].Line [Step] (x1, y1) [Step] (x2, y2), [颜色] [,B[F]]

说明：

（1）对象名：窗体或图片框。

（2）Step：指坐标为相对坐标，即由 CurrentX 和 CurrentY 属性表示的当前图形位置的相对距离。

（3）(x1, y1)：线段起点或矩形左上角坐标。如果省略，线起始于由 CurrentX 和 CurrentY 属性指示的位置。

（4）(x2, y2)：线段终点或矩形右下角坐标。

（5）颜色：线的颜色，可使用 RGB 函数或 QBColor 函数来指定。

（6）B：利用对角坐标画出矩形。

（7）F：如果使用了 B 选项，则 F 选项规定矩形以矩形边框的颜色填充。不能不用 B 而用 F。如果不用 F 只用 B，则矩形用当前的 FillColor 和 FillStyle 属性填充。FillStyle 属性的默认值为 transparent（透明）。

例如：

```
Form1.Line(500,500)-(1000,1000),QBColor(12), B
```

该语句是在窗体上画一个红色矩形，矩形左上角坐标为（500，500），右下角坐标为（1000，1000）。

还有一个问题需要说明，VB 提供了两个专门的属性 DrawWidth 和 DrawStyle，用来控制直线或矩形边框的粗细和线型（实线、虚线等）。

DrawWidth 属性用于控制线的粗细，取值为 1～32767，其单位为像素，值越大，线越粗，默认值为 1。

DrawStyle 属性用于控制线的风格，取值及含义如下。

0：实线（默认值）。

1：虚线。

2：点线。

3：点划线。

4：双点划线。

5：透明线。

6：内实线。

【注意】 DrawWidth 属性一律使用像素（Piexl）为单位，因为像素是屏幕显示所使用的最小单位。只有当 DrawWidth 属性等于 1 时，DrawStyle 属性才会发生作用。

【例 11.2】 在图片框中画出图 11-5 所示的图案。

添加一个图片框控件、一个命令按钮控件到窗体，命令按钮的 Caption 属性值设置为开始。

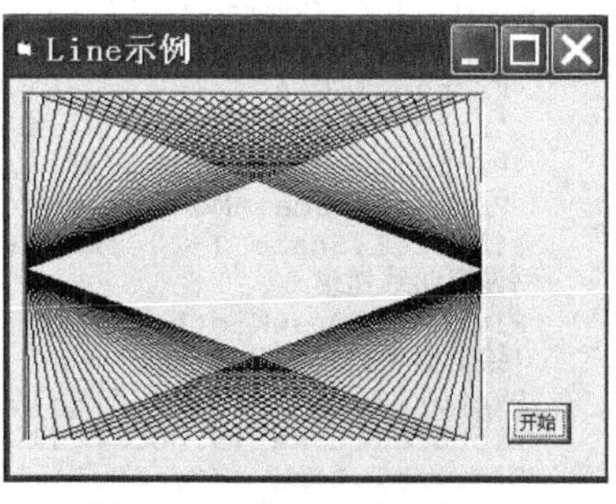

图 11-5 例 11.2 的运行结果

程序代码如下。

```
Private Sub Command1_Click()
  Picture1.Scale (0, 0)-(320, 320)
  For i = 1 To 320 Step 10
    Picture1.Line (0, 160)-(i, 0)
    Picture1.Line (0, 160)-(i, 320)
    Picture1.Line (320, 160)-(320 - i, 320)
    Picture1.Line (320, 160)-(320 - i, 0)
  Next
End Sub
```

【例 11.3】 在窗体上画同心的矩形和菱形。

程序代码如下。

```
Private Sub Form_Click()
   Dim CX, CY, F, F1, F2, I
```

```
    ScaleMode = 3                                          ' 设置 ScaleMode 为像素。
    CX = ScaleWidth / 2                                    ' 水平中点。
    CY = ScaleHeight / 2                                   ' 垂直中点。
    DrawWidth = 8                                          ' 设置 DrawWidth。
    For I = 50 To 0 Step -2
      F = I / 50
      F1 = 1 - F: F2 = 1 + F
      ForeColor = QBColor(I Mod 15)                        ' 设置前景颜色。
      Line (CX * F1, CY * F1)-(CX * F2, CY * F2), , BF     ' 画框
    Next I
    If CY > CX Then                                        ' 设置 DrawWidth。
      DrawWidth = ScaleWidth / 25
    Else
      DrawWidth = ScaleHeight / 25
    End If
    For I = 0 To 50 Step 2   ' Set up loop.
      F = I / 50
      F1 = 1 - F: F2 = 1 + F
      Line (CX * F1, CY)-(CX, CY * F1)                     ' 画左上角。
      Line -(CX * F2, CY)   ' 画右上角。
      Line -(CX, CY * F2)   ' 画右下角。
      Line -(CX * F1, CY)   ' 画左下角。
      ForeColor = QBColor(I Mod 15)                        ' 每次改变颜色。
    Next I
End Sub
```

程序运行结果如图 11-6 所示。

图 11-6　例 11.3 的运行结果

【例 11.4】　绘制正弦动画曲线。

添加一个图片框控件、一个命令按钮控件到窗体，命令按钮的 Caption 属性值设置为正弦曲线。

程序代码如下。

```
Const pi = 3.14159
Dim a
Private Sub Command1_Click() '画正弦曲线
  '首先清除 picture1 内的图形
  Picture1.Cls
  'Scale 方法设定用户坐标系，坐标原点在 Picture1 中心
  Picture1.ScaleMode = 0
  Picture1.ScaleMode = 3
 Picture1.Scale (-10, 10)-(10, -10)
 '设置绘线宽度
 Picture1.DrawWidth = 1
 '绘坐标系的 X 轴及箭头线
 Picture1.Line (-10, 0)-(10, 0)
 Picture1.Line (9, 0.5)-(10, 0)
 Picture1.Line -(9, -0.5)
 Picture1.Print "X"
 '绘坐标系的 Y 轴及箭头线
 Picture1.Line (0, 10)-(0, -10)
 Picture1.Line (0.5, 9)-(0, 10)
 Picture1.Line -(-0.5, 9)
 Picture1.Print "Y"
 '指定位置显示原点 O
 Picture1.CurrentX = 0.5
 Picture1.CurrentY = -0.5
 Picture1.Print "O"
 '重设绘线宽度
 Picture1.DrawWidth = 2
'用 For 循环绘点，使其按正弦规律变化。步长值很小，使其形成动画效果
 For a = -2 * pi To 2 * pi Step pi / 6000
  Picture1.PSet (a, Sin(a) * 5)
 Next
 '指定位置显示描述文字
 Picture1.CurrentX = pi / 2
```

```
 Picture1.CurrentY = -7
 Picture1.Print "正弦曲线示意"
End Sub
```

程序运行结果如图 11-7 所示。

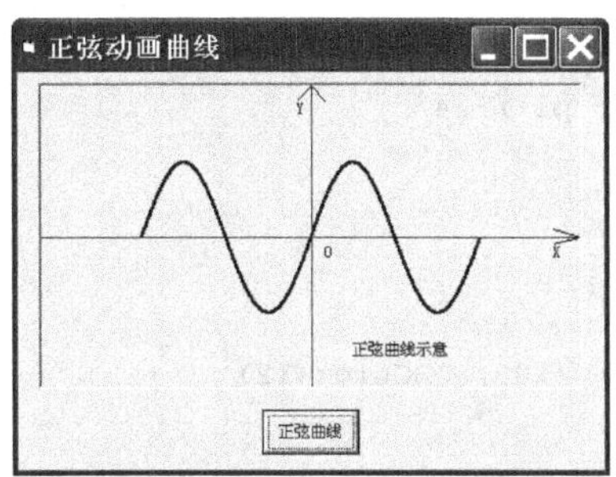

图 11-7　例 11.4 的运行结果

11.3.3　Circle 方法画圆、椭圆、圆弧和扇形

利用 Circle 方法可以画出圆、椭圆、圆弧和扇形。

格式：

[对象名.] Circle [[Step] (x,y),半径[,颜色][,起始角][,终止角][,纵横比]

（1）对象名、Step 和颜色：含义与前述相同。

（2）（x，y）：为圆心坐标。

（3）半径：圆或圆弧的半径，如画椭圆，则为其长轴半径。

（4）起始角和终止角：画圆弧时的起始角度和终止角度，单位为弧度。圆弧和扇形通过参数起始角、终止角控制。当起始角、终止角取值为 $0\sim2\pi$ 时为圆弧，当在起始角、终止角取值前加一负号时，画出扇形，负号表示画圆心到圆弧的径向线。

（5）纵横比：纵轴与横轴的点数之比，圆的纵横比是 1（或默认）。当画椭圆时必选该项，当纵横比大于 1 时，画的是细长椭圆；而当纵横比小于 1 时，画出的是扁平椭圆。

例如：

```
Picture1.Circle (600, 600), 500                 ' 画圆
Picture1.Circle (1800, 600), 500, , , , 1.6     ' 画椭圆
Picture1.Circle (3000, 600), 500, , 0.5, 2.6    ' 画圆弧
Picture1.Circle (4200, 600), 500, , -0.9, -3.1 ' 画扇形
```

上述 4 条语句画出图形的效果如图 11-8 所示。

【例 11.5】　用 Circle 方法画一个如图 11-9 所示的由圆组成的图案。

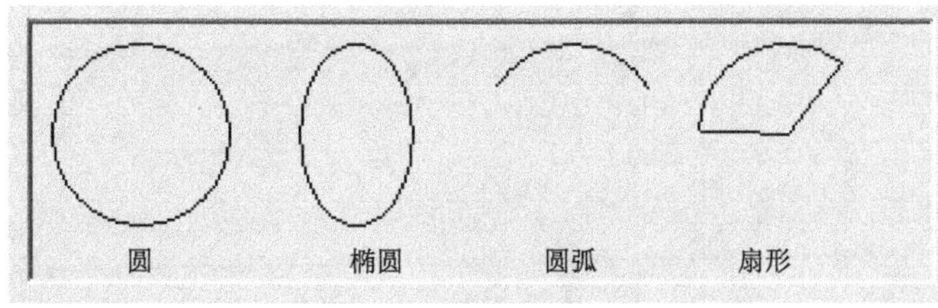

图 11-8　图形效果

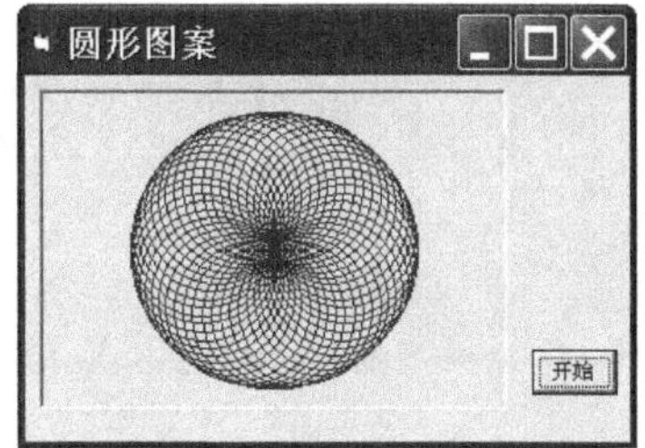

图 11-9　例 11.5 的运行结果

添加一个图片框控件、一个命令按钮控件到窗体，命令按钮的 Caption 属性值设置为开始。程序代码如下。

```
Private Sub Command1_Click()
  Const pi = 3.14159
  Picture1.Scale (0, 0)-(640, 480)
  m = 100
  For a = 0 To 2 * pi Step pi / 24
  ' 设定圆心坐标
  X1 = m * Cos(a)
  Y1 = m * Sin(a)
  X2 = X1 + 320
  Y2 = Y1 + 240
  ' 画圆
  Picture1.Circle (X2, Y2), 100, QBColor(12)
  Next a
End Sub
```

习题

1. 如何自定义坐标系？
2. 设计一个用画点方法画直角三角形的程序。
3. 绘制图 11-10 所示的图案。
4. 绘制图 11-11 所示的图案。

图 11-10　图案 1

图 11-11　图案 2

5. 设计一个在窗体上运动的小动画程序。

PART 12

第 12 章 VB 数据库开发

在各行各业的信息处理中，数据库技术得到了普遍应用。数据库技术所研究的问题是如何科学地组织和存储数据，如何高效地获取和处理数据。VB 在数据库方面提供了强大的功能和丰富的工具。利用 VB 提供的数据库管理功能，可以很容易地进行数据库应用程序的开发。本章介绍数据库的基本知识和有关操作，主要内容有：数据库的基础知识、数据库的创建及基本操作、数据库的访问方法。

12.1 数据库基础知识

12.1.1 数据与数据库

数据，英文为 data，是信息的具体物理表示（例如数字、符号、声音、光、图像等，都可以称为数据），是载荷信息的物理符号。数据经过处理、组织并赋予一定意义后，即可以成为信息。因此，数据是信息存在的一种形式，只有通过解释和处理才能理解其含义。

数据库，英文为 Data Base，简称 DB，是指存储在计算机存储介质上的、有一定组织形式的、可共享的、相互关联的数据集合。

12.1.2 关系型数据库

数据库按其结构可分为层次数据库、网状数据库和关系数据库。其中关系数据库是应用最多的一种数据库，库中保存的是表 12-1 所示的有一定格式的数据表。这种以表格形式组织数据，通过建立数据表之间的关系来定义结构的数据库称为关系型数据库。

表 12-1　　学生成绩表

学号	姓名	专业	高数	计算机	英语
990101	张姗姗	路桥	90	70	90
990102	李四明	文秘	80	90	70
990103	王耀五	会计	90	80	90
990104	赵刘生	经管	80	80	60
…	…	…	…	…	…

关系型数据库中涉及许多概念，下面介绍一些基本的概念。

1．数据表

数据表是一组相关联的数据按行和列排列形成的二维表格，简称为表。每个数据表都有一个表名，一个数据库由一个或多个数据表组成，各个数据表之间可以存在某种关系。

例如，表 12-1 可以认为是某学校的学生数据库文件所包含的一个数据表。

2．字段、记录

数据表一般都是多行和多列构成的集合。每一列称为一个字段（Field），字段名是它所对应表格中的数据项的名称，如表 12-1 中的“学号”、“姓名”等都是字段名。一个字段代表了一个记录（行）的一种属性。创建一个数据表时，要为每个字段确定数据类型、最大长度等字段属性。字段可以是普通的变量型（如 Text、Integer、Long 等），也可以是 Memo 和 Binary 类型。Memo 用来存放大段文本，Binary 用来存放二进制数据，如声音和图片等。

数据表中的每一行就是一条记录（Record），它是字段值的集合。如学号为“990101”对应行中所有的数据即是一条记录。

3．关键字

如果数据表中某个字段值能唯一地确定一个记录，则称该字段名为候选关键字。一个表中可以存在多个候选关键字，选定其中一个关键字作为主关键字。如表 12-1 中每个“学号”是唯一的，可作为主关键字。数据表中的每个记录的主关键字的值各不相同。

4．索引

索引是为了加快访问数据库的速度并提高访问效率，特别赋予数据表中的某一个字段的性质，使得数据表中的记录按照该字段的某种方式排序。为了更快地访问数据，大多数数据库都使用索引。

5．关系型数据库的分类

在 VB 中，关系型数据库一般可以分为两类：一类是本地数据库，如 Access、FoxPro 等；另一类就是客户/服务器数据库，如 SQL Server、Oracle 等。

本地数据库主要用于小型的、单机的、单用户的数据库应用程序，也是初学者常用的数据库类型。客户/服务器数据库主要适用于大型的、多用户的数据库管理系统。

12.2 创建数据库

为了开发数据库应用程序，首先要创建一个数据库。创建数据库的方法有多种：可以利用专门的数据库开发系统创建，如 Access 97、Visual FoxPro，还可以使用一些其他工具软件。本节主要介绍利用 VB 提供的非常实用的工具程序——可视化数据管理器（Visual Data Manager）创建数据库的方法。利用可视化数据管理器可以方便地建立数据库、数据表和进行数据查询。可视化数据管理器使用可视化的操作界面，用户很容易掌握、使用它。

12.2.1 创建一个数据库

利用 VB 提供的可视化数据管理器可以建立多种类型的数据库。在此以 Microsoft Access 数据库为例，因为这种数据库是 VB 内联的。

以表 12-1 为例，假设该表为档案管理数据库（数据库文件名为 dagl.mdb）中的一个表。接下来详细说明其创建过程。

1．启动数据管理器

在 VB 集成环境中启动数据管理器的过程如下。

（1）打开一个新工程。

（2）执行主菜单“外接程序”→“可视化数据管理器”命令，会弹出图 12-1 所示的窗口。

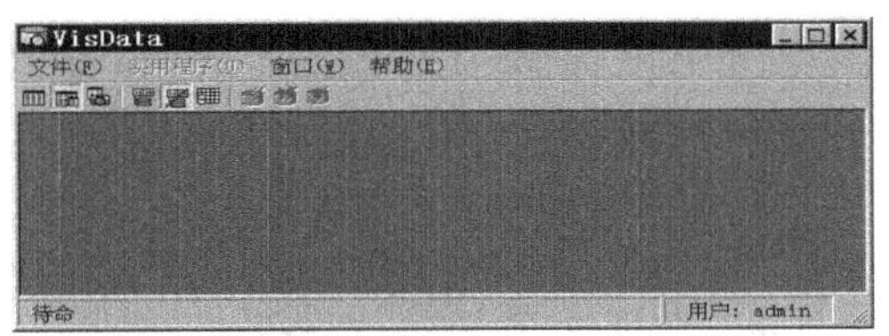

图 12-1　可视化数据管理器“VisData”窗口

2. 创建数据库

（1）执行“VisData”→“文件”→“新建”→“Microsoft Access”菜单命令，如图 12-2 所示。

（2）再选择“Version 7.0 MDB”命令，则打开创建数据库对话框，如图 12-3 所示，在该对话框中输入文件名为“dagl”。

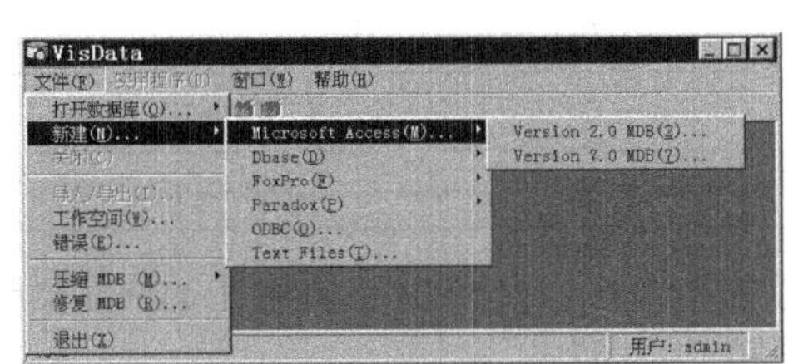

图 12-2　“新建”子菜单

图 12-3　创建数据库对话框

（3）单击“保存”按钮后，在“VisData”窗口中将出现“数据库窗口”和“SQL 语句”两个子窗口。在“数据库窗口”中单击 Properties 旁边的“+”号，将列出新建数据库的常用属性，如图 12-4 所示。

3. 打开数据库

执行“VisData”→“文件”→“打开数据库”→“Microsoft Access”菜单命令，将显示“打开 Microsoft Access 数据库”对话框，如图 12-5 所示。

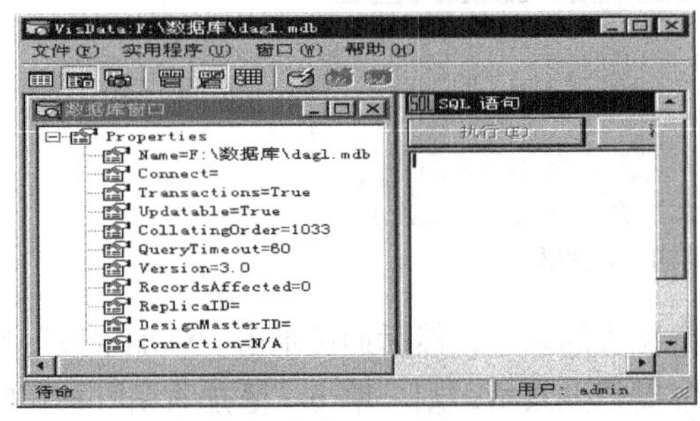

图 12-4　“数据库窗口”和“SQL 语句”子窗口

图 12-5　“打开 Microsoft Access 数据库”对话框

在该对话框中选择要打开的.mdb 文件，单击“打开”按钮，即可打开选定的文件。

12.2.2　创建数据表

建立好数据库之后，就可以向数据库中添加数据表了。Access 数据库使用大型数据库的数据组织方法，数据库中包含多个数据表，数据保存在数据表中。每个数据表不是以文件的形式保存在磁盘上，而是包含在数据库文件中。通常，将一个管理系统软件所涉及的数据表都放在一个数据库中。在数据库中不仅仅存放数据，还包含数据表之间的关系、视

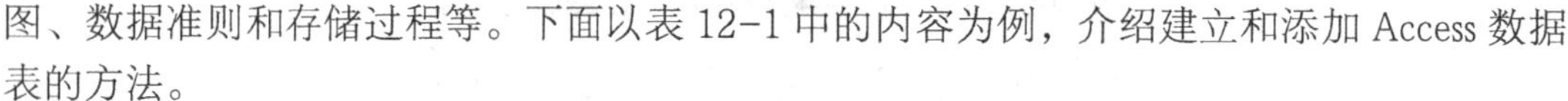

图、数据准则和存储过程等。下面以表 12-1 中的内容为例，介绍建立和添加 Access 数据表的方法。

1．建立数据表结构

在创建数据表之前，必须了解实际情况中需要哪些数据，用来确定表的字段、字段类型、长度、取值范围等。“学生成绩”表的结构如表 12-2 所示。

表 12-2　　“学生成绩”表结构

字段名	数据类型	字段长度	索引
学号	字符型	6	主索引
姓名	字符型	6	
专业	字符型	10	
高数	整型	2	
计算机	整型	2	
英语	整型	2	

在图 12-4 所示的“数据库窗口”中，用鼠标右键单击“Propertis”，在弹出的快捷菜单中选择“新建表”命令，弹出“表结构”对话框，如图 12-6 所示。

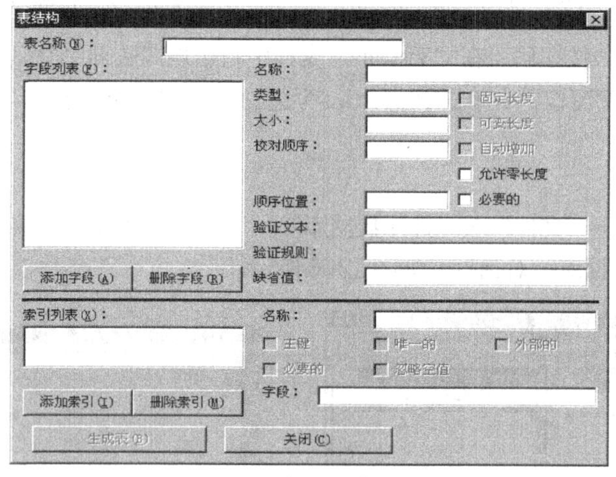

图 12-6　“表结构”对话框

在“表结构”对话框中首先输入将要建立的数据表的名字，然后通过单击“添加字段”按钮和“删除字段”按钮进行字段的添加和删除。需要建立索引，则可单击“添加索引”按钮向“索引列表”列表框中添加索引。对于前面的“学生成绩”表，建立步骤如下。

（1）在“表名称”文本框中输入表名“学生成绩”。

（2）单击“添加字段”按钮打开“添加字段”对话框，如图 12-7 所示。

按照表 12-2 的定义，在“名称”文本框中填入第一个字段（“学号”字段）的字段名“学号”，数据类型为“Text”，长度为 6 个字符，而且选中“固定字段”单选按钮，不选中“允许零长度”复选框。单击“确定”按钮后，可以继续添加其他字段，对高数、计算机、英语等字段，还可以在“验证规则”文本框中添加对取值范围的约束，如“>0 and <100”。完成字段的定义后，单击“关闭”按钮，就可看到刚刚建立的各字段显示在图 12-8 所示的“表

结构”对话框中。单击“添加索引”按钮，输入“学号”索引名称，选择学号作为唯一的主索引。

关闭“表结构”对话框，则在“数据库窗口”中增加了“学生成绩”表。

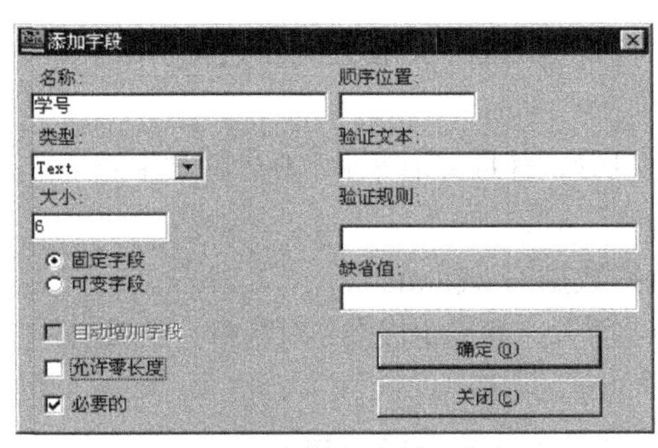

图 12-7 “添加字段”对话框

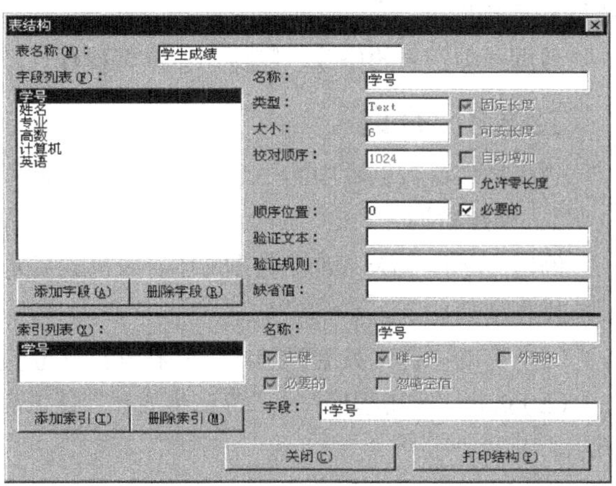

图 12-8 完成表结构的建立

2．修改数据表结构

建立表结构后，可以根据需要修改表结构，如添加字段、删除原有字段、修改表名等。

操作步骤如下。

（1）在“数据库窗口”中用鼠标右键单击要进行修改结构的表，弹出快捷菜单。

（2）选择快捷菜单中的“设计”命令，打开“表结构”对话框，即可进行修改。但要注意在“可视化数据管理器”中对字段的修改是有限的，如字段的数据类型、宽度等不能直接修改。

（3）修改完成以后，单击“关闭”按钮。

3．输入数据

完成了表结构的建立后，就可以向表中输入数据，方法如下。

（1）在“数据库窗口”中用鼠标右键单击“学生成绩”表。

（2）在弹出的快捷菜单中选择“打开”命令，出现图 12-9 所示的窗口，通过该窗口可以添加、更新、删除和查找记录。

（3）如果要输入数据，可单击“添加”按钮，出现图 12-10 所示的窗口，直接在各字段名对应的输入栏中输入各个字段的数据。

图 12-9 输入记录内容

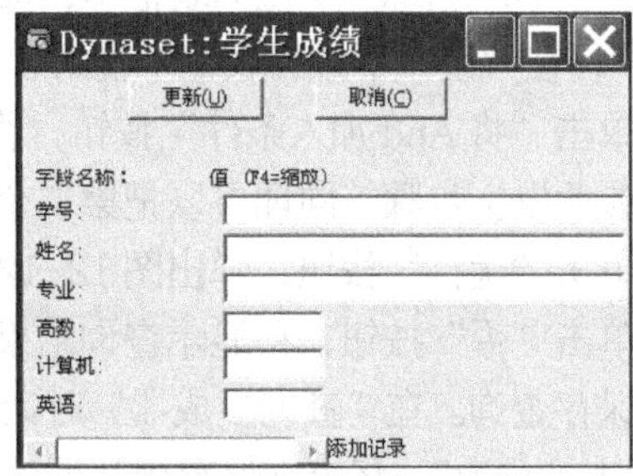

图 12-10 添加数据

（4）输入完成后，必须单击“更新”按钮，才能把输入的数据保存到表中。按同样的方法可以输入所有的记录。

按照表 12-1 输入学生的数据。若某记录的姓名或学号字段内容为空，单击“更新”按钮后会出现错误提示，这是因为在定义表结构时，这两个字段不许为空值。若输入成绩不在 0～100 范围内，单击“更新”按钮后，也会出现错误提示。用上述方法可以保护数据的完整性和正确性。

数据表中记录的修改、删除、排序等操作，读者可以自己上机完成。

12.2.3 查询

查询操作是数据库中的一个重要功能，在此以“查询生成器”的使用为例进行讲解。

1．创建查询

例如，查询“dagl.mdb”数据库中计算机成绩大于 70 分，并且英语等于 100 分的学生的学号。

操作步骤如下。

（1）启动可视化数据管理器，并打开欲建立查询的数据库 dagl.mdb。

（2）选择“实用程序”→“查询生成器”菜单命令，打开“查询生成器”对话框，如图 12-11 所示。

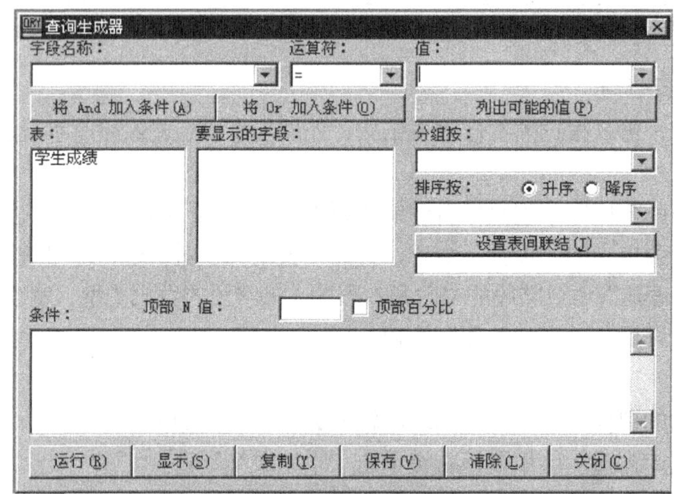

图 12-11　“查询生成器”对话框

在“表”列表框中，选择要查询的“学生成绩”表。

① 在“要显示的字段”列表框中，选择“学生成绩.学号”。

② 在“字段名称”下拉列表框中，选择“学生成绩.计算机”，在“运算符”下拉列表框中选择“>”，在“值”下拉列表框中输入“70”。

③ 单击“将 And 加入条件”按钮，将条件添加到“条件”列表框中。

④ 参照以上步骤，同理可以把第二个条件加入。

⑤ 单击“运行”按钮，弹出图 12-12 所示的确认对话框。

⑥ 单击“否”按钮，将显示查询结果窗口，单击“关闭”按钮结束查询。

⑦ 保存查询。在“查询生成器”对话框中，单击“保存”按钮打开保存对话框，输入查询名，如“查询分数”，将查询保存到数据库。在可视化数据管理器“数据库窗口”中可以看到刚刚建立的查询。双击该查询，即可运行。

2．修改查询

（1）用鼠标右键单击可视化数据管理器“数据库窗口”中的“查询成绩”，从快捷菜单中选择“设计”命令，在“SQL语句”窗口中可以看到所建立的查询内容，如图12-13所示。

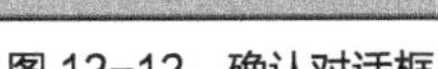
图 12-12　确认对话框

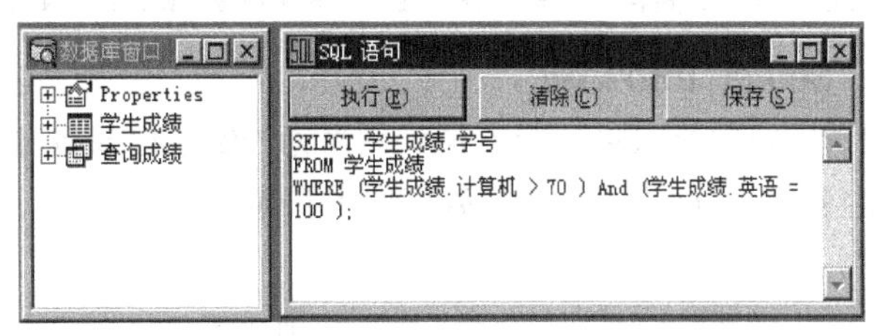

图 12-13　“SQL语句”窗口

（2）在窗口进行修改之后，单击窗口中的“保存”按钮即可。

其实，在“SQL语句”窗口中可以直接建立数据库查询，读者等学完下一节后可以自己进行练习。

12.3　结构化查询语言（SQL）

结构化查询语言（Structure Query Language，SQL）是一种用于数据查询的编程语言。由于它功能丰富，使用方式灵活，语言简洁易学，在计算机专业人员和普通用户中备受欢迎。它已成为关系数据库语言的国际标准。使用SQL可以完成定义关系模式、输入数据、建立数据库、查询、更新、维护数据库、数据库重构、数据库安全性控制等一系列的操作要求。

对于VB中的关系数据库，一旦数据存入数据库以后，就可以用SQL同数据库“对话”。通常，都是由用户用SQL来“发问”，数据库则以符合发问条件的记录来“回答”。查询的语法中通常包含表名、字段名及一些条件。SQL语句以关键字开头，后跟完整描述一个操作的短语。例如，下面的语句可以从学生成绩表中查询到所有文秘专业学生的记录。

```
Select * From 学生成绩 where 专业='文秘'
```

表12-3列出了常用的SQL语句的关键字。

表 12-3　　常用 SQL 语句关键字

关键字	说明	关键字	说明
Select	查询记录	Delete	删除记录
Update	更新数据	Insert	插入记录

接下来分别介绍表12-3中列出的常用SQL语句的使用方法。

1．Select 语句

（1）语句功能。Select语句用来创建一个选择查询，用于从已有的数据库中检索记录。

（2）使用格式：Select　<字段名表>　From<数据表名>　[Where <筛选条件>]

说明

①　“字段名表”列出想要获得的字段名，字段名之间用逗号隔开。如果从多个不同的表取得字段，字段前要注明数据表，例如：学生成绩.学号。如果要列出表中所有字段，可用“*”代替，例如：Select * 。

②　“数据表名”指出使用的数据表名。如果在多个数据表中查询，所有的表都要列出，表名之间用逗号分隔。

③　“筛选条件”是逻辑表达式或条件表达式。如果要选择所有记录，则可以省略Where短语。

例如，从“学生成绩”表中检索出张三同学的记录。

```
Select  学号，姓名，专业，高数  From 学生成绩  Where  姓名='张三'
```

2．Select Into 语句

（1）语句功能。Select Into 语句用来为表做备份或将表输出到其他数据库中。新表的结构与原表相同与否，取决于字段个数和顺序的选择。

（2）使用格式：

```
Select <字段名表>  Into <新表名>  From<源表名>
```

“字段名表”说明内容同 Select 语句。

例如，创建与“学生成绩”表一样的表，表名为“学生成绩 2”。

```
Select  *  Into  学生成绩 2  From  学生成绩
```

3．Update

（1）语句功能。Update 语句用来创建一个更新查询，按照指定条件修改表中的字段值。

（2）使用格式：

```
Update <数据表名> Set <字段 1>=<表达式>[,<字段 2>=<表达式>,…] Where<筛选条件>
```

表达式的数据类型应该与字段数据类型一致。

例如，更新“学生成绩”表中学号为“994206”的记录，其专业改为“文秘”。

```
Update  学生成绩 Set 专业='文秘'  Where  学号='994206'
```

4．Delete 语句

（1）语句功能。Delete 语句可以创建一个删除查询，用来按照指定条件删除表中的记录。

（2）使用格式：Delete From <数据表名> Where <筛选条件>

例如，从数据表中删除王五的记录。

```
Delete  From 学生成绩 Where  姓名='王五'
```

5．Insert 语句

（1）语句功能。Insert 语句可以建立一个添加查询，向数据表中添加一个或多个记录，有两种基本格式。

（2）格式一：

```
Insert Into <目标表名> Select <字段 1>[,<字段 2>…]  From <源表名>
```

其中目标表和源表的结构应当相同，或者与源数据表列出的字段集相同。用此命令可以从其他数据表中将记录批量地加入到目标数据表。

例如，将专业为“经管”的所有学生记录加入到“经管专业”表中。

```
Insert  Into 经管专业 Select  *  From 学生成绩  Where 专业='经管'
```

（3）格式二：

```
Insert Into <目标表名> (<字段 1> [,<字段 2>…] )Values( <值 1> [,<值 2>…] )
```

值 1、值 2 等表达式的顺序位置与字段 1、字段 2 的顺序对应一致。用此命令可插入一个记录，并对字段赋值。

例如，向数据表中加入一条新的记录。

```
Insert  Into 学生成绩 （学号，姓名，专业，高数，计算机，英语）
Values （'992308'，'王政'，'交通'，85，75，90）
```

12.4 访问数据库

12.4.1 数据访问接口

VB 提供的数据访问接口有：可视化数据管理器、数据控件（Data Control）、数据访问对象（Data Access Object，DAO）、远程数据对象（Remote Data Object，RDO）、Active 数据对象（Active Data Object，ADO）等。

传统的可视化数据管理器的使用方法，在前面已经做了介绍。数据控件的使用简单、方便、快捷，只需编写少量的代码，即可访问多种数据库中的数据。可以使用 3 种类型的 Recordset 对象（Table、Snapshot 和 Dynaset）来提供对存储在数据库中数据的访问。而要实现对底层数据库以及对不同的数据库同时操作，就要用到 DAO、RDO 以及 ADO。

ADO 是 Microsoft 公司在 VB 6.0 中最新推出的数据访问策略，实际是一种访问各种数据类型的访问机制。ADO 将逐步替代 DAO 和 RDO，成为主要的数据访问接口。在 VB 6.0 中，ADO 是连接应用程序和 OLE DB 数据源之间的一座桥梁，它提供的编程模型可以完成几乎所有的访问和更新数据源的操作。

本章主要介绍关于 ADO 数据访问的方法。ADO 数据访问的方法主要有 ADO 对象模型数据访问和 ADO 数据控件访问方法。

12.4.2 ADO 对象模型数据访问

1. ADO 对象模型简介

ADO 数据对象模型包括表 12-4 所示的可编程对象。

表 12-4　　可编程对象

名称	说明
Connection（连接）	通过“连接”可以访问数据库
Command （命令）	通过发出的“命令”操作数据库
Recordset（记录集）	建立“记录集”
Error（错误）	返回数据库的错误信息
Parameter（参数）	指明命令中包含的“参数”
Field（字段）	指定记录集中的字段信息

ADO 的核心是 Connection、Recordset 和 Command 对象。以下将介绍这些核心对象的方法和属性。

（1）连接（Connection）对象。Connection 对象用于建立和数据源的连接。在客户/服务器结构中，该对象实际代表了同服务器实际的网络连接。“连接”是指在应用程序和数据源之间建立一个数据“通道”，用于传递数据和命令。Connection 对象用于指定连接数据源和有关参数。表 12-5 列出了 Connection 对象的常用属性和方法。

表 12-5　　Connection 对象的常用属性和方法

名称	说明
Connection String 属性	连接时提供连接字符串
Open 方法	打开数据源的连接
Execute 方法	执行的操作
Cancel 方法	取消 Open 或 Execute 方法的调用
Close 方法	关闭 Connection 建立的连接对象

Connection 对象代表打开与数据源的连接，每一个成功的连接代表和数据源的一次会话，包括打开数据源到关闭与数据源的连接之间的所有操作。建立与数据源的连接后，可以使用 Connection 对象的方法和属性执行各种操作。

（2）命令（Command）对象。Command 对象定义了将对数据源执行的指定命令，其作用相当于一个查询。Command 对象是与打开的连接相关的。在打开的连接下，使用 Command 对象的方法、属性可以完成许多与查询有关的操作。一般来说，Command 对象可以在数据源中添加、删除或更新数据，或者在表中以行的格式检索数据。表 12-6 列出了 Command 对象的常用属性和方法。

表 12-6　　Command 对象的常用属性和方法

名称	说明
Active Connection 属性	设置数据源的连接信息
Command Text 属性	指定发出的命令字符串
Command Type 属性	设置或返回 Command Text 的类型
Execute 方法	执行 Command Text 属性执行的操作
Cancel 方法	取消 Execute 方法的操作

（3）记录集（Recordset）对象。Recordset 对象描述来自数据源或执行命令后的记录集合。Recordset 对象在 ADO 对象中是最重要的对象，是获得记录和修改记录最主要的方法，常用于指定检索记录、移动记录、指定移动记录的顺序，添加、更改或删除记录。表 12-7 列出了 Recordset 对象的常用属性和方法。

表 12-7　　Recordset 对象的常用属性和方法

名称	说明
ActiveConnection 属性	返回 Recordset 对象所属的 Connection 对象
Source 属性	返回或设置 Recordset 对象的生成方式，如 Command 对象、SQL 语句或存储过程
RecordCount 属性	返回记录集中记录个数
BOF，EOF 属性	返回当前记录指针是否位于首记录前、末记录后
BookMark 属性	返回或设置记录集中当前记录的书签
CursorType 属性	设置或返回记录集中使用的游标类型

续表

名称	说明
Filter 属性	设置记录集中的数据筛选条件
Sort 属性	设置记录集中的排序字段
Open 方法	打开数据表、查询结果的记录集的游标
Move 方法	移动记录集中当前记录指针到指定位置
MoveFirst, MoveLast, MoveNext, MovePrevious 方法	移动记录集中当前记录指针到首记录、末记录、下一个记录、上一个记录
AddNew 方法	添加一个空记录
Requery 方法	重新执行生成记录集对象的查询，以更新记录集中的记录
Update 方法	保存当前记录的修改
CancelUpdate 方法	取消对 Update 方法的调用
Delete 方法	删除当前记录或记录组

2. 使用 ADO 对象访问数据库

若要在 VB 中使用 ADO 对象，必须在工程中添加对 ADO 对象的引用。在 VB 中，根据用户对 ADO 功能需求的大小，提供了两种类型的 ADO 类型库：ADODB 和 ADODR。ADODB 功能齐全，包含了主要的 ADO 对象，是开发数据库时理想的选择；ADODR 是 ADODB 的一个子集，主要提供了对记录集的操作等功能，是为较低的系统需求和 ADO 功能需求设计的，如果用户只想操作记录集的话，那么 ADODR 可能比较适合。

要添加对 ADO 对象的引用，可选择“工程”→“引用”菜单命令，打开“引用”对话框，如图 12-14 所示，在“可用的引用”列表框中，选择想引用的 ADO 对象库。如果想使用 ADODB，选中“Microsoft ActiveX Data Object 2.0 Library”；如果想使用 ADODR，则选中“Microsoft ActiveX Data Objects Recordset 2.0 Library”，然后单击“确定”按钮。

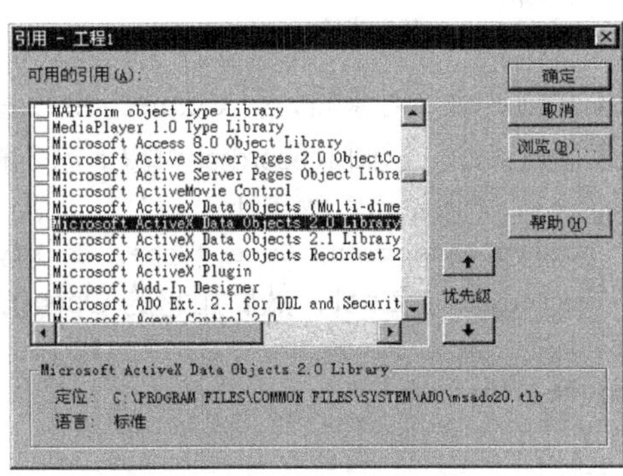

图 12-14 “引用”对话框

在应用程序中添加了对 ADO 对象库的引用后，必须先声明一个 Connection 对象变量，再生成一个 Connection 对象的实例。

例如：

```
Dim  ans1 AS  ADODB.Connection        '声明 ans1 是一个 Connection 变量
Set  ans1 = New  ADODB.Connection      '生成一个实例
```

或者两步合二为一：

```
Dim  ans1 AS  New ADODB.Connection
```

使用ADO编程一般要按照以下几个步骤：

- 创建连接；
- 创建命令；
- 运行命令返回记录集；
- 操作记录集。

（1）创建连接。ADO有两种方法建立连接，它们是连接对象Open()方法和记录集Open()方法。使用连接对象的语法如下。

```
Connection.Open ConnectionString ,UserID, Password, OpenOptions
```

用户要在ConnectionString处给出“提供者”和数据源名，如果访问数据库，还要给出数据库的路径和文件名。

例如，下面的代码建立与数据库“F：\数据库\dagl.mdb”的连接。

```
Dim ans1 AS  Connection
Set  ans1=New Connection
ans1.CursorLocation=adUseClient
ans1.Open "PROVIDER=Microsoft.Jet.OLEDB.3.51; " &"Data Source=F:\
数据库\dagl.mdb;"
```

应用程序结束之前，应关闭打开的对象，断开与数据源的连接。

上例中，关闭语句可为

```
ans1.Close
```

（2）创建命令。建立和数据源的连接后，可以先声明一个Command类型的对象变量，然后设置该对象的ActiveConnection属性和CommandText属性，以指定该命令使用的连接和命令文本字符串，就可以在以后的程序中使用命令对象了。例如：

```
Dim  cmd  AS  New ADODB.Command
Set  cmd.ActiveConnection =ans1
cmd.CommandText="Select  *  From  学生成绩"
```

（3）运行命令返回记录集。创建命令对象后，有Connection.Execute、Command.Execute以及Recordset.Open 3种方法来运行命令、返回Recordset对象。这3种方法各有特点，分别应用于不同的场合。下面给出Recordset.Open的完整语法。

```
recordset.Open Source, ActiveConnection, CursorType, LockType, Options
```

下面的代码定义了一个Recordset对象rst1，然后用它的Open()方法运行上面的命令cmd。

```
Dim  rst1  AS  New ADODB.Recordset
rst1.CursorLocation =adUseClient
rst1.Open  cmd, , adOpenStatic, adLockBatch,Optimistic
```

（4）操作记录集。ADO对象的记录集和DAO对象的记录集的使用方法类似，可以使用Recordset对象的Move方法移动记录指针，使用AddNew方法向记录集添加记录等。

下面的代码将记录集按学号排序，筛选条件设置为“计算机>80”，最后在窗体上打印记录集中的学生姓名和专业。

```
rst1.Sort="学号"
rst1.Filter="计算机>80"
rst1.MoveFirst
For  I=1  To  rst1.RecordCount -1
```

```
Print  rst1.Fields("姓名")& "  "& rst1.Fields("专业")
Rst1.MoveNext
Next I
```

【综合举例】根据上述编程步骤，设计一个简单程序，对第 12.2 节所创建的数据库（F:\数据库\dagl.mdb）进行查询，输出计算机成绩在 75 分以上的同学的姓名、专业。

程序代码如下。

```
Private Sub Command1_Click()
  Dim i%
  Dim ans1 As ADODB.Connection
  Dim cmd   As New ADODB.Command
  Dim rst1   As New ADODB.Recordset
  Set ans1 = New ADODB.Connection
  ans1.CursorLocation = adUseClient
  ans1.Open "PROVIDER=Microsoft.Jet.OLEDB.3.51; " _
  & "Data Source=F:\数据库\dagl.mdb;"
  Set cmd.ActiveConnection = ans1
  cmd.CommandText = "Select  *  From  学生成绩"
  rst1.CursorLocation = adUseClient
  rst1.Open cmd, , adOpenStatic, adLockBatchOptimistic
  rst1.Sort = "学号"
  rst1.Filter = "计算机 > 75"
  rst1.MoveFirst
  For i = 0 To rst1.RecordCount - 1
  Print rst1.Fields("姓名") & "    " & rst1.Fields("专
业")
  rst1.MoveNext
  Next i
  Set rst1 = Nothing
  Set cmd = Nothing
  Set ans1 = Nothing
End Sub
```

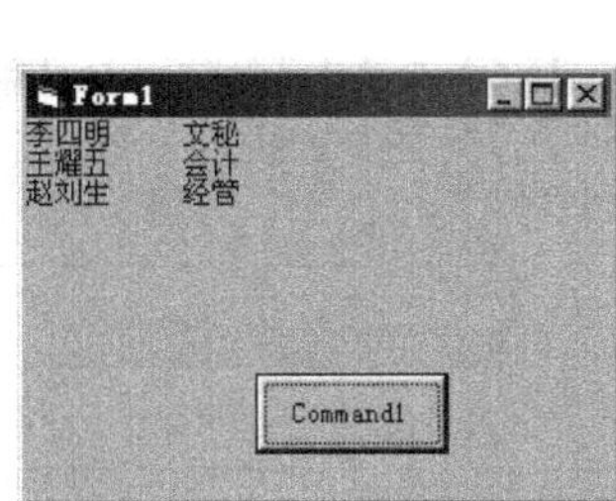

图 12-15　ADO 例子运行结果

程序运行结果如图 12-15 所示。

12.5　ADO 控件

在应用程序中，可以直接使用 ADO 数据对象，完全通过代码访问数据库，但程序代码设计比较复杂。如果采用 VB 6.0 中提供的 ADO 数据控件，不必编写很多代码，就可以更方便地创建 ADO 对象，实现对本地或远程数据源的访问。

12.5.1　添加 ADO 数据控件

ADO 数据控件属于 ActiveX 控件，每次创建工程前都要先将其添加到工具箱中，这样在以后的程序设计中就可以像常用控件一样使用。执行“工程”→“部件”菜单命令，打开“部件”对话框，选中“Microsoft ADO Data Control 6.0（OLEDB）”复选框，系统自动定位选择 MSADODC.OCX 文件名，单击“确定”按钮，就可将 ADODC 类型的控件添加到工具箱中，其图标如图 12-16 所示。

在设计应用程序窗体时，双击 ADO 数据控件图标，或者单击控件后，在窗体创建控件，就可以在窗体上添加 ADO 数据控件。ADO 数据控件外观如图 12-17 所示。中间空白处可以给出有关记录的信息，两侧各有两个按钮，代表当前记录指针移动到下一个、上一个、最后一个和第一个记录。如果记录集没有记录，则按钮颜色为灰色。记录指针的移动完全由控件完成，不需编写代码。

图 12-16　ADO 控件图标 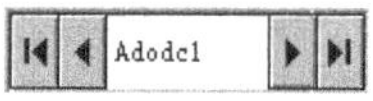　　　　图 12-17　ADO DATA 控件外形

12.5.2　使用 ADO DATA 控件连接数据库

使用 ADO DATA 控件连接数据源的操作步骤如下。

（1）创建一个新工程，并在工具箱中加入 ADO 数据控件。

（2）在窗体上添加一个 ADO 数据控件。

（3）用鼠标右键单击该控件，在弹出的快捷菜单中选择“ADODC 属性”命令，弹出“属性页”对话框，如图 12-18 所示。

进入“通用”选项卡，并选中“使用连接字符串”单选按钮，单击“生成”按钮，出现“数据链接属性”对话框，如图 12-19 所示。

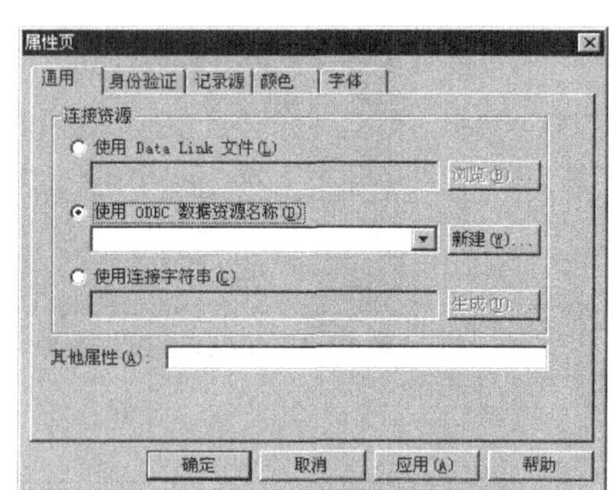

图 12-18　“属性页”对话框

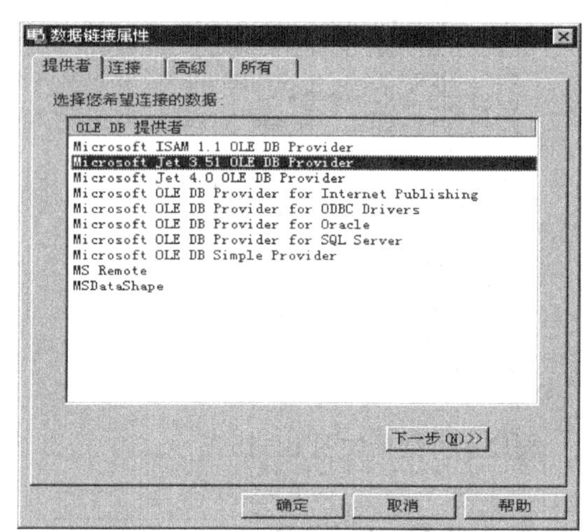

图 12-19　“数据链接属性”对话框

进入“提供者”选项卡，选择数据源提供者名称。VB 可以提供多种数据库的连接，对于 Access 数据库，应该选择“Microsoft Jet 3.51 OLE DB Provider”。如果连接 Microsoft SQL 数据库，应选择“Microsoft OLE DB Provider for SQL Server”。单击“下一步”按钮，打开“连接”选项卡，用鼠标单击“选择或输入数据库名称”文本框右边的“…”按钮，选择所需的数据库路径和名称（如“F：\数据库\dagl.mdb”）。在“输入登录数据库的信息”中可以输入“用户名称”和“密码”，如图 12-20 所示。

（4）单击“测试连接”按钮，测试刚才的设置是否正确，以及数据库是否可用。如果当前设置的数据源正确而且可用，就会显示“测试连接成功”；否则会警告连接失败，并给出失败原因。当连接成功后，单击“确定”按钮，返回“属性页”对话框。这时在“使用连接字符串”文本框中已经生成了一个连续的字符串：

```
Provider=Microsoft.Jet.OLEDB.3.51;Persist Security Info=False;Data Source=F:\数据库\dagl.mdb
```

（5）在“属性页”对话框中单击“记录源”选项卡，如图 12-21 所示，在此可以设置 ADO 控件返回记录的记录源，可用的选择如表 12-8 所示。

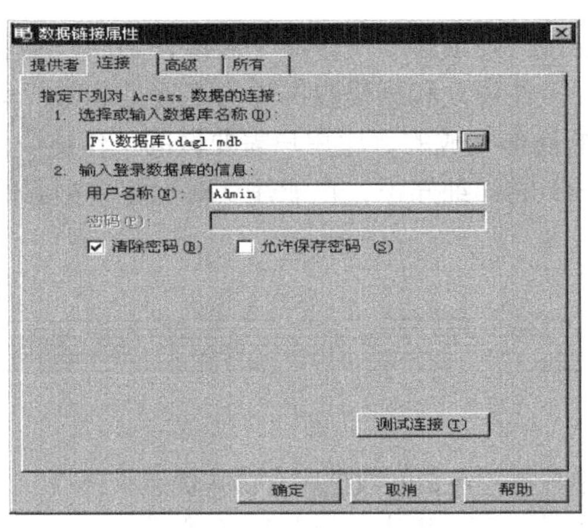

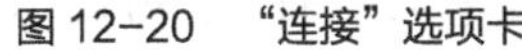
图 12-20 “连接”选项卡

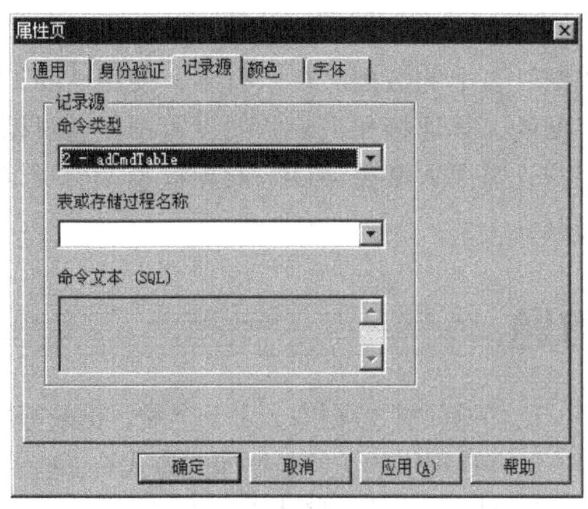

图 12-21 “记录源”选项卡

表 12-8 类型取值

取值	说明
8-AdCmdUnknown	默认值，CommandText 属性中命令类型未知
1-AdCmdText	通过 SQL 命令建立数据源
2-AdCmdTable	以数据表作为数据源。在“表或存储过程名称”下拉列表框中选择一个表的名称，VB 用该表创建一个命令对象，相当于输入了“Select * from Table ”语句
4-AdCmdStoredProc	以存储过程返回的数据集作为数据源

（6）如果类型为 2-AdCmdTable 或 4-AdCmdstoredProc，则 VB 自动在已连接的数据源中检索所有的表或查询对象，列在“表或存储过程名称”下拉列表框中。例如，若想访问“学生成绩”表的数据，可将命令类型设为“2-AdCmdTable”，并选择“学生成绩”表作为创建命令对象的表，如图 12-22 所示。

（7）单击“确定”按钮，关闭“属性页”对话框，完成所有设置。

（8）按照图 12-23 所示，向窗体上添加 7 个标签、7 个文本框和 4 个命令按钮。对文本框设置 DataSource 属性值为 ADODC1，再设置 DataField 属性，使其显示某个字段的内容。其余控件的属性按图中所示来设置。运行时，ADO Data 控件获取了数据库中的数据，并将记录显示在数据绑定控件中。

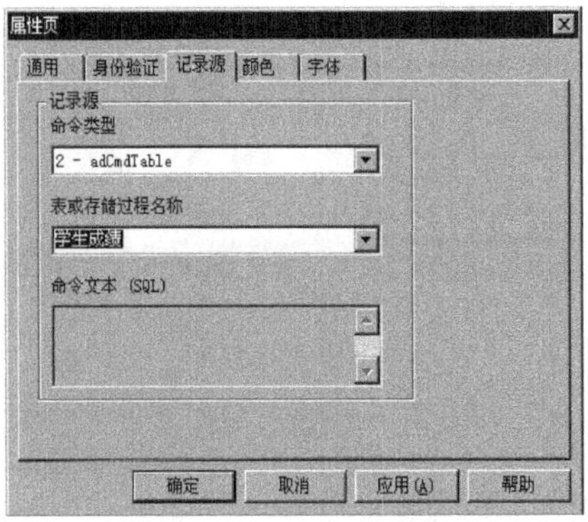

图 12-22 ADO 控件属性对话框

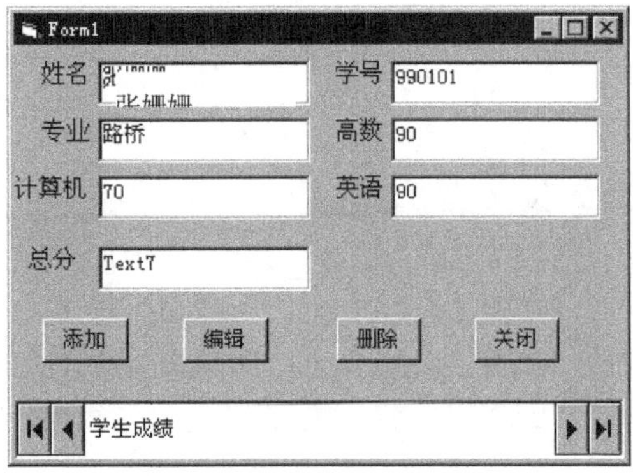

图 12-23 运行时的窗体

通过刚才的操作，建立了和本机数据源的连接，并创建了一个命令对象，访问“学生成绩”表中的数据。可以看出，使用 ADO Data 控件建立和远程数据源的连接是非常简单方便的，其连接和记录源的设置都是通过鼠标的操作完成的，使用户需要做的工作更少。用户无需深入掌握 ADO 对象模型和有关 ODBC 的详细知识，也能建立对远程数据源的访问。

习题

1. 举例说明数据库、表、字段、记录等的含义。
2. VB 提供的访问数据库的方式有哪些？其中数据控件访问数据库有哪些优点和缺点？
3. 建立人事管理数据库，库文件 rsgl.mdb 中包含职工工资表，如表 12-9 所示。

表 12-9　　职工工资表

部门	工号	姓名	职称	基本工资	工补	独补	医药费	水电费	实发
机关	0101	张科讯	讲师	500	400	300	50	30	
机关	0102	李江图	助教	400	350	0	0	20	
经济	0201	王怀亮	讲师	500	400	300	100	40	
经济	0202	王炎	教授	600	450	300	100	80	
信息	0301	李伟成	教授	600	500	300	150	90	
信息	0302	刘国为	讲师	500	400	300	200	70	
信息	0303	秋岭	助教	400	300	0	50	10	

4. 简述用 ADO 控件连接到数据源的步骤。
5. 利用 ADO 控件编写职工工资管理程序（数据表为第 3 题建立的职工工资表），程序具有增加、删除和修改记录的功能。
6. 为第 5 题的职工工资管理程序增加统计功能，分别统计基本工资、医药费和水电费的金额。

PART 13 第 13 章 VB 多媒体应用

多媒体技术是计算机处理文本（Text）、图像（Image）、图形（Graphic）、音频（Audio）、视频（Video）等多种信息的综合技术。它的出现使计算机在人类的文化娱乐活动中扮演了重要的角色，使越来越多的人和计算机交上了朋友。本章主要介绍多媒体控件、API 函数、外部引用等方法，通过实例来介绍多媒体应用程序的开发。

13.1 多媒体基础

VB 6.0 提供了媒体控制接口（Media Control Interface，MCI）命令，让用户可以方便地使用计算机中的多媒体设备；提供了访问 Windows 应用程序接口（API）的方法，通过调用 API 函数，可以使用许多 Windows 的高级功能；还可以通过引用外部程序如 MStts（微软发音引擎）等，实现更多的多媒体功能。

多媒体的音频和视频有多种格式。

音频格式有：CD、WAV 和 MIDI。CD 音频是一种保真度较好的音频格式。WAV 音频采用波形数据格式，特点是灵活性强，用户可以对它进行读、写、修改和检索等操作，但占用的存储空间相当大。MIDI 是音乐设备数字接口，大多数声卡上都有 MIDI 合成器，MIDI 的优点是占用的存储空间很小，一段几分钟的乐曲只需几十 kB。

视频和电影的原理一样，利用视觉暂留现象将一幅幅独立的图像连续快速播放（一般 25 帧/秒或 30 帧/秒），给人以连续运动的画面感觉。视频文件的种类主要有 AVI、MOV、MPG、DAT 等。Windows 操作系统采用纯软件的压缩/解压缩方法，使用户在现有的多媒体计算机基础上，不需要增加硬件设备，就可以处理视频文件。

在计算机中有多种类别的多媒体设备，分别处理不同类型的多媒体文件，编写程序时使调用其设备类别代号。表 13-1 列出了常见多媒体设备及其类别代号。

表 13-1 常见多媒体设备类别代号

设备类别	设备代号	设备类别	设备代号
数字图像	Avivideo	MIDI 序列发生器	Sequencer
动画播放设备	Animation	激光视盘机	Videodisc
CD Audio 设备	CdAudio	语音播放设备	Waveaudio
视频重叠设备	Overlay		

13.2 MCI 命令和 MMControl 控件

13.2.1 MCI 命令

MCI 提供了许多与设备无关，由应用程序直接调用的命令。常用的 MCI 命令如表 13-2 所示。

表 13-2 常用的 MCI 命令

命令	功能	命令	功能
Back	单步回倒	Prev	回到上一曲目或开始位置
Close	关闭媒体设备	Record	录音
Eject	弹出媒体	Seek	查找一个位置
Next	快进到下一曲目	Sound	用 Sound 播放声音
Open	打开媒体设备	Step	步进
Pause	暂停	Stop	停止
Play	播放		

13.2.2 MMControl 控件

MMControl（Microsoft Multimedia Control）控件是一个用户和 Windows 多媒体系统之间的接口，是 VB 6.0 中进行多媒体设计的重要部件。

1. MMControl 控件的添加

在 VB 6.0 的标准工具箱中没有该控件，使用时可以用鼠标右键单击工具箱，在快捷菜单中选择“部件”命令，或执行“工程”→“部件”菜单命令，打开“部件”对话框，在控件页面中选中 Microsoft Multimedia Control 6.0，单击“确定”按钮，将该控件加载到工具箱中。绘制到窗体上的 MMControl 控件如图 13-1 所示。

图 13-1 窗体上的 MMControl 控件

2. MMControl 控件上按钮的功能

MMControl 控件上的 9 个多媒体按钮功能与录像机上的功能按钮一样，依次是 Prev（倒带）、Next（快进）、Play（播放）、Pause（暂停）、Back（回倒）、Step（步进）、Stop（停止）、Record（录音）和 Eject（弹碟）。用户可以通过该控件向计算机上的所有多媒体设备发出 MCI 命令。例如：MIDI 序列发生器（Sequencer）、CD 播放器（CDAudio）数字图像（Avivideo）等。

3. MMControl 控件的常用属性

MMControl 控件的常用属性如表 13-3 所示。

表 13-3 MMControl 控件的常用属性

属性名	属性值	说明
AutoEnable	True 或 False	能否自动检测功能按钮的状态
按钮的 Enabled	True 或 False	某按钮是否有效
按钮的 Visible	True 或 False	某按钮是否可见
Can 按钮名	True 或 False	检测媒体设备的 Play、Eject 等功能
Command	MCI 命令	执行一条多媒体 MCI 命令
DeviceType	设备类别代号	设置要使用的多媒体设备

续表

属性名	属性值	说明
FileName	文件名	设置媒体设备打开或存储的文件名
From	常整数型	播放的开始
To	常整数型	终止位置
Length	常整数型	返回使用的多媒体文件长度
Mode	524（未打开） 525（停止） 526（播放中） 527（记录中） 528（搜索中） 529（暂停） 530（待命）	返回媒体设备所处的状态
Notify	True 或 False	当 MCI 命令执行完毕时，是否发生 Done 事件
NotifyValue	1-命令成功执行 2-其他命令取代当前命令 3-用户中断 4-命令失败	MCI 命令执行情况测试值
Position	常整数型	返回所用设备的当前位置
UpdateInterval	整数型	设定 StatusUpdate 事件之间的微秒数

13.2.3　MMControl 控件的特有事件及编程步骤

1．事件

MMControl 控件的特有事件列表如下。

```
事件                    说明
Done                    完成 MCI 命令动作（Notify 为真）
ButtonClick             单击按钮
ButtonCompleted         按钮执行命令完成
ButtonGetFocus          按钮获得输入焦点
ButtonLostFocus         按钮失去输入焦点
StatusUpdate            更新媒体控制对象的状态信息
```

2．编程步骤

（1）在工具箱中加载 MMControl 控件，并绘制到窗体中。

（2）用 MMControl 控件的 DeviceType 属性设定多媒体设备类别，其值如表 13-1 所示。

（3）用 FileName 属性指定多媒体文件。

（4）用 MMControl 控件的 Command 属性控制多媒体设备。

（5）编写相应特殊按钮的响应代码。

（6）设备使用完毕后，注意用 MMControl 控件的 Command 属性的 Close 关闭设备。

13.2.4　应用举例

【例 13.1】　制作一个简单的.wav 文件播放器。

在窗体上放置多媒体控制部件 MMControl，运行界面如图 13-2 所示，以播放“C:\windows\media\logoff.wav”为例。

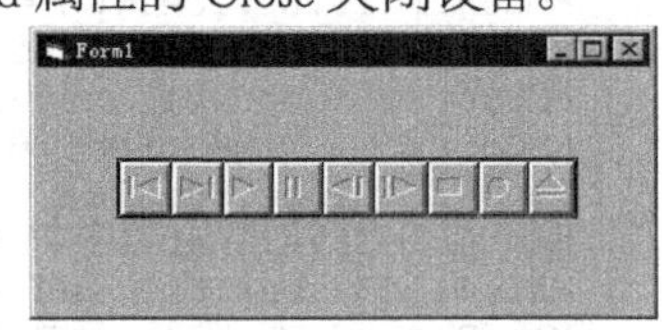

图 13-2　.wav 文件播放器界面

程序代码如下。

```
Private Sub Form_Load()
  Form1.MMControl1.Notify = False
  Form1.MMControl1.Wait = True
  Form1.MMControl1.Shareable = False
  Form1.MMControl1.DeviceType = "WaveAudio"
  Form1.MMControl1.FileName = "c:\windows\media\logoff.wav"
  Form1.MMControl1.Command = "Open"
End Sub
```

启动程序，单击“播放”按钮，就可以听到 logoff.wav 的声音效果了。

从上例可以看出，在 VB 中利用 MMControl 控件编制程序，实现播放多媒体文件的功能非常简单。下面举一个功能完整的实例。

【例 13.2】 用 MMControl 控件制作录音机程序。

程序要求：可以任意选择声音文件播放，可以实现录音功能，可以响应菜单功能，可以响应 MMControl 控件的按钮操作，用滚动条显示播放进度。

首先打开“工程”、“部件”对话框，选中 Microsoft Multimedia Control 6.0 和 Microsoft Common Dialog，单击“确定”按钮，把 MMControl1 控件和 CommonDialog1 控件添加到窗体中，注意 CommonDialog 控件在程序执行时是不可见的。

然后按照图 13-3 所示设置窗体。Label1.caption='播放速度'，其他控件属性用默认值。

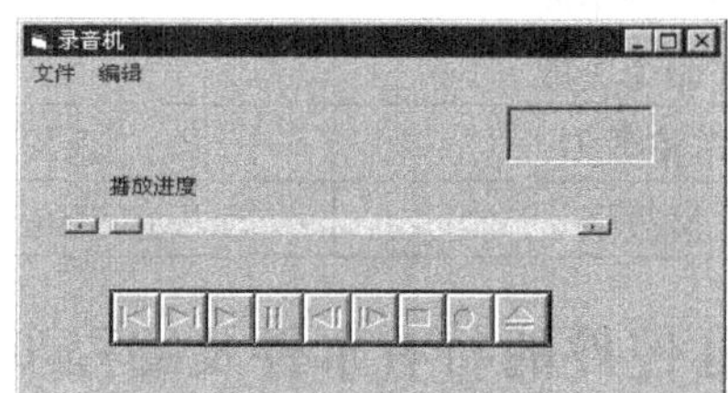

图 13-3 录音机界面

菜单设置如表 13-4 所示。

表 13-4 **例 13.2 菜单设置**

菜单项（名称）	Caption 属性	菜单项（名称）	Caption 属性
Menu1	文件	...MenuFileSave As	另存为
...MenuFileNew	新建	...MenuFileQuit	退出
...MenuFileOpen	打开	Menu2	编辑
...MenuFileClose	关闭	...MenuFileR ecord	录音
...MenuFileSave	保存		

程序代码如下。

```
'窗体加载模块，初始化程序，设置 MMControl1 属性
Private Sub Form_Load()
  MMControl1.DeviceType = "Waveaudio"
  MMControl1.Command = "open"
  MMControl1.UpdateInterval = 0
  MMControl1.TimeFormat = 0
  MenuFileClose.Enabled = False
  MenuFileSave.Enabled = False
  MenuFileSaveAs.Enabled = False
  MenuRecord.Enabled = False
End Sub
```

```
'菜单代码
'设置"打开"菜单代码
Private Sub MenuFileOpen_Click()
  Dim ms As Single
  On Error Resume Next
  CommonDialog1.Filter = "Wave 文件*.wav|*.wav|所有文件*.*|*.*"
  CommonDialog1.ShowOpen
  If Err.Number > 0 Then Exit Sub      '错误时退出
  MMControl1.FileName = CommonDialog1.FileName
  MMControl1.UpdateInterval = 50
  MMControl1.Command = "Open"
  ms = MMControl1.Length / 1000
  HScroll1.Max = ms * 10
  HScroll1.Value = 0
  MenuFileNew.Enabled = False
  MenuFileOpen.Enabled = False
  MenuFileClose.Enabled = True
  MenuFileSave.Enabled = True
  MenuFileSaveAs.Enabled = True
  MenuRecord.Enabled = True
End Sub
'设置"关闭"菜单代码
Private Sub MenufileClose_Click()
  MMControl1.Command = "close"
  MMControl1.UpdateInterval = 0
  MenuFileNew.Enabled = True    '恢复菜单设置
  MenuFileOpen.Enabled = True
  MenuFileClose.Enabled = False
  MenuFileSave.Enabled = False
  MenuFileSaveAs.Enabled = False
  MenuRecord.Enabled = False
End Sub
Private Sub menufilenew_Click()
  MMControl1.DeviceType = "Waveaudio"     '指定多媒体设备
  MMControl1.FileName = "未命名.wav"
  MMControl1.UpdateInterval = 50
  MMControl1.Command = "open"
  MenuFileNew.Enabled = False
  MenuFileOpen.Enabled = False
  MenuFileClose.Enabled = True
  MenuFileSaveAs.Enabled = True
  MenuRecord.Enabled = True
End Sub
'设置"退出"菜单代码
Private Sub MenuQuit_Click()
  mf = MMControl1.FileName
  MMControl1.Command = "stop"
  MMControl1.Command = "close"
End Sub
'设置"保存"菜单代码
Private Sub MenufileSave_Click()
  MMControl1.Command = "save"
End Sub
'设置"另存为"菜单代码
Private Sub MenufileSaveAs_Click()
  On Error Resume Next
  If CommonDialog1.FileName = "" Then _
  CommonDialog1.FileName = "未命名.wav"
  CommonDialog1.Filter = "Wave 文件(*.wav)|*.wav| _
  所有文件(*.*)|*.*"
  CommonDialog1.ShowSave
  If Err.Number > 0 Then Exit Sub
  MMControl1.FileName = CommonDialog1.FileName
  MMControl1.Command = "save"
End Sub
'设置"录音"菜单代码
Private Sub MenuRecord_Click()
  MMControl1.Command = "record"
End Sub
```

```
'设置 HScroll1
Private Sub MMControl1_StatusUpdate()
  HScroll1.Max = MMControl1.Length / 100
  HScroll1.Value = MMControl1.Position / 100
End Sub
```

13.3 API 函数

13.3.1 API 函数简介

所谓 API 就是“应用程序接口”（Application Programing Interface），它是一些由操作系统自身调用的函数。Windows API 函数由许多“动态链接库”或 DLL 组成。在 32 位 Windows 操作系统中，核心的 API DLL 如下。

gdi32.dll：图形显示界面的 API。

kernel32.dll：处理低级任务（如内存和任务管理）的 API。

user32.dll：处理窗口和消息（Visual Basic 程序员能把其中一些当做事件访问）的 API。

Winmm.dll：处理多媒体任务（如波形音频、MIDI 音乐和数字影像等）的 API。多媒体编程中主要使用的 API 函数就在这个链接库中。

还不断有新的 API 出现，处理新的操作系统扩展，如 E-mail、连网和新的外设。

13.3.2 API 函数的说明

由于 Windows API 函数不是 VB 的内部函数，所以在使用它们之前，必须显式地加以声明。说明 API 函数一般有两种方法：一种是使用说明语句，另一种是使用 Win32api.txt 中的说明文本复制到代码窗口中。

下面先介绍说明语句，使读者对其中的主要关键字的意义有所了解，然后介绍 VB 中访问 Win32api.txt 的方法。

格式：

Declare Function 函数名 Lib"库名" [Alias "别名"](ByVal 参数 1 As 类型，…，ByVal 参数 n As 类型) As 函数类型。

说明：

（1）声明中的 Lib 和 Alias 的意义。一般情况下，Win32API 函数总是包含在 Windows 操作系统自带的或是其他公司提供的动态连接库 DLL 中，而 Declare 语句中的 Lib 关键字就用来指定 DLL（动态连接库）文件的路径，这样 VB 才能找到这个 DLL 文件，然后才能使用其中的 API 函数。如果只是列出 DLL 文件名，而不指出其完整的路径的话，VB 会自动到.EXE 文件所在目录、当前工作目录、WINDOWS\SYSTEM 目录、WINDOWS 目录下，搜寻这个 DLL 文件。因此如果所要使用的 DLL 文件不在上述几个目录下，就应该用文件标识符指明其完整路径。

Alias 用于指定 API 函数的别名，如果调用的 API 函数要使用字符串（参数中包含 String 型）的话，Alias 关键字是必需的。这是因为在 ANSI 和 Unicode 字符集中，同一 API 函数的名称可能是不一样的，为了保证不出现声明错误，可使用 Alias 关键字指出 API 函数的别名，例如，在 API 函数名后加一个后缀字母作为别名即可。

（2）常见的 API 参数类型的说明。API 函数的参数中最常见的是长整型（Long）数据类型，例如 API 中的句柄，一些特定的常量和函数的返回值都是此类型的值；另外几种常见的参数类型有：Integer 型、Byte 型、String 型等。

（3）声明中 ByVal 的作用。这跟 VB 的参数传递方式有关，在默认情况下，VB 是通过地址传递方式传递函数的参数，而有些 API 函数要求必须采用"传值"方式来传递函数参数。用传址就会发生错误，解决的办法是在 API 函数参数声明的前面加上 ByVal 关键字，这样 VB 就采用"传值"方式传递参数了。

（4）API 函数完整声明的简便方法。VB 自带了 API 浏览器（VB6 API VIEWER），可以通过它访问 Win32api.txt，在其中找到 API 函数的完整声明，然后把它粘贴到代码中即可。

访问步骤：首先执行"外接程序"→"外接程序管理器"菜单命令，在"可用外接程序"列表框中选择"VB6 API VIEWER"，在"加载行为"复选框中选定"加载/卸载"，确定后在"外接程序"菜单中添加了"API 浏览器"。API 浏览器如图 13-4 所示。

执行"文件"→"加载文本文件"菜单命令，出现打开文件对话框，如图 13-5 所示。

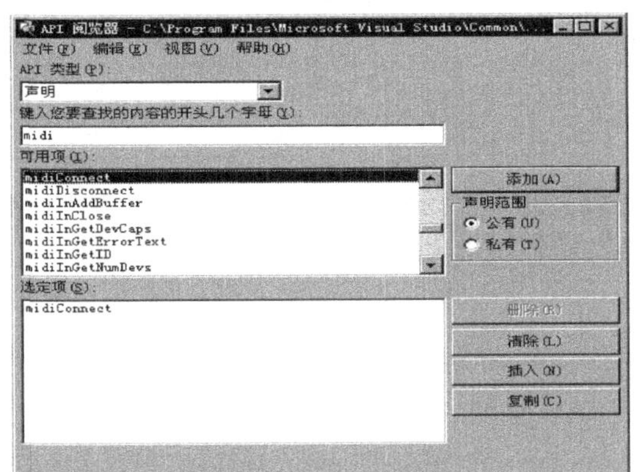

图 13-4 API 浏览器

图 13-5 打开 API 文件对话框

选择 Win32API.TXT，在 API 浏览器中出现了可用项，选中需要声明的函数，把"选定项"中的文本复制到相应的模块（一般是.BAS 标准模块或代码的通用说明部分），API 函数的声明就完成了。

由于 API 函数大多是由 C++语言编制，而 C++语言和 VB 的变量类型有很大差异，声明中如考虑不周，很容易造成错误调用。因此，建议读者尽量使用 API 浏览器声明 API 函数。

13.3.3 API 多媒体函数应用举例

API 多媒体功能主要在 Winmm.dll 中，在这个链接库中提供了上百个具有多媒体处理功能的函数。以 midi 开头的具有音乐合成功能，以 wave 开头的具有处理语音功能，以 mic 开头的函数可以直接向系统发出 MCI 命令。利用它们可以方便地开发多媒体程序。

【例 13.3】 利用 API 函数制作 CD 播放器。

在本例中使用 mciExecute 函数，首先添加标准模块写入声明使用该函数。

```
Public Declare Function mciExecute Lib "winmm.dll" _
Alias "mciExecute" (ByVal lpstrCommand As String) As Long
```

界面设置如图 13-6 所示，各控件属性按图 13-6 修改 Caption 属性，其他属性用默认值。

图 13-6 CD 播放器界面

程序代码如下。

```
'在窗体加载模块设置按钮属性
Private Sub Form_Load()
  Command1.Enabled = True
  Command2.Enabled = False
```

```
  Command3.Enabled = False
  Command4.Enabled = False
  Command5.Enabled = False
  Command6.Enabled = True
End Sub
'打开媒体设备
Private Sub Command1_Click()
  mciExecute "open cdaudio alias cd"
  Command1.Enabled = False
  Command2.Enabled = True
  Command3.Enabled = False
  Command4.Enabled = False
  Command5.Enabled = False
End Sub
'播放音乐
Private Sub Command2_Click()
  mciExecute "play cd"
  Command2.Enabled = False
  Command3.Enabled = True
  Command4.Enabled = False
  Command5.Enabled = False
End Sub
'停止
Private Sub Command3_Click()
  mciExecute "stop cd"
  Command2.Enabled = True
  Command3.Enabled = False
  Command4.Enabled = True
  Command5.Enabled = True
End Sub
'倒回开头位置
Private Sub Command4_Click()
  mciExecute "seek cd to start"
  Command1.Enabled = False
  Command2.Enabled = True
  Command3.Enabled = False
  Command4.Enabled = False
  Command5.Enabled = True
End Sub
'弹出CD
Private Sub Command5_Click()
  If Command5.Caption = "弹碟" Then
    mciExecute "seek cd door open"
    Command5.Caption = "回位"
  Else
    mciExecute "seek cd to close"
    Command5.Caption = "弹碟"
  End If
  Command1.Enabled = False
  Command2.Enabled = True
  Command3.Enabled = False
  Command4.Enabled = False
End Sub
'关闭设备及程序
Private Sub Command6_Click()
  mciExecute "close cd"
  End
End Sub
'声道及声音控制
Private Sub Option1_Click(index As Integer)
  mciExecute "set cd audio all off"
  Select Case index
  Case 0
    mciExecute "set cd audio left on"
  Case 1
    mciExecute "set cd audio right on"
  Case 2
    mciExecute "set cd audio all on"
    mciExecute "set cd audio left on"
```

```
    mciExecute "set cd audio right on"
  End Select
End Sub
```


13.4 引用外部功能编程

13.4.1 MSTTS 简介

在 VB 中除了 Windows 操作系统的功能外，还可以调用外部的功能链接库。下面通过对英文发音引擎的调用，来介绍通过外部引用的方法进行多媒体编程。

MSTTS 是微软公司出品的一套文字朗读引擎（Microsoft Text-To-Speech Engine），由两个文件组成（MSTTS.EXE 和 SPCHAPI.EXE），执行后在 Windows 文件夹下添加了一个 Speech 文件夹，它提供了全篇英文朗读功能。在 Windows 操作系统中安装 MSTTS 后，实质上就是添加了语音朗读功能和英文朗读 API 功能连接库（Microsoft Text-To-Speech Engine 和 Microsoft Speech API 4.0），在 VB 中可以通过引用 Speech 文件夹下的 Vtxtauto.tlb 文件来实现英文朗读的功能。Windows 操作系统支持的其他公司的软件，其功能核心部分也大多可以用 API 函数的形式加以调用。

Vtxtauto.tlb 文件不仅提供了全篇英文朗读功能，还提供了朗读控制的许多方法，例如：停止朗读（VTxtAuto.VTxtAuto.StopSpeaking）、暂停朗读（VTxtAuto.VTxtAuto.AudioPause）、恢复朗读（VTxtAuto.VTxtAuto.AudioResume）、语速调整（VTxtAuto.VTxtAuto.Speed）等。

13.4.2 应用举例

下面利用这些方法来编制一个简易的英文发音程序。

【例 13.4】 英文朗读程序，要求可以随意输入英文文本，可以调整朗读速度，可以暂停/恢复朗读。

界面设置如图 13-7 所示。

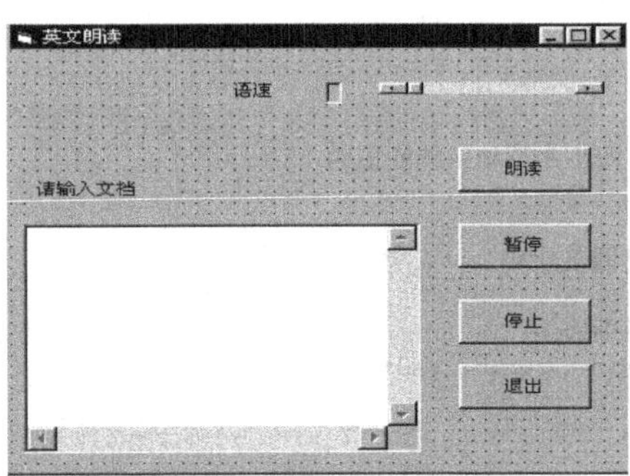

图 13-7 英文朗读程序界面设置

控件属性设置如表 13-5 所示。

表 13-5 例 13.4 控件属性设置

对象	属性	设置
窗体 Form1	Caption	英文朗读程序
Command1	Name	Read0
	Caption	朗读

续表

对象	属性	设置
Command2	Name	Pause0
	Caption	暂停
Command 3	Name	Stop0
	Caption	停止
Command 4	Name	Quit0
	Caption	退出
Label1	Caption	请输入文档（英文）
Label2	Caption	语速
Label3	Caption	空
HScroll1	Name	Speed0
HScroll1	autosize	True
	Min	80
	Max	280
Text1	Text	空
	MultiLine	True
	ScrollBars	3

调用微软发音引擎：执行“工程”→“引用”菜单命令，打开“引用”对话框，单击“浏览”按钮打开 Vtxtauto.tlb 文件，将“VoiceText 1.0 Type Library”添加到引用列表中，选中它并单击“确定”按钮。

程序代码如下。

```
'窗体装载模块初始化设置
Private Sub Form_Load()
  Call VTxtAuto.VTxtAuto.Register(Space(8), Space(8))
  '设朗读速度初始值为 150，即水平滚动条的初值为 150
  Speed0.Value = 150
End Sub
'设置"水平滚动条"即朗读速度调节代码
Private Sub Speed0_Change()
  '利用滚动条的 Value 属性控制语速
  VTxtAuto.VTxtAuto.Speed=Speed0.Value
  Label3.Caption = Speed0.Value
End Sub
'设置"朗读"按钮代码
Private Sub read0_Click()
  On Error GoTo ErrorHandler
  '用 Speak 方法进行朗读文本
  Call  vtxtAuto.VTxtAuto.speak(Trim(Text1.Text), _
  vtxtsp_VERYHIGH+ vtxtst_READING)
  Exit Sub
  ErrorHandler:
  MsgBox "只能朗读英文，不能朗读汉字！", , "出错信息"
End Sub
'设置"'暂停"按钮代码
Private Sub pause0_Click()
  If  VTxtAuto.VTxtAuto.IsSpeaking Then
  '利用 IsSpeaking 属性判断朗读状态
  Call VTxtAuto.VTxtAuto.AudioPause   '用 AudioPause 方法暂停朗读
```

```
    pause.Caption = "恢复"
    Else
    Call VTxtAuto.VTxtAuto.AudioResume  '用 AudioResume 方法继续朗读
    pause.Caption = "暂停"
    End If
  End Sub
  '设置"停止"按钮代码
  Private Sub stop0_Click()
    Call VTxtAuto.VTxtAuto.StopSpeaking '用 StopSpeaking 方法停止当前朗读
  End Sub
    '设置"退出"按钮代码
  Private Sub quit0_Click()
    Unload Me
  End Sub
```

习题

1. 简述 MMControl 控件上各个按钮的功能。
2. 简述在 VB 中使用 API 函数的步骤。
3. 怎样打开和关闭 MMControl 控件所控制的多媒体设备？
4. 什么是 MCI 命令？怎样发送 MCI 命令？

PART 14

第 14 章 ActiveX 控件

VB 应用程序的界面主要由控件组成，工具箱中提供了 20 个常用的控件，这些控件总在工具箱中，可以直接使用，它们称为标准控件。当开发复杂的应用程序时，仅仅使用这些控件是不够的。其实，除了工具箱中的标准控件之外，还有一些控件，它们平常不在工具箱中，都以单独的.ocx 文件存在，需要时，可以执行“工程”→“部件”菜单命令，从“部件”对话框里把它们选择出来，即把它们添加到工具箱中，使用它们与使用标准控件完全一样。这类控件称为 ActiveX 控件。ActiveX 控件可以是系统提供的，也可以是第三方开发商提供的，还可以是用户自己开发的。在软件开发中，使用 ActiveX 控件能够节约大量的开发时间。由于许多 ActiveX 控件是作为产品开发的，已经过测试和许多人的使用，这使得开发的软件正确性和可靠性有很大提高。

本章以一个简单的实例介绍自己动手创建 ActiveX 控件的过程。

14.1 创建一个简单的 ActiveX 控件

实例：创建一个如图 14-1 所示的“电子表”控件。

图 14-1 “电子表”控件

操作步骤如下。

1．新建 ActiveX 控件工程

执行“文件”→“新建工程”菜单命令，出现“新建工程”对话框，如图 14-2 所示。

单击“ActiveX 控件”图标，然后单击“确定”按钮关闭对话框，就打开了一个 ActiveX 控件工程，并添加了一个空窗体，即 UserControl 对象（类似“标准 EXE”工程的 Form 对象）。窗体的默认名是 UserControl1，如图 14-3 所示。

ActiveX 控件就在 UserControl 对象上制作。实际上，ActiveX 控件就是由 UserControl 对象及放置在它上面的控件组成的。用户可以像在“标准 EXE”工程的窗体上一样，在 UserControl 对象上添加各种现有的控件，编写事件过程。

为了便于记忆，现在把 ActiveX 控件工程名 UserControl 对象名改为有实际意义的名称“ActiveX 控件示例”。本例做如下修改。

（1）单击工程窗口的“工程 1”，如图 14-4 所示，在属性窗口中将工程的名称由原来的“工程 1”改为“ActiveX 控件示例”。

（2）单击工程窗口的 UserControl，出现其属性时，在属性窗口中将 UserControl 对象的名称由原来的“UserControl1”改为“电子表”。

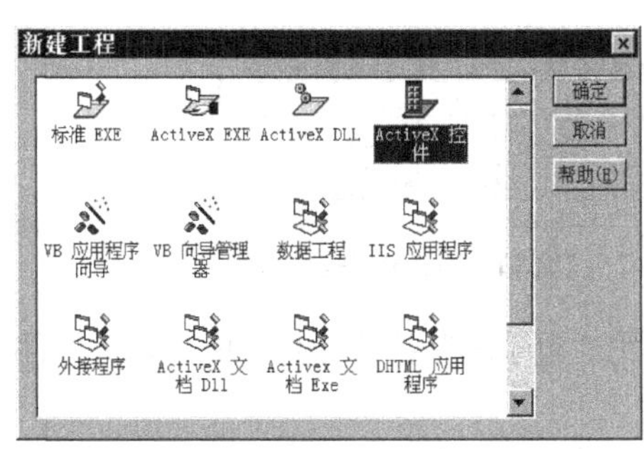

图 14-2 “新建工程”对话框

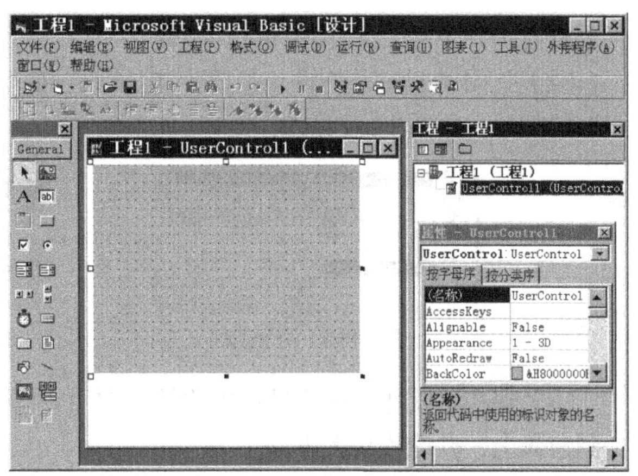

图 14-3 新建 ActiveX 工程初始画面

这时，新名字“电子表”出现在窗体的标题和工程窗口中。“电子表”也成为该控件的类名，就像 CommandButton 是命令按钮的类名一样。

2．设计 ActiveX 控件界面

设计 ActiveX 控件界面有多种方法，可以自己动手用 VB 提供的绘图功能绘制，也可以使用现成的控件。本例使用现成的控件即可。向窗体上添加一个 Label 控件和一个 Timer 控件，Label 控件 Caption 属性值清空，Timer 控件的 Interval 属性值设置为 1000。调整各对象的大小，如图 14-5 所示。

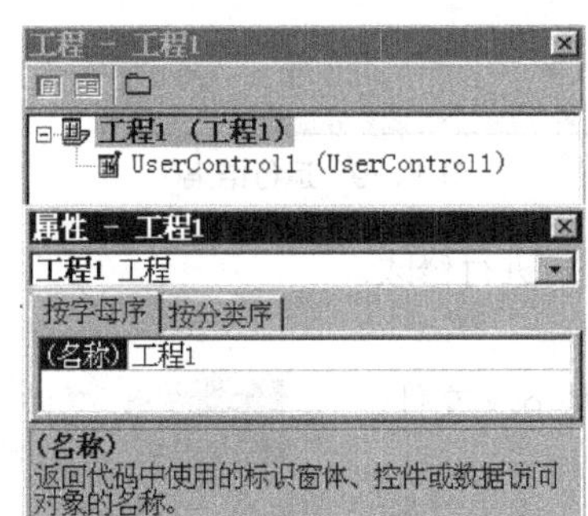

图 14-4 工程窗口与属性窗口

图 14-5 调整各对象的大小

3．为控件设计事件过程

```
Private Sub Timer1_Timer()
 Label1.Caption = Hour(Time) & "时" & Minute(Time) & "分" & Second(Time) & "秒"
End Sub
```

程序中的 Hour 函数、Minute 函数和 Second 函数用来分别显示当前时间的时、分、秒。

4．保存工程

执行“文件”→“保存工程”菜单命令，系统先后弹出两个对话框，在对话框中系统给的默认文件名分别是：“电子表.ctl”与“ActiveX 控件示例.vbp”。

5．测试“电子表”控件

现在测试一下刚做成的“电子表”控件。为了测试“电子表”控件，需要再添加一个“标准 EXE”工程。操作步骤如下。

(1) 执行“文件”→“添加工程”菜单命令，打开“添加工程”对话框。双击“标准 EXE”，在工程窗口中可看到新添加的工程，如图 14-6 所示。现在有两个工程，一个是 ActiveX 控件示例工程，另一个是用来作为测试的工程。

（2）关闭 ActiveX 的设计窗口（“电子表”窗口），此时可在工具箱中看到一个名为“电子表”的控件，如图 14-7 所示。

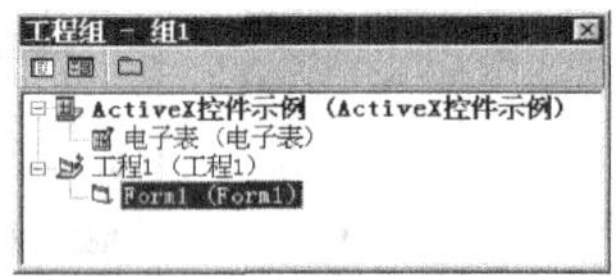

图 14-6　两个工程

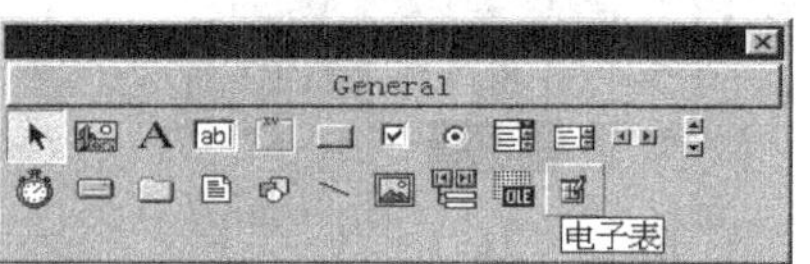

图 14-7　工具箱中的“电子表”控件

（3）现在可以像使用工具箱中的其他控件一样，使用“电子表”控件，将“电子表”控件加到窗体上，并调整其大小。

（4）在工程窗口中用鼠标右键单击“工程 1”，选择快捷菜单中的“设置为启动”命令，如图 14-8 所示。

（5）按 F5 键运行程序，运行结果如图 14-9 所示。

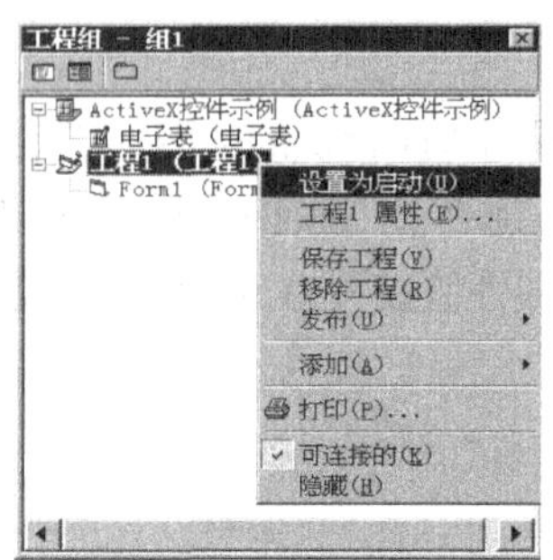

图 14-8　选择“设置为启动”命令

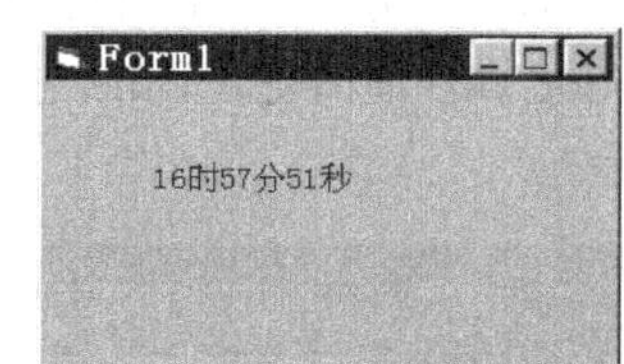

图 14-9　运行结果

若发现控件有不满意的地方，可结束程序运行，然后进行修改。

6．编译生成.ocx 文件

现在把 ActiveX 控件工程（ActiveX 控件示例）编译成.ocx 文件，控件只有被编译成.ocx 文件后，才能被其他应用程序使用。

编译步骤如下。

（1）单击工程窗口中的“ActiveX 控件示例”。

（2）执行“文件”→“生成 ActiveX 控件示例.ocx”菜单命令，如图 14-10 所示。

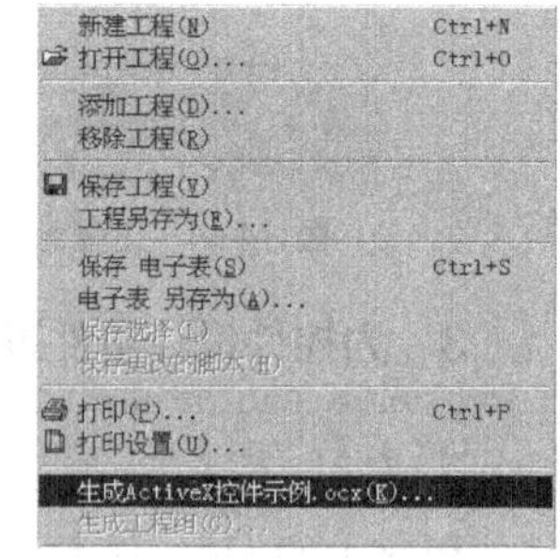

图 14-10　生成.ocx 文件

在弹出的“生成工程”对话框中保存文件到指定的文件夹，然后单击“确定”按钮，关闭该对话框，系统随即编译生成.ocx 文件。

14.2　使用自己创建的 ActiveX 控件

控件编译完成后，可在其他的 VB 程序中使用该控件。

执行“工程”→“部件”菜单命令，以打开“部件”对话框，在“部件”对话框中选中“ActiveX 示例”后，再单击“确定”按钮，如图 14-11 所示。

“电子表”控件的图标出现在工具箱中，现在可以像使用其他控件一样使用“电子表”控件。

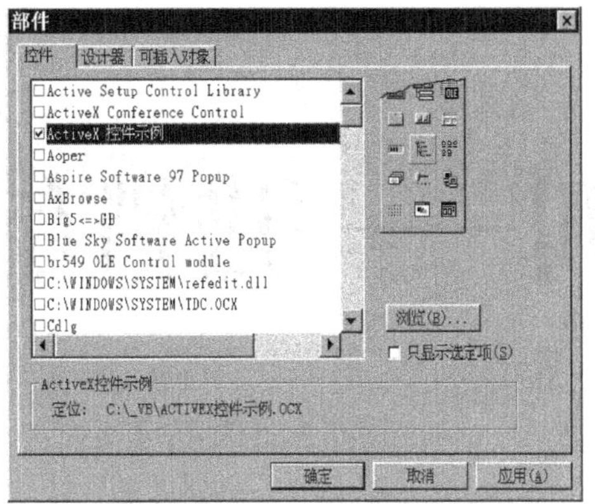

图 14-11 “部件”对话框

14.3 创建 ActiveX 控件的一般步骤

在这一章里，我们对 ActiveX 控件做了比较浅显的介绍。通过一个“电子表”控件的制作，对 ActiveX 控件有了大致的了解，但又有一些疑问：制作的 ActiveX 控件有哪些属性、事件和方法？如何为控件添加属性、事件和方法？限于篇幅，对于这些问题本书不再做详细的阐述，如果读者希望更进一步了解 ActiveX 控件，可参考其他书籍，或阅读联机帮助。这里简要说明创建 ActiveX 控件的一般步骤。

（1）建立一个 ActiveX 控件工程。

（2）在一个类似 Form 的 UserControl 对象上设计控件界面。在 UserControl 对象上可以加入现有的各种控件。

（3）编写程序代码。

（4）为控件添加属性、事件和方法。

（5）建立属性页。属性页并不是一个控件必须要有的，但是建立属性页有助于控件的使用。

（6）测试控件。建立一个“标准 EXE”测试工程来测试控件。

（7）编译成.ocx 文件发布。

习题

1. 为什么要把 ActiveX 控件工程编译成.ocx 文件？
2. 简述创建 ActiveX 控件的一般步骤。

PART 15

第 15 章 综合应用——进销存管理系统

本章介绍一个简单的进销存管理系统的完整开发过程。本系统将以 VB 6.0、Access 2003 数据库为编程环境，使用 SQL 语句查询、ADO 显示数据库内容等技术，通过需求分析、系统设计等步骤，逐步将一个进销存管理系统的开发过程呈现出来。

15.1 需求分析

随着计算机技术的日趋成熟，各种数据库软件也得到了很大的发展和应用，信息管理系统的应用已深入到社会的各个领域。为满足商品、货物管理的现代化需求，软件业已开发出很多较好的商品化进销存管理软件，但其大多是面向大型专业库存管理而开发的，专业性较强，功能分工较细，操作和使用较繁琐，难以掌握。

本系统遵循简单、方便的原则，既在功能上满足最基本的用户需求，又力求操作简便。

通过分析进销存的业务流程，系统应包含以下 4 个主要功能。

（1）具有商品信息、供应商信息、客户信息的管理功能。

（2）具有权限划分功能，分为管理员和普通用户两种权限。管理员可对系统的用户进行管理。

（3）具有入库、出库、库存查询功能。

（4）具有数据库备份和用户密码管理功能。

进销存管理系统主要包括基础资料管理、库存管理和查询 3 大部分。基础资料管理包括商品类型、商品信息、供应商信息、客户信息的添加、修改和删除等操作。库存管理包括入库管理和出库管理，具有添加、修改和删除功能。查询功能可以通过商品代码、商品名称、类型名称、经办人、数量、日期等字段进行查询。

商品类型信息主要包括类型代码和类型名称。

商品信息主要包括商品代码、商品名称、类型、规格、进货价、销售价、产地等。

客户信息主要包括客户代码、客户名称、邮编、地址、电话、传真、联系人、手机、职位、结算方式等。

供应商信息主要包括供应商代码、供应商名称、地址、电话、传真、联系人、邮编、手机等。

库存信息主要包括商品代码、商品名称、类型名称、日期、经办人、数量、供应商客户等。

15.2 模块设计

根据需求分析，本系统主要划分为以下 4 个模块：系统管理、基础资料、库存管理和查询。各模块实现的功能如图 15-1 所示。

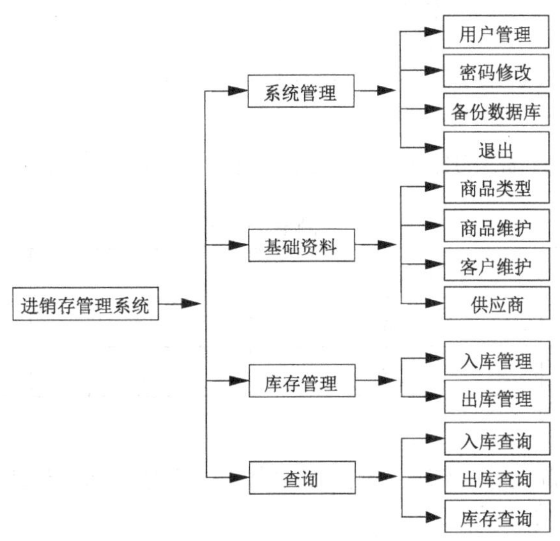

图 15-1 进销存管理系统功能模块

下面分别介绍这 4 个模块。

1. 系统管理模块

系统管理模块主要包括用户管理（只有具备管理员权限的用户才可使用）、密码修改、备份数据库和退出。

2. 基础资料模块

基础资料模块主要包括商品类型、商品维护、客户维护和供应商，用户通过此模块，对相应的信息进行管理。

3. 库存管理模块

库存管理模块主要包括入库管理和出库管理，用户通过入库和出库操作，更新数据库的内容。

4. 查询模块

查询模块主要包括入库查询、出库查询和库存查询，可以查询入库、出库及库存的记录情况。

15.3 分析并创建数据库

根据系统功能需求，数据库采用 Access 2003，它完全可以适应本系统的要求，其支持的数据类型十分丰富，维护简便，费用比较低，对使用者的技术水平要求不高，并且容易升级。

首先创建一个名为“进销存管理.mdb”的数据库，在数据库中创建 6 个表，表的名称分别为：用户表、商品类型、商品、客户、供应商和库存记录，表的设计分别如下。

1. 用户表

用户表主要记录用户信息，其中序号字段采用自动编号，管理员字段用于标示用户是管理员还是普通用户，管理员字段值为 True，表示管理员，为 False，表示普通用户，如表 15-1 所示。

表 15-1　　用户表

字段名称	数据类型	长度	能否为空
序号	自动编号	长整型	主键
用户名	文本	50	否
密码	文本	50	否
管理员	是/否		否

2. 商品类型表

商品类型表用于标示商品的分类，主要包括类型代码和类型名称字段，如表 15-2 所示。

表 15-2　　商品类型表

字段名称	数据类型	长度	能否为空
类型代码	文本	50	主键
类型名称	文本	50	否

3. 商品表

商品表主要记录商品的相关信息，包括商品代码、商品名称、类型、规格、进货价、销售价、产地等字段，如表 15-3 所示。

表 15-3　　商品表

字段名称	数据类型	长度	能否为空
商品代码	文本	50	主键
商品名称	文本	50	否
类型	文本	50	否
规格	文本	50	是
进货价	数字	单精度型	是
销售价	数字	单精度型	是
产地	文本	200	是

4. 客户表

客户表主要记录客户的信息，包括客户代码、客户名称、邮编、地址、电话、传真、联系人、手机、职位、结算方式等字段，如表 15-4 所示。

表 15-4　　客户表

字段名称	数据类型	长度	能否为空
客户代码	文本	20	主键
客户名称	文本	20	否
邮编	文本	20	是
地址	文本	50	是

续表

字段名称	数据类型	长度	能否为空
电话	文本	20	否
传真	文本	20	是
联系人	文本	20	是
手机	文本	20	否
职位	文本	20	是
结算方式	文本	20	否

5．供应商表

供应商表主要记录供应商的信息，包括供应商代码、供应商名称、地址、电话、传真、联系人、邮编、手机等字段，如表 15-5 所示。

表 15-5　　供应商表

字段名称	数据类型	长度	能否为空
供应商代码	文本	20	主键
供应商名称	文本	20	否
地址	文本	50	否
电话	文本	20	否
传真	文本	20	是
联系人	文本	20	是
邮编	文本	20	是
手机	文本	20	否

6．库存记录表

库存记录表主要记录商品在入库、出库时的操作，包括编号、商品代码、商品名称、类型名称、日期、经办人、数量、供应商客户等字段，如表 15-6 所示。

表 15-6　　库存记录表

字段名称	数据类型	长度	能否为空
编号	自动编号	长整型	主键
商品代码	文本	50	否
商品名称	文本	50	否
类型名称	文本	50	否
日期	日期/时间	中日期	否
经办人	文本	50	否
数量	数字	长整型	否
供应商客户	文本	50	否

15.4 应用程序界面设计及实现

1．控件设置及 ADO 引用

本系统在进行界面设计时，使用了工具栏（Toolbar）控件、ImageList 控件、DTPicker 控件；显示数据时，主要使用 MSHFlexGrid 控件。对以上控件的添加及对 ADO 的引用设置方法如下：

在 VB 6.0 编程环境中，执行菜单【工程】→【部件】命令，选择 Microsoft Windows Common Controls 6.0、Microsoft Hierarchical FlexGrid Control 6.0、Microsoft Windows Common Controls-2 6.0。

执行菜单【工程】→【引用】命令，选择 Microsoft ActiveX Data Objects 2.6 Library。

2．系统公共模块

系统公共模块提供整个系统所需的公共函数和全局变量，以提高代码的利用效率。在 VB 6.0 编程环境中，通过执行菜单【工程】→【添加模块】命令，添加一个公共模块，命名为 M_JinXiaoCun.bas，模块中的代码如下所示。

```
Public RuChu As Integer '用于标识入库还是出库操作
Public UserID As Integer '记录登录用户的序号
Public GuanLiYuan As Boolean '判断登录的用户是否是管理员
Public Function ConnectString() As String
   ConnectString = "Provider = Microsoft.Jet.OLEDB.4.0;Data Source=" & App.Path _
    & "\进销存管理.mdb;Jet OLEDB:DataBase password=;" & " Persist Security Info=False"
End Function
Public Function ExecuteSQL(ByVal sql As String, Optional IsSucceed As Boolean, _
    Optional MsgString As String) As ADODB.Recordset
   Dim cnn As ADODB.Connection
   Dim rst As ADODB.Recordset
   Dim sTokens() As String
   On Error GoTo ExecuteSQL_Error
   sTokens = Split(sql)
   Set cnn = New ADODB.Connection
   cnn.Open ConnectString
   If InStr("INSERT,DELETE,UPDATE", UCase$(sTokens(0))) Then
      cnn.Execute sql
      IsSucceed = True
      MsgString = " 操作成功"
   Else
      Set rst = New ADODB.Recordset
      rst.Open Trim$(sql), cnn, adOpenKeyset, adLockPessimistic
      Set ExecuteSQL = rst
      IsSucceed = True
      MsgString = "查询到" & rst.RecordCount & " 条记录 "
   End If
ExecuteSQL_Exit:
   Set rst = Nothing
   Set cnn = Nothing
   Exit Function
ExecuteSQL_Error:
   IsSucceed = False
   MsgString = "查询错误: " & Err.Description
   MsgBox MsgString
   Resume ExecuteSQL_Exit
End Function
Sub ShowMSHFlexGridData(TabName As String, MSFGrid As MSHFlexGrid)
    On Error Resume Next
    Dim sql As String, flag As Boolean
    Dim rst As New ADODB.Recordset
    sql = "select * from " & TabName
    Set rst = ExecuteSQL(sql, flag)
    Set MSFGrid.DataSource = rst
    MSFGrid.ColWidth(0) = 200
    rst.Close
```

```
    Set rst = Nothing
End Sub
Public Sub AddToMSHFlexGrid(sql As String, TabName As String, grid As MSHFlexGrid)
    Dim flag As Boolean
    Dim rst As New ADODB.Recordset
    Set rst = ExecuteSQL(sql, flag)
    Set rst = Nothing
    Call ShowMSHFlexGridData(TabName, grid)
End Sub
Public Sub SetItem(sql As String, combo As ComboBox)
    Dim flag As Boolean
    Dim rst As New ADODB.Recordset
    Set rst = ExecuteSQL(sql, flag)
    While Not rst.EOF
        combo.AddItem rst.Fields(0).Value
        rst.MoveNext
    Wend
End Sub
Public Sub SetMSHGridDataSource(sql As String, grid As MSHFlexGrid, w As Integer)
    Dim flag As Boolean
    Dim rst As New ADODB.Recordset
    Set rst = ExecuteSQL(sql, flag)
    Set grid.DataSource = rst
    grid.ColWidth(0) = w
    Set rst = Nothing
End Sub
```

3. “登录”窗体

“登录”窗体界面设计如图15-2所示，窗体上的主要控件及其主要属性设置如表15-7所示。

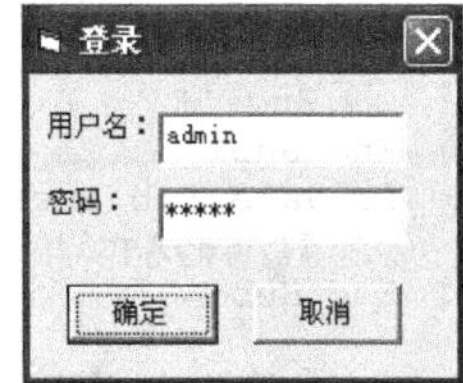

图15-2 登录界面

表15-7 登录窗体的控件及属性设置

控件类型	名称	主要属性	属性值
窗体	FrmLogin	Caption	登录
		BorderStyle	1
标签	Label 1	Caption	用户名:
	Label2	Caption	密码:
文本框	TxtNo	Text	
	TxtPas	Text	
		PasswordChar	*
命令按钮	CmdOk	Caption	确定
	CmdCancel	Caption	取消

“登录”窗体主要判别用户的合法性。用户输入用户名或密码出现错误最多为3次，超过3次系统自动退出，实现代码如下。

```
Private Sub CmdCancel_Click()
    Unload Me
End Sub
Private Sub CmdOK_Click()
    On Error Resume Next
    Dim n As Integer '用于记录用户输入密码错误时，选择了“取消”还是“重试”
    Static iTimes As Integer '用于记录用户输入密码的次数
    iTimes = iTimes + 1
    Dim sql As String,flag As Boolean
    Dim rst As New ADODB.Recordset
```

```
    sql = "select * from 用户表 where 用户名='" & Trim(TxtNo.Text) _
        & "' and 密码='" & Trim(TxtPas.Text) & "'"
    Set rst = ExecuteSQL(sql, flag)
    If Not rst.EOF Then
        iTimes = 0
        UserID = rst.Fields("序号")
        GuanLiYuan = rst.Fields("管理员")
        FrmMain.Show
        Unload Me
    Else
        n = MsgBox("密码错误", _
            vbRetryCancel + vbExclamation + vbDefaultButton1, "重新输入密码")
        If n = 4 Then
            TxtPas.Text = ""
            TxtPas.SetFocus
        Else
            End
        End If
    End If
    If iTimes >= 3 Then
        MsgBox "您输入的密码不正确，且次数超过 3 次。非法用户，退出！", _
            vbOKOnly + vbExclamation, "非法用户！"
        End
    End If
End Sub
Private Sub TxtPas_KeyPress(KeyAscii As Integer)
    If KeyAscii = 13 Then Call CmdOK_Click
End Sub
```

4．系统主界面

系统主界面如图 15-3 所示，由 MDI 窗体、菜单和工具栏组成。系统通过主界面上的菜单或工具栏，对其他窗体和功能进行调用。

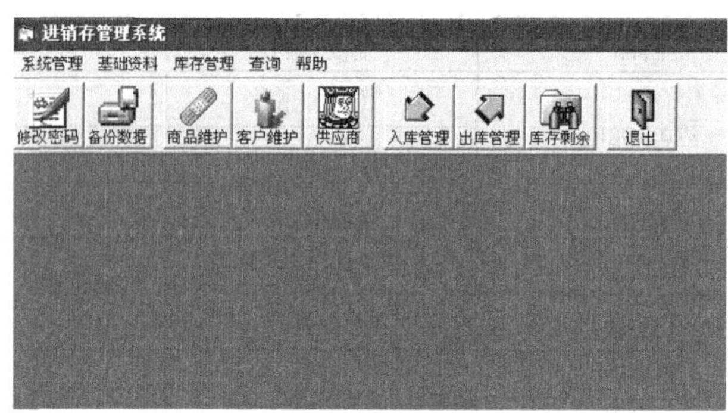

图 15-3 系统主界面

主窗体名称为 FrmMain，WindowState 属性设置为 2。在窗体上添加 ImageList 控件，命名为 ImageList1，通过 ImageList1 控件的【属性】→【图像】→【插入图像】操作，选择并导入工具栏中所需的 9 个 ico 格式的图标。在主窗体上添加一个工具栏，命名为 Toolbar1。Toolbar1 的按钮属性及设置如表 15-8 所示。

表 15-8 工具栏 Toolbar1 的按钮设置

索引	标题	关键字	样式	图像
1	修改密码	ChangePwd	0	1
2	备份数据	BeiFen	0	2
3			3	

续表

索引	标题	关键字	样式	图像
4	商品维护	ShangPin	0	3
5	客户维护	KeHu	0	4
6	供应商	GongYingShang	0	5
7			3	
8	入库管理	RuKu	0	6
9	出库管理	ChuKu	0	7
10	库存剩余	KuCun	0	8
11			3	
12	退出	TuiChu	0	9

主窗体中的菜单设置如表 15-9 所示。

表 15-9　主窗体的菜单设置

标题		名称
系统管理		SysTem
	用户管理	YongHu
	修改密码	XiuGaiMiMa
	-	sp1
	备份数据库	BeiFenShuJuKu
	-	sp2
	退出	TuiChu
基础资料		JiChuZiLiao
	商品类型	ShangPinLeiXing
	商品维护	ShangPinWeiHu
	客户维护	KeHuWeiHu
	供应商	GongYingShang
库存管理		KuCunGuanLi
	入库管理	RuKuGuanLi
	出库管理	ChuKuGuanLi
查询		ChaXun
	入库查询	RuKuChaXun
	出库查询	ChuKuChaXun
	库存查询	KuCunChaXun
帮助		BangZhu
	关于	GuanYu

主窗体的实现代码如下。

```
Private Sub BeiFenShuJuKu_Click()
    FileCopy App.Path & "\进销存管理.mdb ",App.Path & "\DBBack\进销存管理" & Date & ".mdb"
    MsgBox "数据库备份成功！"
End Sub
Private Sub ChuKuChaXun_Click()
    FrmChuKu.Show 1
End Sub
Private Sub ChuKuGuanLi_Click()
    FrmChuKu.Show 1
End Sub
Private Sub GongYingShang_Click()
    FrmGongYingShang.Show 1
End Sub
Private Sub GuanYu_Click()
    frmAbout.Show 1
End Sub
Private Sub KeHuWeiHu_Click()
    FrmKeHu.Show 1
End Sub
Private Sub KuCunChaXun_Click()
    FrmKuCunJiLu.Show 1
End Sub
Private Sub MDIForm_Load()
    If GuanLiYuan = False Then  YongHu.Visible = False
End Sub
Private Sub RuKuChaXun_Click()
    FrmRuKu.Show 1
End Sub
Private Sub RuKuGuanLi_Click()
    FrmRuKu.Show 1
End Sub
Private Sub ShangPinLeiXing_Click()
    FrmShangPinLeiXing.Show 1
End Sub
Private Sub ShangPinWeiHu_Click()
    FrmShangPinWeiHu.Show
End Sub
Private Sub Toolbar1_ButtonClick(ByVal Button As MSComctlLib.Button)
    Select Case Button.Key
    Case "ChangePwd"
        Call ShangPinLeiXing_Click
    Case "BeiFen"
        Call BeiFenShuJuKu_Click
    Case "ShangPin"
        Call ShangPinWeiHu_Click
    Case "KeHu"
        Call KeHuWeiHu_Click
    Case "GongYingShang"
        Call GongYingShang_Click
    Case "RuKu"
        Call RuKuGuanLi_Click
    Case "ChuKu"
        Call ChuKuGuanLi_Click
    Case "KuCun"
        Call KuCunChaXun_Click
    Case "TuiChu"
        Call TuiChu_Click
    End Select
End Sub
Private Sub TuiChu_Click()
    If MsgBox("你确定要退出吗？", vbOKCancel + vbExclamation,"退出确认") = vbOK Then  End
End Sub
Private Sub XiuGaiMiMa_Click()
    FrmChangePwd.Show 1
End Sub
Private Sub YongHu_Click()
    FrmYongHu.Show 1
```

```
End Sub
Private Sub ZhuXiao_Click()
    FrmLogin.Show 1
    End
End Sub
```

5．其他窗体界面及实现

（1）“用户管理”窗体。

“用户管理”窗体的设计如图 15-4 所示。

其主要控件及其属性设置见表 15-10。

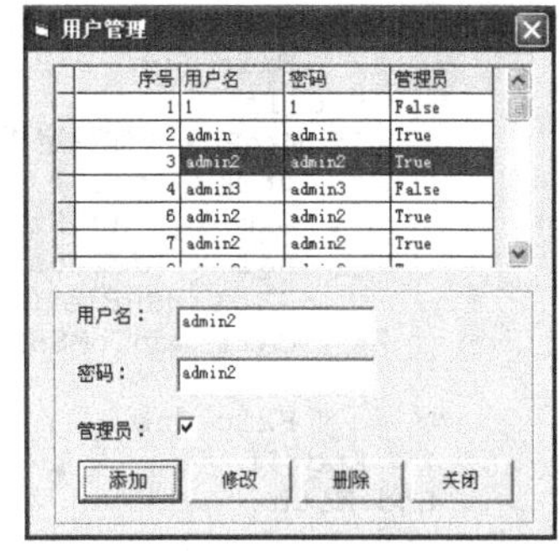

图 15-4　“用户管理”界面

表 15-10　“用户管理”窗体的控件及属性设置

控件类型	名称	主要属性	属性值
窗体	FrmYongHu	Caption	用户管理
		BorderStyle	1
MSHFlexGrid	MSHFlexGrid1	AllowUserResizing	1
		SelectionMode	1
标签	Label1	Caption	用户名:
	Label2	Caption	密码:
	Label3	Caption	管理员:
文本框	Text1	Text	
	Text2	Text	
复选框	Check1	Caption	
命令按钮	CmdAdd	Caption	添加
	CmdEdit	Caption	修改
	CmdDel	Caption	删除
	CmdCancel	Caption	关闭

“用户管理”窗体的实现代码如下。

```
Private Sub CmdAdd_Click()
    On Error Resume Next
    Dim sql As String
    sql = "insert into 用户表(用户名,密码,管理员) values('" & Text1.Text _
        & "','" & Text2.Text & "'," & "'" & Check1.Value & "')"
    Call AddToMSHFlexGrid(sql, "用户表", MSHFlexGrid1)
End Sub
Private Sub CmdEdit_Click()
    On Error Resume Next
    Dim sql As String
    sql = "update 用户表 set 用户名='" & Trim(Text1.Text) & "',密码='" _
        & Trim(Text2.Text)& "'," & "管理员='" & Check1.Value & "' " & " where 序号=" _
        & MSHFlexGrid1.TextMatrix(MSHFlexGrid1.Row, 1)
    Call AddToMSHFlexGrid(sql, "用户表", MSHFlexGrid1)
End Sub
Private Sub CmdDel_Click()
    On Error Resume Next
    With MSHFlexGrid1
        If .Row < 1 Then
```

```
            MsgBox "请先选择记录! ", vbOKOnly + vbExclamation, "警告"
            Exit Sub
        End If
        If MsgBox("你确定要删除记录(" & .TextMatrix(.Row, 1) & ")吗? ", _
            vbOKCancel + vbExclamation, "删除确认") = vbOK Then
            Dim sql As String
            sql = "delete from 用户表 where 序号=" _
                & MSHFlexGrid1.TextMatrix(MSHFlexGrid1.Row, 1)
            Call AddToMSHFlexGrid(sql, "用户表", MSHFlexGrid1)
        Else
            Exit Sub
        End If
    End With
End Sub
Private Sub CmdCancel_Click()
    Unload Me
End Sub
Private Sub Form_Load()
    Call ShowMSHFlexGridData("用户表", MSHFlexGrid1)
End Sub
Private Sub MSHFlexGrid1_Click()
    On Error Resume Next
    If MSHFlexGrid1.RowSel < 1 Then Exit Sub
    Text1.Text = MSHFlexGrid1.TextMatrix(MSHFlexGrid1.Row, 2)
    Text2.Text = MSHFlexGrid1.TextMatrix(MSHFlexGrid1.Row, 3)
    If MSHFlexGrid1.TextMatrix(MSHFlexGrid1.Row, 4) = True Then
        Check1.Value = 1
    Else
        Check1.Value = 0
    End If
End Sub
```

(2)“修改密码”窗体。

修改密码窗体的界面设计如图 15-5 所示。

其主要控件及属性设置如表 15-11 所示。

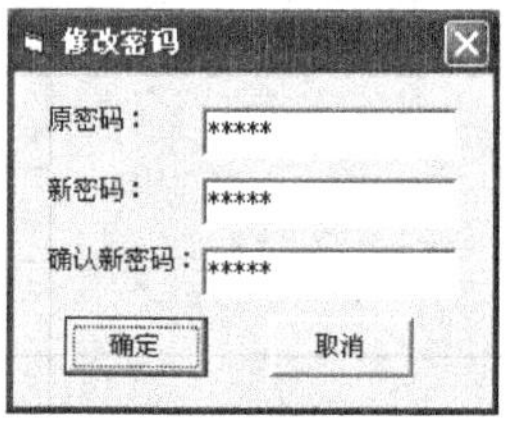

图 15-5 “修改密码”界面

表 15-11 “修改密码”窗体的控件及属性设置

控件类型	名称	主要属性	属性值
窗体	FrmChangePwd	Caption	修改密码
		BorderStyle	1
标签	Label1	Caption	原密码:
	Label2	Caption	新密码:
	Label3	Caption	确认新密码:
文本框	Text1	Text	
		PasswordChar	*
	Text2	Text	
		PasswordChar	*
	Text3	Text	
		PasswordChar	*
命令按钮	CmdOK	Caption	确定
	CmdCancel	Caption	取消

修改密码窗体的实现代码如下。

```
Private Sub CmdOK_Click()
    On Error Resume Next
    If Text2.Text <> Text3.Text Then
        MsgBox "请检查新密码及确认密码！"
        Text3.SetFocus
        Exit Sub
    End If
    Dim sql As String,flag As Boolean
    Dim rst As New ADODB.Recordset
    sql="select * from 用户表 where 序号=" & UserID & " and 密码='" & Trim(Text1.Text) &
"'"
    Set rst = ExecuteSQL(sql, flag)
    If Not rst.EOF Then
        Dim sql2 As String,flag2 As Boolean
        Dim rst2 As New ADODB.Recordset
        sql2 = "update 用户表 set 密码='" & Trim(Text2.Text) & "' where 序号=" & UserID
        Set rst = ExecuteSQL(sql2, flag2)
        MsgBox "密码修改成功！"
    Else
        MsgBox "原密码错误，不允许更改密码！"
    End If
    Set rst = Nothing
    Unload Me
End Sub
Private Sub CmdCancel_Click()
    Unload Me
End Sub
```

（3）“商品类型”窗体。

“商品类型”窗体的界面设计如图 15-6 所示。其主要控件及属性设置如表 15-12 所示。

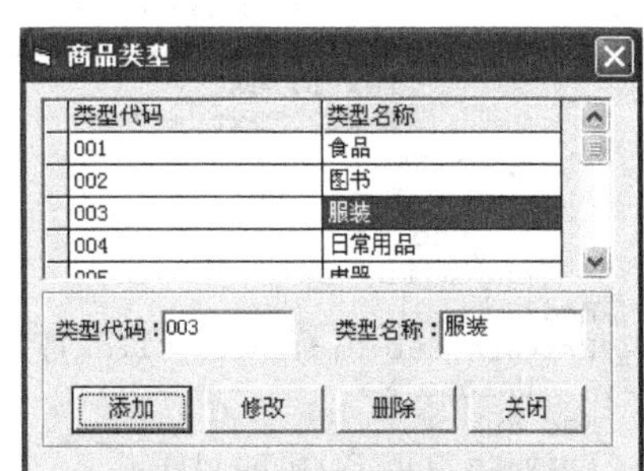

图 15-6 “商品类型”管理界面

表 15-12 “商品类型”窗体的控件及属性设置

控件类型	名称	主要属性	属性值
窗体	FrmShangPinLeiXing	Caption	商品类型
		BorderStyle	1
MSHFlexGrid	MSHFlexGrid1	AllowUserResizing	1
		SelectionMode	1
标签	Label1	Caption	类型代码：
	Label2	Caption	类型名称：
文本框	Text1	Text	
	Text2	Text	
命令按钮	CmdAdd	Caption	添加
	CmdEdit	Caption	修改
	CmdDel	Caption	删除
	CmdCancel	Caption	关闭

“商品类型”窗体的实现代码如下。

```
Private Sub CmdAdd_Click()
    On Error Resume Next
    Dim sql As String
    sql = "insert into 商品类型 values('" & Text1.Text & "','" & Text2.Text & "')"
    Call AddToMSHFlexGrid(sql, "商品类型", MSHFlexGrid1)
End Sub
Private Sub CmdEdit_Click()
    On Error Resume Next
```

```
    Dim sql As String
    sql = "update 商品类型 set 类型代码=" & "'" & Text1.Text & "',类型名称='" & Text2.Text _
        & "'" & " where 类型代码='" & MSHFlexGrid1.TextMatrix(MSHFlexGrid1.Row, 1) & "'"
    Call AddToMSHFlexGrid(sql, "商品类型", MSHFlexGrid1)
End Sub
Private Sub CmdDel_Click()
    On Error Resume Next
    With MSHFlexGrid1
        If .Row < 1 Then
            MsgBox "请先选择记录! ", vbOKOnly + vbExclamation, "警告"
            Exit Sub
        End If
        If MsgBox("你确定要删除记录(" & .TextMatrix(.Row, 1) & ")吗? ", _
            vbOKCancel + vbExclamation, "删除确认") = vbOK Then
            Dim sql As String
            sql = "delete from 商品类型 where 类型代码='" _
                & MSHFlexGrid1.TextMatrix(MSHFlexGrid1.Row, 1) & "'"
            Call AddToMSHFlexGrid(sql, "商品类型", MSHFlexGrid1)
            Text1.Text = ""
            Text2.Text = ""
        Else
            Exit Sub
        End If
    End With
End Sub
Private Sub CmdCancel_Click()
    Unload Me
End Sub
Private Sub Form_Load()
    Call ShowMSHFlexGridData("商品类型", MSHFlexGrid1)
End Sub
Private Sub MSHFlexGrid1_Click()
    On Error Resume Next
    If MSHFlexGrid1.RowSel < 1 Then  Exit Sub
    Text1.Text = MSHFlexGrid1.TextMatrix(MSHFlexGrid1.Row, 1)
    Text2.Text = MSHFlexGrid1.TextMatrix(MSHFlexGrid1.Row, 2)
End Sub
```

（4）“商品维护”窗体。

“商品维护”窗体的界面设计如图 15-7 所示。

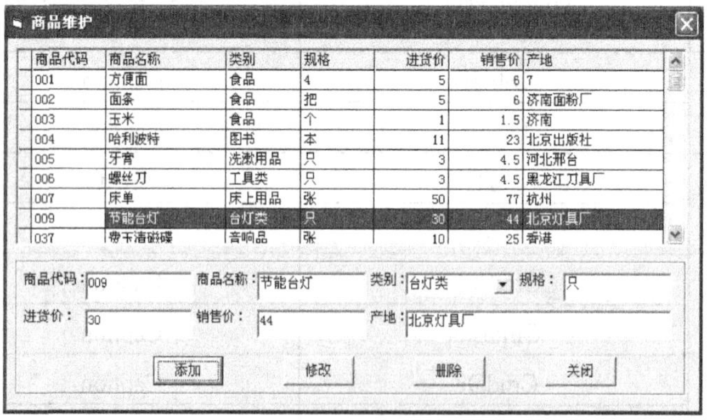

图 15-7 “商品维护”界面

其主要控件及属性设置如表 15-13 所示。

表 15-13 “商品维护”窗体的控件及属性设置

控件类型	名称	主要属性	属性值
窗体	FrmShangPinWeiHu	Caption	商品维护
		BorderStyle	1

续表

控件类型	名称	主要属性	属性值
MSHFlexGrid	MSHFlexGrid1	AllowUserResizing	1
		SelectionMode	1
标签	7 个标签名称为 Label1～Label7	其 Caption 属性依次为“商品代码:”、“商品名称:”、“类型:”、“规格:”、“进货价:”、“销售价:”、“产地:”	
文本框	由 6 个名称为 Text1 的文本框组成一个控件数组：Text1(0)～Text1(5)	Text	
组合框	Combo1		
命令按钮	CmdAdd	Caption	添加
	CmdEdit	Caption	修改
	CmdDel	Caption	删除
	CmdCancel	Caption	关闭

“商品维护”窗体的实现代码如下。

```
Private Sub CmdAdd_Click()
    On Error Resume Next
    Dim sql As String
    sql = "insert into 商品 values('" & Text1(0).Text & "','" _
        & Text1(1).Text & "','" & "'" & Combo1.Text & "','" & Text1(2).Text & "','" _
        & Val(Text1(3).Text) & "," & Val(Text1(4).Text) & ",'" & Text1(5).Text & "')"
    Call AddToMSHFlexGrid(sql, "商品", MSHFlexGrid1)
End Sub
Private Sub CmdEdit_Click()
    On Error Resume Next
    Dim sql As String
    sql = "update 商品 set 商品代码=" & "'" & Text1(0).Text & "',商品名称='" _
        & Text1(1).Text & "'," & "类型='" & Combo1.Text & "',规格='" & Text1(2).Text _
        & "',进货价=" & Val(Text1(3).Text) & "," & "销售价=" & Val(Text1(4).Text) _
        & ",产地='" & Text1(5).Text & "' " & " where 商品代码='" _
        & MSHFlexGrid1.TextMatrix(MSHFlexGrid1.Row, 1) & "'"
    Call AddToMSHFlexGrid(sql, "商品", MSHFlexGrid1)
End Sub
Private Sub CmdDel_Click()
    On Error Resume Next
    With MSHFlexGrid1
        If .Row < 1 Then
            MsgBox "请先选择记录! ", vbOKOnly + vbExclamation, "警告"
            Exit Sub
        End If
        If MsgBox("你确定要删除记录(" & .TextMatrix(.Row, 1) & ")吗? ", _
            vbOKCancel + vbExclamation, "删除确认") = vbOK Then
            Dim sql As String
            sql = "delete from 商品 where 商品代码='" & _
                MSHFlexGrid1.TextMatrix(MSHFlexGrid1.Row, 1) & "'"
            Call AddToMSHFlexGrid(sql, "商品", MSHFlexGrid1)
        Else
            Exit Sub
        End If
    End With
End Sub
```

```
Private Sub CmdCancel_Click()
    Unload Me
End Sub
Private Sub Form_Load()
    Call ShowMSHFlexGridData("商品", MSHFlexGrid1)
    Dim sql As String
    sql = "select * from 商品类型"
    Call SetItem(sql, Combo1)
    Combo1.Text = ""
End Sub
Private Sub MSHFlexGrid1_Click()
    On Error Resume Next
    If MSHFlexGrid1.RowSel < 1 Then  Exit Sub
    Text1(0).Text = MSHFlexGrid1.TextMatrix(MSHFlexGrid1.Row, 1)
    Text1(1).Text = MSHFlexGrid1.TextMatrix(MSHFlexGrid1.Row, 2)
    Combo1.Text = MSHFlexGrid1.TextMatrix(MSHFlexGrid1.Row, 3)
    Text1(2).Text = MSHFlexGrid1.TextMatrix(MSHFlexGrid1.Row, 4)
    Text1(3).Text = MSHFlexGrid1.TextMatrix(MSHFlexGrid1.Row, 5)
    Text1(4).Text = MSHFlexGrid1.TextMatrix(MSHFlexGrid1.Row, 6)
    Text1(5).Text = MSHFlexGrid1.TextMatrix(MSHFlexGrid1.Row, 7)
End Sub
```

（5）"客户维护"窗体。

"客户维护"窗体的界面设计如图 15-8 所示。

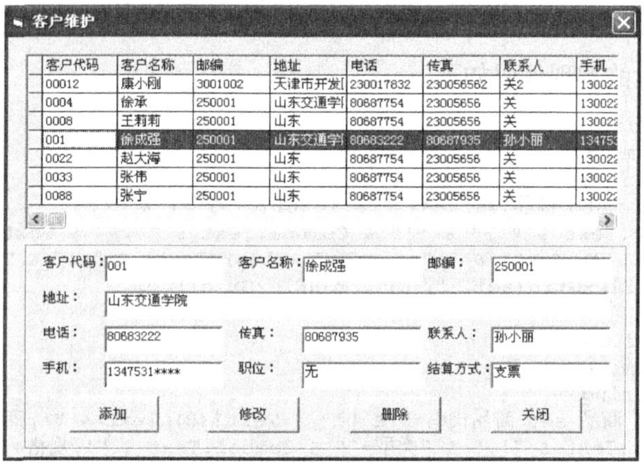

图 15-8 "客户维护"界面

其主要控件及属性设置如表 15-14 所示。

表 15-14　"客户维护"窗体的控件及属性设置

控件类型	名称	主要属性	属性值
窗体	FrmKeHu	Caption	客户维护
		BorderStyle	1
MSHFlexGrid	MSHFlexGrid1	AllowUserResizing	1
		SelectionMode	1
标签	10 个标签名称依次为 Label1～Label10	其 Caption 属性依次为："客户代码:"、"客户名称:"、"邮编:"、"地址:"、"电话:"、"传真:"、"联系人:"、"手机" :、"职位:"、"结算方式:"	

续表

控件类型	名称	主要属性	属性值
文本框	由10个名称为Text1的文本框组成一个控件数组，Text1(0)～Text1(9)	Text	
命令按钮	CmdAdd	Caption	添加
	CmdEdit	Caption	修改
	CmdDel	Caption	删除
	CmdCancel	Caption	关闭

“客户维护”窗体的实现代码如下。

```
Private Sub CmdAdd_Click()
    On Error Resume Next
    Dim sql As String
    sql = "insert into 客户 values('" & Text1(0).Text & "','" & Text1(1).Text & "','" _
        & Text1(2).Text & "','" & Text1(3).Text & "','" & Text1(4).Text & "','" _
        & Text1(5).Text & "','" & Text1(6).Text & "','" & Text1(7).Text & "','" _
        & Text1(8).Text & "','" & Text1(9).Text & "')"
    Call AddToMSHFlexGrid(sql, "客户", MSHFlexGrid1)
End Sub
Private Sub CmdEdit_Click()
    On Error Resume Next
    Dim sql As String
    sql = "update 客户 set 客户代码='" & Text1(0).Text & "',客户名称='" & Text1(1).Text _
        & "'," & "邮编='" & Text1(2).Text & "',地址='" & Text1(3).Text & "',电话='" _
        & Text1(4).Text & "'," & "传真='" & Text1(5).Text & "',联系人='" _
        & Text1(6).Text & "', " & "手机='" & Text1(7).Text & "',职位='" _
        & Text1(8).Text & "',结算方式='" & Text1(9).Text & "' " _
        & " where 客户代码='" & MSHFlexGrid1.TextMatrix(MSHFlexGrid1.Row, 1) & "'"
    Call AddToMSHFlexGrid(sql, "客户", MSHFlexGrid1)
End Sub
Private Sub CmdDel_Click()
    On Error Resume Next
    With MSHFlexGrid1
        If .Row < 1 Then
            MsgBox "请先选择记录! ", vbOKOnly + vbExclamation, "警告"
            Exit Sub
        End If
        If MsgBox("你确定要删除记录(" & .TextMatrix(.Row, 1) & ")吗? ", _
            vbOKCancel + vbExclamation, "删除确认") = vbOK Then
            Dim sql As String
            sql = "delete from 客户 where 客户代码='" _
                & MSHFlexGrid1.TextMatrix(MSHFlexGrid1.Row, 1) & "'"
            Call AddToMSHFlexGrid(sql, "客户", MSHFlexGrid1)
            Dim i As Integer
            For i = 0 To 9
                Text1(i).Text = ""
            Next i
        Else
            Exit Sub
        End If
    End With
End Sub
Private Sub CmdCancel_Click()
    Unload Me
End Sub
Private Sub Form_Load()
    Call ShowMSHFlexGridData("客户", MSHFlexGrid1)
End Sub
Private Sub MSHFlexGrid1_Click()
    On Error Resume Next
    If MSHFlexGrid1.RowSel < 1 Then   Exit Sub
```

```
    Dim i As Integer
    For i = 0 To 9
        Text1(i).Text = MSHFlexGrid1.TextMatrix(MSHFlexGrid1.Row, i + 1)
    Next
End Sub
```

（6）“供应商”窗体。

供应商窗体设计如图 15-9 所示。

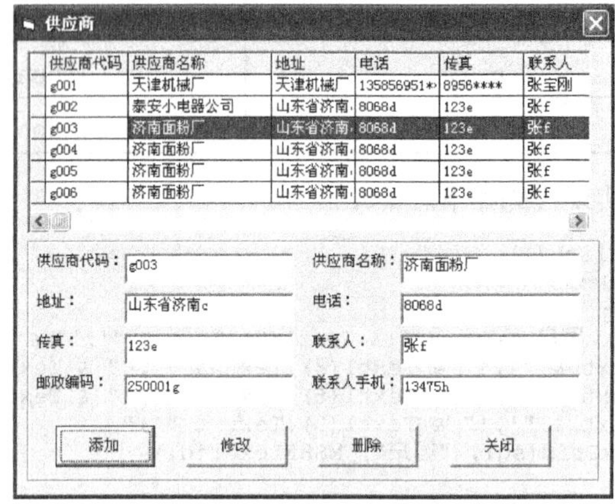

图 15-9 “供应商”界面

其主要控件及其属性设置如表 15-15 所示。

表 15-15 “供应商”窗体的控件及属性设置

控件类型	名称	主要属性	属性值
窗体	FrmGongYingShang	Caption	供应商
		BorderStyle	1
MSHFlexGrid	MSHFlexGrid1	AllowUserResizing	1
		SelectionMode	1
标签	8 个标签名称依次为 Label1～Label8	其 Caption 属性依次为“供应商代码:”、“供应商名称:”、“地址:”、“电话:”、“传真:”、“联系人:”、“邮政编码:”、“联系人手机:”	
文本框	由 8 个名称为 Text1 的文本框组成一个控件数组，Text1(0)～Text1(7)	Text	
命令按钮	CmdAdd	Caption	添加
	CmdEdit	Caption	修改
	CmdDel	Caption	删除
	CmdCancel	Caption	关闭

“供应商”窗体的实现代码如下。

```
Private Sub CmdAdd_Click()
    On Error Resume Next
    Dim sql As String
    sql = "insert into 供应商 values('" & Text1(0).Text & "','" & Text1(1).Text _
        & "','" & Text1(2).Text & "','" & Text1(3).Text & "','" & Text1(4).Text _
        & "','" & Text1(5).Text & "','" & Text1(6).Text & "','" & Text1(7).Text & "')"
```

```
    Call AddToMSHFlexGrid(sql, "供应商", MSHFlexGrid1)
End Sub
Private Sub CmdEdit_Click()
    On Error Resume Next
    Dim sql As String
    sql="update 供应商 set 供应商代码='" & Text1(0).Text & "',供应商名称='" _
        & Text1(1).Text & "'," & "地址='" & Text1(2).Text & "',电话='" & Text1(3).Text _
        & "',传真='" & Text1(4).Text & "'," & "联系人='" & Text1(5).Text _
        & "',邮编='" & Text1(6).Text & "', " & "手机='" & Text1(7).Text _
        & "'  where 供应商代码='" & MSHFlexGrid1.TextMatrix(MSHFlexGrid1.Row, 1) & "'"
    Call AddToMSHFlexGrid(sql, "供应商", MSHFlexGrid1)
End Sub
Private Sub CmdDel_Click()
    On Error Resume Next
    With MSHFlexGrid1
        If .Row < 1 Then
            MsgBox "请先选择记录! ", vbOKOnly + vbExclamation, "警告"
            Exit Sub
        End If
        If MsgBox("你确定要删除记录(" & .TextMatrix(.Row, 1) & ")吗? ", _
            vbOKCancel + vbExclamation, "删除确认") = vbOK Then
            Dim sql As String
            sql = "delete from 供应商 where 供应商代码='" _
                & MSHFlexGrid1.TextMatrix(MSHFlexGrid1.Row, 1) & "'"
            Call AddToMSHFlexGrid(sql, "供应商", MSHFlexGrid1)
            Dim i As Integer
            For i = 0 To 7
                Text1(i).Text = ""
            Next i
        Else
            Exit Sub
        End If
    End With
End Sub
Private Sub CmdCancel_Click()
    Unload Me
End Sub
Private Sub Form_Load()
    Call ShowMSHFlexGridData("供应商", MSHFlexGrid1)
End Sub
Private Sub MSHFlexGrid1_Click()
    On Error Resume Next
    If MSHFlexGrid1.RowSel < 1 Then Exit Sub
    Dim i As Integer
    For i = 0 To 7
        Text1(i).Text = MSHFlexGrid1.TextMatrix(MSHFlexGrid1.Row, i + 1)
    Next
End Sub
```

(7)“入库管理”窗体。

“入库管理”窗体设计如图 15-10 所示。

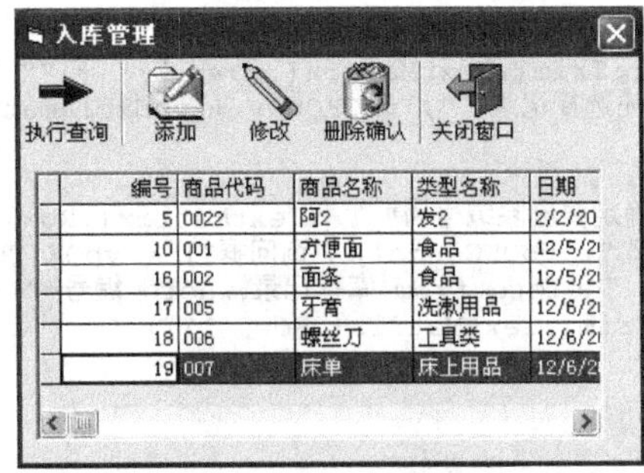

图 15-10 “入库管理”界面

“入库管理”窗体(FrmRuKu)上的控件有 Toolbar1、MSHFlexGrid1、ImageList1。其中,

Toolbar1 的按钮属性及设置见表 15-16。

表 15-16　　Toolbar1 的按钮设置

索引	标题	关键字	样式	图像
1	执行查询	query	0	1
2			3	
3	添加	add	0	2
4	修改	change	0	3
5	删除确认	delete	0	4
6		3		
7	关闭窗口	close	0	5

“入库管理”窗体的实现代码如下。

```
Private Sub Form_Load()
    Dim sql As String
    sql = "select * from 库存记录 where 数量>0"
Call SetMSHGridDataSource(sql, MSHFlexGrid1, 200)
End Sub
Private Sub Toolbar1_ButtonClick(ByVal Button As MSComctlLib.Button)
    On Error Resume Next
    RuChu = 1 '入库操作
    Select Case Button.Key
    Case "query"
        FrmKuCunChaXun.Show 1
        If FrmKuCunChaXun.ok = True Then
            Dim sql As String
            sql = FrmKuCunChaXun.QuerySQL & "  and 数量>0"
            Call SetMSHGridDataSource(sql, MSHFlexGrid1, 200)
        End If
    Case "add"
        FrmAdd.Show 1
        Call Form_Load
    Case "change"
        With MSHFlexGrid1
            If .Row < 1 Or Trim(.TextMatrix(.Row, 1)) = "" Then
                MsgBox "请先选择记录! ", vbOKOnly + vbExclamation, "警告"
                Exit Sub
            End If
            FrmChange.bh = Trim(.TextMatrix(.Row, 1))
            FrmChange.Show 1
        End With
        Call Form_Load
    Case "delete"
        With MSHFlexGrid1
            If .Row < 1 Or Trim(.TextMatrix(.Row, 1)) = "" Then
                MsgBox "请先选择记录! ", vbOKOnly + vbExclamation, "警告"
                Exit Sub
            End If
            If MsgBox("你确定要删除编号为" & .TextMatrix(.Row, 1) _
                & "的记录吗? ", vbOKCancel, "询问框") = vbOK Then
                ExecuteSQL "delete from 库存记录 where 编号=" _
                    & Val(Trim(.TextMatrix(.Row, 1)))
            Else
                Exit Sub
            End If
        End With
        Call Form_Load
    Case "close"
        Unload Me
```

```
    End Select
End Sub
```

(8)“出库管理”窗体。

“出库管理”窗体(FrmChuKu)的设计及主要控件属性同入库管理窗体,实现代码如下。

```
Private Sub Form_Load()
    Dim sql As String
    sql = "select * from 库存记录 where 数量<0"
Call SetMSHGridDataSource(sql, MSHFlexGrid1, 200)
End Sub
Private Sub Toolbar1_ButtonClick(ByVal Button As MSComctlLib.Button)
    On Error Resume Next
    RuChu = 2 '出库操作
    Select Case Button.Key
    Case "query"
        FrmKuCunChaXun.Show 1
        If FrmKuCunChaXun.ok = True Then
            Dim sql As String
            sql = FrmKuCunChaXun.QuerySQL & "  and 数量>0"
            Call SetMSHGridDataSource(sql, MSHFlexGrid1, 200)
        End If
    Case "add"
        FrmAdd.Show 1
        Call Form_Load
    Case "change"
        With MSHFlexGrid1
            If .Row < 1 Or Trim(.TextMatrix(.Row, 1)) = "" Then
                MsgBox "请先选择记录! ", vbOKOnly + vbExclamation, "警告"
                Exit Sub
            End If
            FrmChange.bh = Trim(.TextMatrix(.Row, 1))
            FrmChange.Show 1
        End With
        Call Form_Load
    Case "delete"
        With MSHFlexGrid1
            If .Row < 1 Or Trim(.TextMatrix(.Row, 1)) = "" Then
                MsgBox "请先选择记录! ", vbOKOnly + vbExclamation, "警告"
                Exit Sub
            End If
            If MsgBox("你确定要删除编号为" & .TextMatrix(.Row, 1) _
                & "的记录吗? ", vbOKCancel, "询问框") = vbOK Then
                ExecuteSQL "delete from 库存记录 where 编号=" _
                    & Val(Trim(.TextMatrix(.Row, 1)))
            Else
                Exit Sub
            End If
        End With
        Call Form_Load
    Case "close"
        Unload Me
    End Select
End Sub
```

(9)“剩余库存”窗体。

“剩余库存”窗体设计如图 15-11 所示。

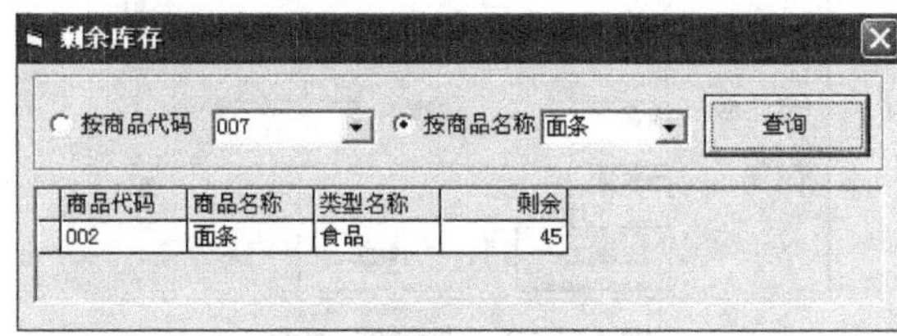

图 15-11 “剩余库存”界面

其主要控件及其属性设置如表 15-17 所示。

表 15-17 “剩余库存”窗体的控件及属性设置

控件类型	名称	主要属性	属性值
窗体	FrmKuCunJiLu	Caption	剩余库存
		BorderStyle	1
MSHFlexGrid	MSHFlexGrid1	AllowUserResizing	1
		SelectionMode	1
单选钮	Option1	Caption	按商品代码
	Option2	Caption	按商品名称
组合框	Combo1		
	Combo2		
命令按钮	Command1	Caption	查询

剩余库存窗体的实现代码如下。

```
Private Sub Command1_Click()
    On Error Resume Next
    Dim sql As String
    sql = "select 商品代码,商品名称,类型名称,sum(数量) as 剩余 from 库存记录 "
    If Option1.Value = True Then
        sql = sql & " where 商品代码='" & Trim(Combo1.Text) & "'"
    ElseIf Option2.Value = True Then
        sql = sql & " where 商品名称='" & Trim(Combo2.Text) & "'"
    End If
    sql = sql & " group by 商品代码,商品名称,类型名称"
Call SetMSHGridDataSource(sql, MSHFlexGrid1, 200)
End Sub
Private Sub Form_Load()
    Combo1.Text = ""
    Combo2.Text = ""
    Dim sql As String
    sql = "select distinct(商品代码) from 库存记录"
    Call SetItem(sql, Combo1)
    sql = "select distinct(商品名称) from 库存记录"
    Call SetItem(sql, Combo2)
    sql = "select 商品代码,商品名称,类型名称,sum(数量) as 剩余 " _
        & " from 库存记录 group by 商品代码,商品名称,类型名称"
    Call SetMSHGridDataSource(sql, MSHFlexGrid1, 200)
End Sub
```

(10)“添加”窗体。

“添加”窗体界面设计如图 15-12 所示。

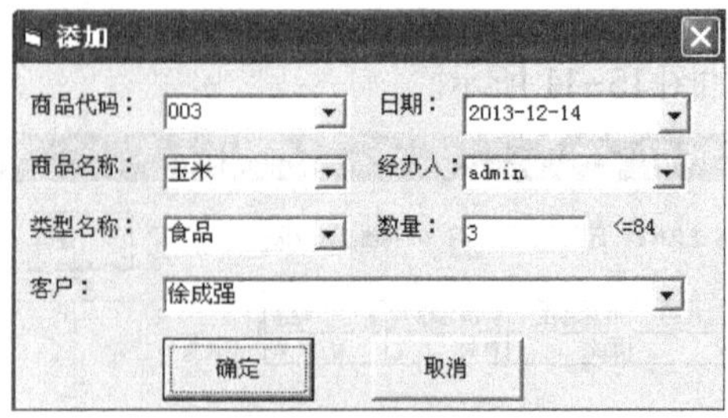

图 15-12 “添加”界面

其主要控件及其属性设置如表 15-18 所示。

表 15-18　“添加”窗体的控件及属性设置

控件类型	名称	主要属性	属性值
窗体	FrmAdd	Caption	添加
		BorderStyle	1
标签	7 个标签名称为 Label1～Label7	共 Caption 属性依次为“商品代码:”、“商品名称:”、“类型名称:”、“日期:”、“经办人:”、“数量:”、“供应商/客户:”	
文本框	Text2	Text	
组合框	Combo1	Text	
	Combo2	Text	
	Combo3	Text	
	Combo4	Text	
	Combo5	Text	
日期	DTPicker1		
命令按钮	CmdOK	Caption	确定
	CmdCancel	Caption	取消

“添加”窗体的实现代码如下。

```
Private Sub Combo1_Click()
    Dim sql As String,flag As Boolean
    Dim rst As New ADODB.Recordset
    sql = "select * from 商品 where 商品代码='" & Combo1.Text & "'"
    Set rst = ExecuteSQL(sql, flag)
    While Not rst.EOF
        Combo2.Text = rst.Fields("商品名称")
        Combo3.Text = rst.Fields("类型")
        rst.MoveNext
    Wend
    Set rst = Nothing
End Sub
Private Sub CmdOK_Click()
    On Error Resume Next
    Dim ShengYuNo As Single    'RuChu=2 表示当前是出库操作
    If RuChu = 2 Then
        Dim sql_no As String,flag_no As Boolean
        Dim rst_no As New ADODB.Recordset
        sql_no="select sum(数量) from  库存记录 " & "where 商品代码 ='" & Combo1.Text & "'"
        Set rst_no = ExecuteSQL(sql_no, flag_no)
        ShengYuNo = Val(rst_no.Fields(0))
        Set rst_no = Nothing
    End If
    Dim sql As String
    sql="insert into 库存记录(商品代码,商品名称," & "类型名称,日期,经办人,数量,供应商客户) " _
          & " values('" & Trim(Combo1.Text) & "','"   _
          & Trim(Combo2.Text) & "','" & Trim(Combo3.Text) & "','"
    If RuChu = 1 Then  'RuChu=1 表示当前是入库操作
        sql = sql & DTPicker1.Value & "','"  & Trim(Combo4.Text) & "','"_
                & Val(Text2.Text) & "'" & ",'" & Trim(Combo5.Text) & "')"
        ExecuteSQL sql
    ElseIf RuChu = 2 Then '出库操作
```

```
        If (ShengYuNo > 0) And (ShengYuNo > Val(Text2.Text)) Then
           sql = sql & DTPicker1.Value & "','"  & Trim(Combo4.Text) & "','" _
               & (-1) * Val(Text2.Text) & "'" & ",'" & Trim(Combo5.Text) & "')"
            ExecuteSQL sql
        Else
            MsgBox "数量错误(最多可以设置" & ShengYuNo & "),请检查!"
            Text2.SetFocus
            Exit Sub
        End If
    End If
    Unload Me
End Sub
Private Sub CmdCancel_Click()
    Unload Me
End Sub
Private Sub Combo2_Click() '单击商品名称组合框，进行商品代码、商品名称、商品类型的关联
    Dim sql As String,flag As Boolean
    Dim rst As New ADODB.Recordset
    sql = "select * from 商品 where 商品名称='" & Combo2.Text & "'"
    Set rst = ExecuteSQL(sql, flag)
    While Not rst.EOF
        Combo1.Text = rst.Fields("商品代码")
        Combo3.Text = rst.Fields("类型")
        rst.MoveNext
    Wend
    Set rst = Nothing
End Sub
Private Sub Form_Load()
    Dim sql As String
    LabelNo.Visible = False '标签LabelNo用于出库操作时显示商品的剩余库存
    DTPicker1.Value = Date
    If RuChu = 1 Then
        Label7.Caption = "供应商: "
        Text2.Width = 1860
        sql = "select distinct(供应商名称) from 供应商"
        Call SetItem(sql, Combo5)
    ElseIf RuChu = 2 Then
        Label7.Caption = "客户: "
        Text2.Width = 1000
        LabelNo.Visible = True
        sql = "select distinct(客户名称) from 客户"
        Call SetItem(sql, Combo5)
    End If
    sql = "select distinct(商品代码) from 商品"
    Call SetItem(sql, Combo1)
    sql = "select distinct(商品名称) from 商品"
    Call SetItem(sql, Combo2)
    sql = "select distinct(类型) from 商品"
    Call SetItem(sql, Combo3)
    sql = "select distinct(用户名) from 用户表"
    Call SetItem(sql, Combo4)
End Sub
Private Sub Text2_Change() '进行出库操作时，对于出库的商品给出库存中剩余数量的提示
    If RuChu = 2 Then '出库操作
        Dim sql As String,flag As Boolean
        Dim rst As New ADODB.Recordset
        sql = "select sum(数量) from 库存记录 where 商品代码='" & Combo1.Text & "'"
        Set rst = ExecuteSQL(sql, flag)
        While Not rst.EOF
            LabelNo.Caption = "<=" & rst.Fields(0).Value
            rst.MoveNext
        Wend
        Set rst = Nothing
    End If
End Sub
```

（11）“修改”窗体。

“修改”窗体设计如图 15-13 所示。

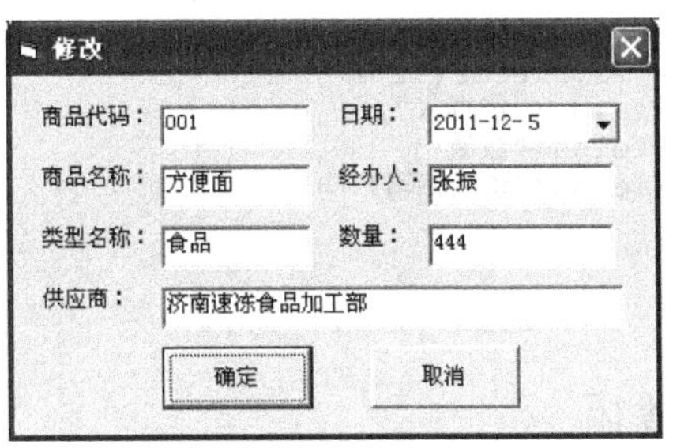

图 15-13 “修改”界面

其主要控件及其属性设置如表 15-19 所示。

表 15-19 修改窗体的控件及属性设置

控件类型	名称	主要属性	属性值
窗体	FrmChange	Caption	修改
		BorderStyle	1
标签	7 个标签名称为：Label1～Label7	其 Caption 属性依次为“商品代码:”、“商品名称:”、“类型名称:”、“日期:”、“经办人:”、“数量:”	
文本框	6 个文本框名称为：Text1～Text6	Text	
日期	DTPicker1		
命令按钮	CmdOK	Caption	确定
	CmdCancel	Caption	取消

“修改”窗体的实现代码如下。

```
Public bh As Integer
Private Sub CmdOK_Click()
    On Error Resume Next
    Dim sql As String
    sql = "update 库存记录 set 商品代码='" & Text1.Text & "',商品名称='" & Text2.Text _
        & "'," & "类型名称='" & Text3.Text & "',日期='" & DTPicker1.Value & "',"_
        & "经办人='" & Trim(Text4.Text) & "',数量=" & Val(Text5.Text) & ",供应商客户='" _
        & Trim(Text6.Text) & "'" & " where 编号=" & bh
    ExecuteSQL sql
    Unload Me
End Sub
Private Sub CmdCancel_Click()
    Unload Me
End Sub
Private Sub Form_Load()
    On Error Resume Next
    If RuChu = 1 Then
        Label7.Caption = "供应商："
    ElseIf RuChu = 2 Then
        Label7.Caption = "客户："
    End If
    Dim sql As String
    Dim rs As Recordset
    sql = "select * from 库存记录 where 编号=" & bh
    Set rs = ExecuteSQL(sql)
    If Not rs.EOF And Not rs.BOF Then
        Text1.Text = rs.Fields("商品代码")
        Text2.Text = rs.Fields("商品名称")
```

```
        Text3.Text = rs.Fields("类型名称")
        DTPicker1.Value = rs.Fields("日期")
        Text4.Text = rs.Fields("经办人")
        Text5.Text = rs.Fields("数量")
        Text6.Text = rs.Fields("供应商客户")
    End If
    rs.Close
    Set rs = Nothing
End Sub
```

(12)“入库/出库查询”窗体。

入库/出库查询窗体设计如图 15-14 所示。

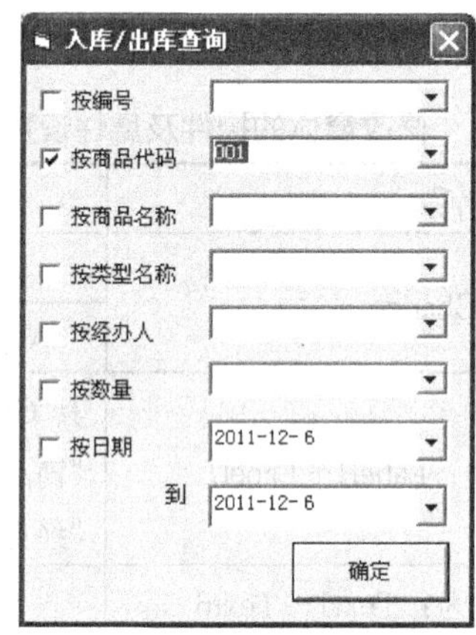

图 15-14 “入库/出库查询”界面

其主要控件及其属性设置如表 15-20 所示。

表 15-20 “入库/出库查询”窗体的控件及属性设置

控件类型	名称	主要属性	属性值
窗体	FrmKuCunChaXun	Caption	入库/出库查询
		BorderStyle	1
复选框	7 个复选框名称为 Check1～Check7	其 Caption 属性依次为“按编号:”、“按商品代码:”、“按商品名称:”、“按类型名称:”、“按经办人:”、“按数量:”、“按日期:”	
组合框	6 个组合框组成控件数组,Combo1(0)～Combo1(5)		
标签	Label1	Caption	到
日期	DTPicker1		
	DTPicker2		
命令按钮	CmdOK	Caption	确定

“入库/出库查询”窗体的实现代码如下。

```
Public ok As Boolean,QuerySQL As String
Private Sub CmdOK_Click()
    On Error Resume Next
    QuerySQL = "select * from 库存记录 where "
```

```
    If Check1.Value = vbChecked Then
        QuerySQL = QuerySQL & "编号=" & Trim(Combo1(0).Text)
    End If
    If Check2.Value = vbChecked Then
        QuerySQL = QuerySQL & "商品代码='" & Trim(Combo1(1).Text) & "'"
    End If
    If Check3.Value = vbChecked Then
        QuerySQL = QuerySQL & "商品名称='" & Trim(Combo1(2).Text) & "'"
    End If
    If Check4.Value = vbChecked Then
        QuerySQL = QuerySQL & "类型名称='" & Trim(Combo1(3).Text) & "'"
    End If
    If Check5.Value = vbChecked Then
        QuerySQL = QuerySQL & "经办人='" & Trim(Combo1(4).Text) & "'"
    End If
    If Check6.Value = vbChecked Then
        QuerySQL = QuerySQL & "数量='" & Trim(Combo1(5).Text) & "'"
    End If
    If Check7.Value = vbChecked Then
        QuerySQL = QuerySQL & "日期 between #" _
            & DTPicker1.Value & "# and #" & DTPicker2.Value & "#"
    End If
    If Check1.Value + Check2.Value + Check3.Value + Check4.Value _
        + Check5.Value + Check6.Value + Check7.Value >= 1 Then ok = True
    Unload Me
End Sub
Private Sub Form_Load()
    On Error Resume Next
    Dim i As Integer
    For i = 0 To 5
        Combo1(i).Text = ""
    Next i
    Dim sql(5) As String
    sql(0) = "select distinct(编号) from 库存记录"
    sql(1) = "select distinct(商品代码) from 库存记录"
    sql(2) = "select distinct(商品名称) from 库存记录"
    sql(3) = "select distinct(类型名称) from 库存记录"
    sql(4) = "select distinct(经办人) from 库存记录"
    sql(5) = "select distinct(数量) from 库存记录"
    For i = 0 To 5
        Call SetItem(sql(i), Combo1(i))
    Next i
    DTPicker1.Value = Date
    DTPicker2.Value = Date
End Sub
```

（13）“关于”窗体。

“关于”窗体（frmAbout）设计如图15-15所示，主要由标签、按钮等控件组成，用于标示版本、版权等信息，控件及属性设置略。

图15-15 “关于”界面

VB 实训

实训 1　VB 程序设计起步

1. 目的

（1）熟悉 VB 集成开发环境。

（2）掌握开发 VB 程序的步骤。

2. 内容

（1）练习属性窗口、工程窗口和工具箱窗口打开与关闭的各种方法。

（2）新建一个工程，在属性窗口修改 Form1 的几个属性：Caption、Backcolor、Height 和 Width。在界面设计的操作过程中及程序执行后，观察界面的变化情况。

（3）新建一个工程，在窗体上画一个文本框、两个命令按钮，两个命令按钮的标题分别是“问”与“答”。编写代码。程序运行后，当单击“问”按钮时，文本框中显示“你是谁啊？”；当单击“答”按钮时，文本框中显示“我是 VB 用户!”。运行情况如图 1 所示。

程序调试完毕后，再完成以下操作：保存工程；生成 EXE 文件；退出 VB 环境，执行生成的 EXE 文件。

（4）在窗体上画一个命令按钮，其名称为 c1，标题为“显示”。编写代码。程序运行后，如果单击“显示”按钮，则把窗体的标题修改为“等级考试”，程序运行界面如图 2 所示。

图 1　运行界面

图 2　运行界面

（5）在窗体上画一个文本框，其名称为 C1，Text 属性为空白。再画一个命令按钮，其名称为 c1，标题为“我来了”，Visible 属性为 False。编写适当的事件过程，程序运行后，如果在文本框中输入字符，则命令按钮出现，如图 3 所示。

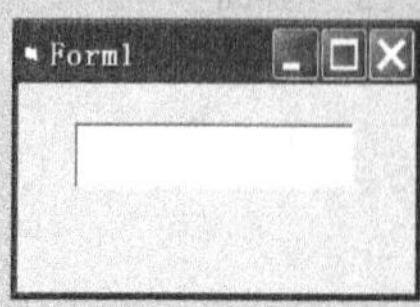

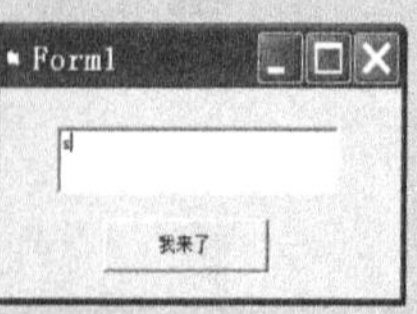

图 3　运行界面

代码提示：

```
Private Sub Text1_change()
C1. Visible=True
End Sub
```

实训 2　简单 VB 程序设计

1．目的

（1）掌握 VB 基本数据类型、内部函数、表达式的使用。

（2）掌握窗体、命令按钮、标签与文本框的常用属性、事件和方法。

（3）掌握 Inputbox 函数、MsgBox 函数和 Print 方法。

（4）掌握顺序结构程序设计。

2．内容

（1）设计一个收款程序。用户输入商品单价和商品数量后，单击“计算”按钮，则显示应付款；单击“清除”按钮，则清除显示的数据。程序运行效果如图 4 所示。

（2）在窗体上画一个文本框，名称为 Text1，高度为 350，宽度为 2000，字体为“黑体”，并设置其他相关属性，使得在运行时，在文本框中输入的字符都显示为“？”，如图 5 所示。

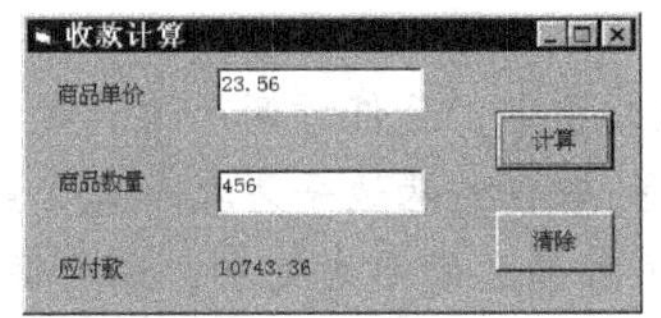

图 4　收款程序运行效果

图 5　运行界面

（3）在窗体上画一个文本框，其名称为 Text1，再画一个命令按钮，其名称为 c1，标题为“移动”。编写适当的事件过程，使得在运行时，单击“移动”按钮，则文本框移动到窗体的最左端，如图 6 所示。

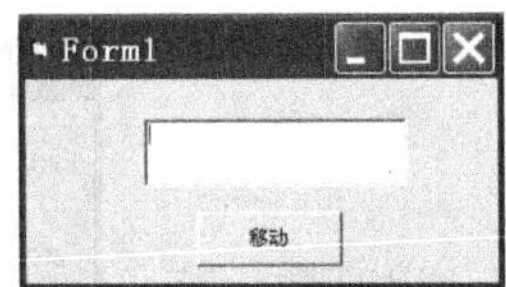

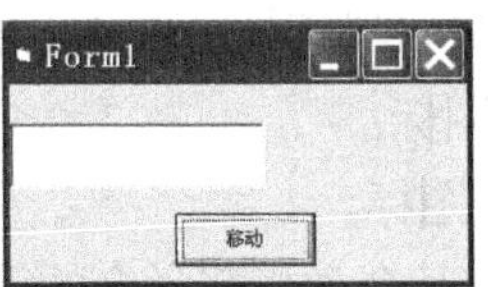

图 6　文本框移动

（4）设计一个程序，显示图 7 所示的艺术字。

用两个标签错位叠加，上面的标签背景设置为透明。

（5）设计一个程序，把在文本框中输入的文本同步生成艺术字，如图 8 所示。

提示：使用文本框的 Change 事件。

（6）设计一个程序，用 Inputbox 函数输入一个角度数后，在窗体上显示对应的弧度值。

（7）设计一个程序，当单击不同的按钮时，在窗体上显示相应的由星号组成的图形，如图 9 所示。

（8）在立即窗口中使用 Print 方法测试内部函数的用法。

图 7　艺术字效果

图 8　同步生成艺术字

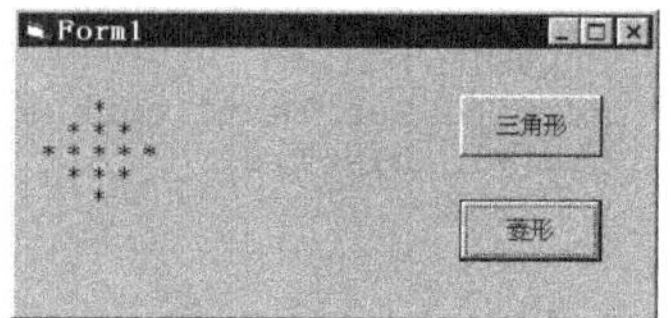

图 9　显示图形

实训 3　选择结构

1．目的

（1）熟悉选择结构的控制流程。

（2）掌握能实现选择结构的各种格式。

（3）掌握选择结构的编程。

2．内容

（1）设计一个程序，功能是：根据给定图形三条边的边长来判定图形的类型。若为三角形，则同时计算出为何种三角形，及三角形的面积。程序运行界面如图 10 所示。

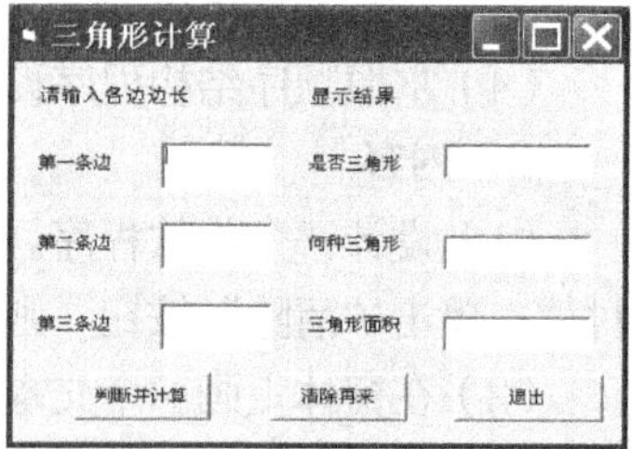

图 10　三角形计算

提示

① 三角形存在的条件是：任意一边大于零，且任意两个边长之和大于第三边。

② 若三边是勾股数，则是直角三角形；若任意两边平方之和大于第三边的平方，则为锐角三角形；若有一边的平方大于另外两边的平方之和，则为钝角三角形。

（2）设计一个两位数加、减、乘、除运算的程序，要求如下。

① 加、减、乘、除由用户单击相应的按钮选择。

② 运算数据由随机函数产生。

③ 选择合适的控件，显示运算式中的数据、运算符。

④ 对用户输入的结果对错用消息框给出提示：

结果正确时用“!”图标；

结果错误时用“×”图标。

（3）编写程序，评定某个学生奖学金的等级，以高数、英语、计算机 3 门课的成绩为评奖依据。

奖学金分为一、二、三等奖，评奖标准如下。

符合下列条件之一者可获得一等奖学金：

① 3 门课成绩总分在 285 分以上；

② 有两门课成绩是 100 分，且第三门不低于 80 分。

符合下列条件之一者可获得二等奖学金：

① 3 门成绩总分在 270 分以上；

② 有一门成绩是 100 分，其他成绩不低于 75 分。

各门成绩不低于 70 分，可获得三等奖学金。

符合条件者就高不就低，只能获得最高的那一项奖学金。要求显示获奖等级。程序运行界面如图 11 所示。

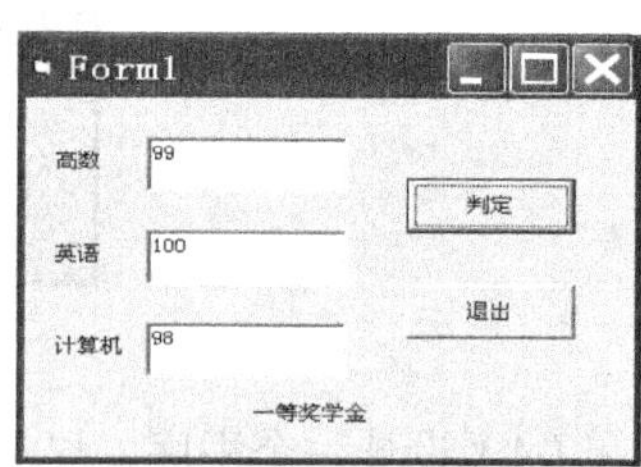

图 11　评定奖学金

实训 4　循环结构

1．目的

（1）掌握 For 语句的使用。

（2）掌握 Do...Loop 语句两种格式的使用。

（3）掌握 While 语句的使用。

（4）掌握循环控制条件的使用，避免编程中出现死循环或不循环。

2．内容

（1）求 1000 以内所有能被 7 整除的数的个数。

（2）计算 1！+3！+5！+7！+9！。

（3）使用循环结构编程，输出图 12 所示的图形。

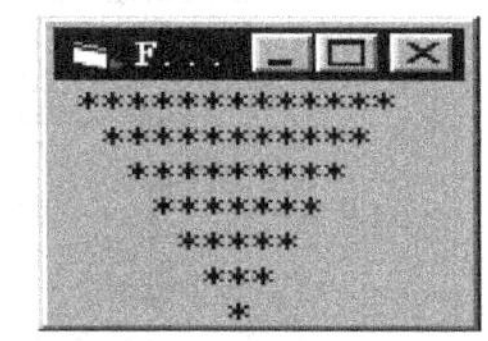

图 12　输出图形

（4）找出所有的"水仙花"数。所谓水仙花数，是指一个三位数，它的各位数字的立方和等于它本身。例如：$371=3^3+7^3+1^3$。

（5）编程序求解"百鸡问题"。公元前 5 世纪，我国古代数学家张丘建在《算经》一书中提出了"百鸡问题"：鸡翁一值钱五，鸡母一值钱三，鸡雏三值钱一，百钱买百鸡，问鸡翁、鸡母、鸡雏各几何？

实训 5　常用控件及多窗体

1．目的

（1）掌握图片框与图像框、定时器、单选按钮与复选框、框架、列表框与组合框、滚动条等控件的使用。

（2）掌握多窗体编程的基本方法。

2．内容

（1）在窗体上画一个列表框，通过属性窗口向列表框中添加 4 个项目，分别为"AAAA"、"BBBB"、"CCCC"和"DDDD"，编写适当的事件过程，程序运行后，如果单击列表框中的某一项，则该项从列表框中消失。程序运行界面如图 13 所示。

（2）用组合框、水平滚动条、文本框、标签等控件设计运行界面如图 14 所示的程序。组合框中可以选择的字体有"黑体"、"宋体"、"隶书"和"幼圆"。文本框中的内容为"天晴了!"，其字体可以通过组合框控制，字号可以通过水平滚动条来改变，同时把字号的大小通过标签显示出来。

（3）窗体中包含一组单选按钮、一组复选框。单选按钮包括粗体、斜体和粗斜体；复选框包括删除线和下划线。程序运行后，文本框中的文字受单选按钮、复选框的控制。程序运行效果如图 15 所示。

（4）窗体中包含一组单选按钮、一组复选框。单选按钮包括宋体和黑体；复选框包括下划线和斜体。程序运行时，用户选择一个单选按钮和至少一个复选框，单击"确定"按钮，对文本框中的文字进行控制。程序运行效果如图 16 所示（注意和上一题的不同之处）。

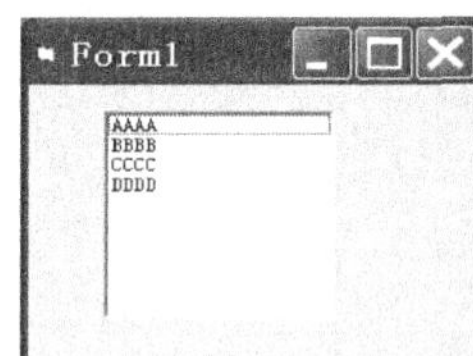

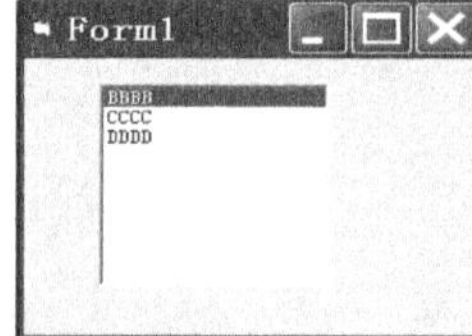

图 13　运行界面

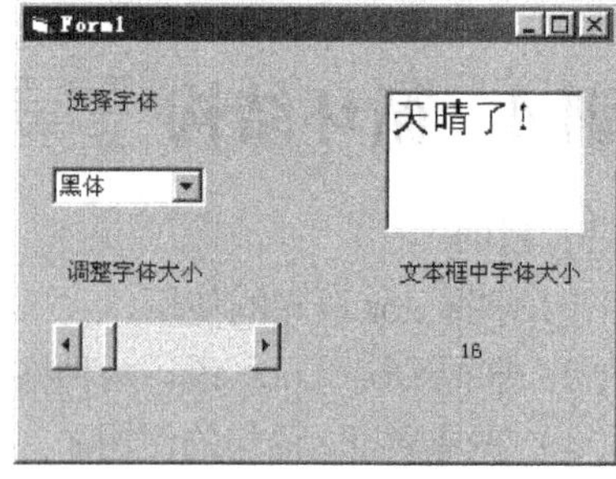

图 14　运行界面

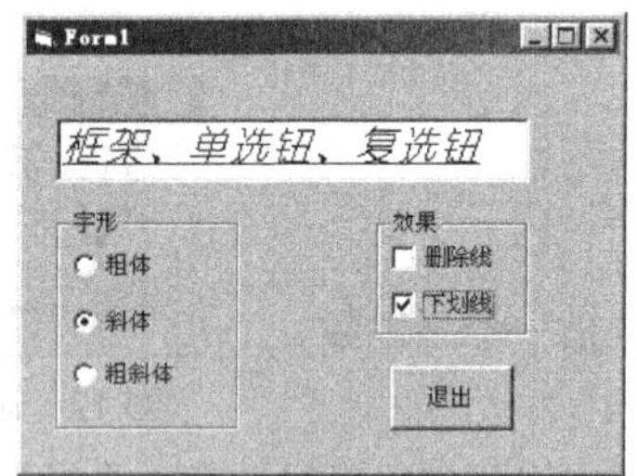

图 15　运行界面

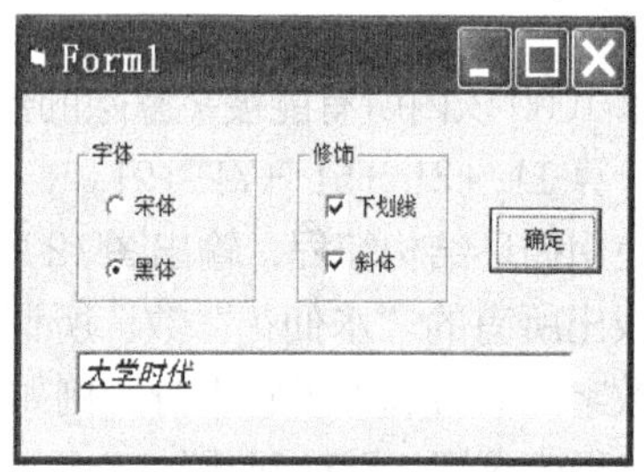

图 16　运行界面

（5）在窗体上建立一个组合框 Combo1，其中预设图 17 所示的内容，画一个文本框（Text1）和 3 个命令按钮，标题分别为“修改”、“确定”和“添加”。程序启动后，“确定”按钮不可用。程序的功能是：在运行时，如果选中组合框中的一个列表项，单击“修改”按钮，则把该项复制到 Text1 中（可在 Text1 中修改），并使“确定”按钮可用；若单击“确定”按钮，则用修改后的 Text1 中的内容替换组合框中该列表项的原有内容，同时使“确定”按钮不可用；若单击“添加”按钮，则把在 Text1 中的内容添加到组合框中。

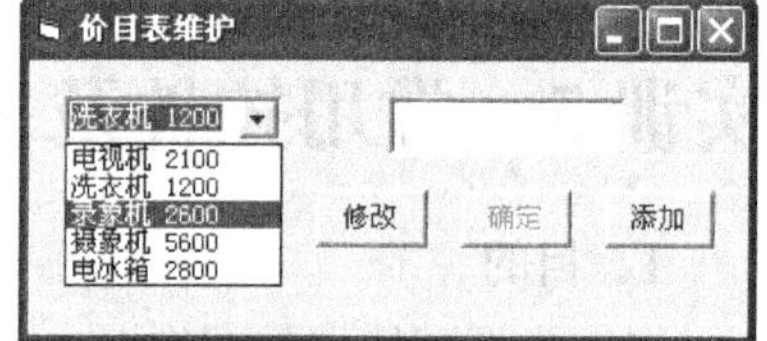

图 17　运行界面

实训 6　数组

1．目的

（1）掌握数组的定义方法。

（2）掌握数组输入、输出的方法。

（3）掌握数组的常用算法，如排序等。

2．内容

（1）用随机函数生成包含 10 个两位整数的一维数组，求这 10 个数的最大值、最小值以及平均值。

（2）有 4 个学生，3 门课的成绩，编程序实现以下功能。

① 找出平均成绩最高的学生的学号。

② 找出各门课程不及格学生的学号。

② 求各门课程的平均成绩。

（3）编写程序，在窗体中输出杨辉三角形的前 6 行。

1
1　1
1　2　1
1　3　3　1
1　4　6　4　1
1　5　10　10　5　1

杨辉三角形的每一行是$(x+y)^n$的展开式的各项的系数。如第 1 行是$(x+y)^0$，系数为 1；第 2 行为$(x+y)^1$，系数为 1，1；第 3 行为$(x+y)^2$，展开式为$x^2+2xy+y^2$，系数为 1，2，1…

（4）设计一个记忆力测试程序，程序运行过程中出现的界面如图 18～图 23 所示。程序启动后，用户单击图 18 中的“设置级别”按钮，出现图 19 所示的对话框，用户输入选择的级别后，单击“确定”按钮。再单击图 20 所示的“开始”按钮，窗体上显示出图 21 所示的 10 个数字。在指定的时间过后，数字自动消失，出现图 22 所示的对话框，询问“刚才第？个数是几？”。用户回答后，单击“确定”按钮，窗体上显示出图 23 所示的评判。

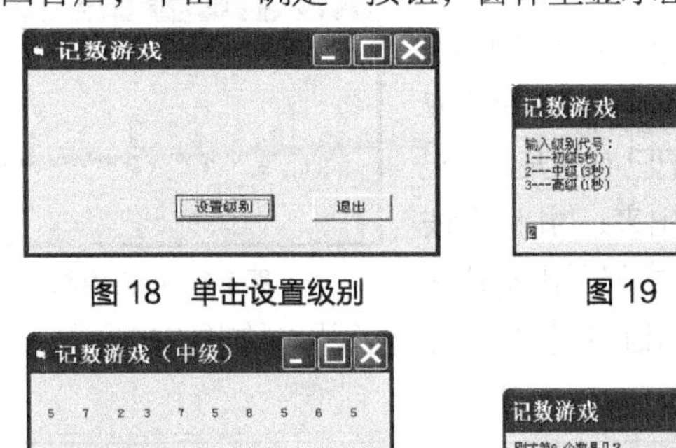

图 18　单击设置级别

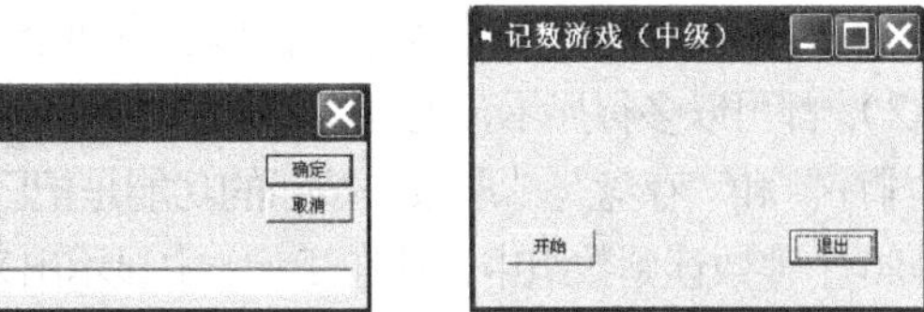

图 19　输入级别

图 20　单击开始

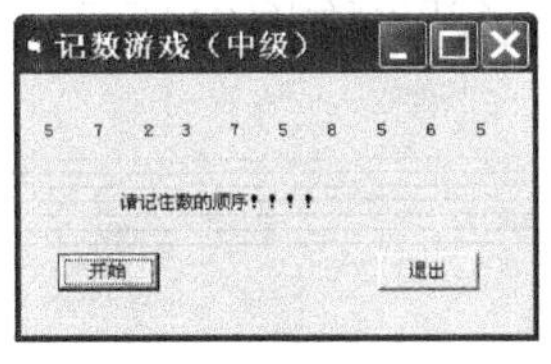

图 21　记数

图 22　输入答案

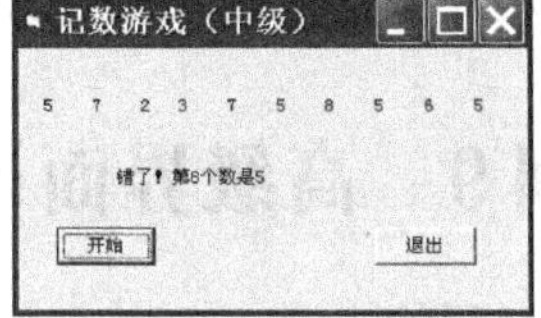

图 23　评判

实训 7　过程

1．目的

（1）掌握自定义函数过程和子过程的定义和调用方法。

（2）掌握值传递和地址传递的传递方式。

（3）掌握变量、函数和过程的作用域。

2．内容

（1）编写已知三角形的三条边，计算三角形面积的过程（函数过程和子过程）。

（2）编写求两个正整数的最小公倍数的过程。

求最小公倍数可按下面步骤进行。

① 用一个变量（假设为 k）记下两个数中较大的数。

② 判断 k 能否被两个数中较小的数整除。若能整除，则 k 即为所求；否则转步骤③；

③ 将较大的数累加到 k 中，转步骤②。

（3）定义一个大小为 100 的数组，编写 3 个过程，并调用它们，完成如下功能：用随机函数给数组中的所有元素赋值；将所有数组元素按由小到大的顺序排序；将所有数组元素 10 个一行输出。

实训 8　文件

1．目的

（1）掌握顺序文件、随机文件的概念。

（2）掌握顺序文件、随机文件的打开、读写和关闭。

2．内容

（1）通过键盘输入若干学生的数据，并将数据保存到顺序文件 stus.txt 中。数据项包括学号、姓名、性别、数学、外语和计算机成绩。

（2）从 stus.txt 中读取数据，将其中平均成绩不及格的学生的数据存入一个新的文件 nos.txt 中。

（3）编写应用程序，功能如下。

① 建立一个随机文件，存放 10 个学生的数据（学号、姓名和成绩）。

② 可以按姓名查找，并显示找到的记录信息。

（4）编写应用程序，要求如下：窗体上有两个文本框（Text1 和 Text2），都可以多行显示，还有 3 个命令按钮，标题分别是“取数”、“排序”和“存盘”。“取数”按钮的功能是把已有的某.dat 文件中的 20 个整数读到数组中，并在 Text1 中显示出来；“排序”按钮的功能是对这 20 个整数按升序排列，并在 Text2 中显示出来；“存盘”按钮的功能是把排好序的 20 个整数存到某个.dat 文件中。程序运行界面如图 24 所示。

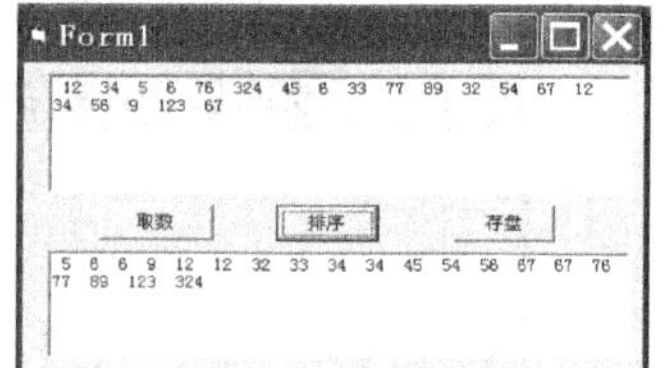

图 24　运行界面

实训 9　高级界面设计

1．目的

（1）掌握下拉菜单和弹出式菜单的设计方法。

（2）掌握通用对话框的常用属性、事件和方法。

（3）熟练掌握有关窗体的属性、事件和方法。

（4）掌握文件系统控件的常用属性、事件和方法。

（5）掌握上述控件的基本编程方法。

2．内容

（1）在 Form1 窗体上画一个名称为 Text1 的文本框，然后建立一个主菜单，标题为“操作”，名称为 op，该菜单有两个子菜单，其标题分别为“显示”和“退出”，其名称分别为 Dis 和 Exit，编写适当的事件过程，程序运行后，如果选择“操作”→“显示”菜单命令，则在文本框中显示“红玫瑰白玫瑰”；如果选择“退出”命令，则程序结束运行。程序运行界面如图 25 所示。

（2）按图 26 所示设计菜单及应用程序界面，并编程实现如下功能：用户输入一个十进制数后，能够通过菜单项的选择，将该数转换为八进制数或十六进制数，转换后的数制及注释文字分别显示在右侧的标签及文本框中。

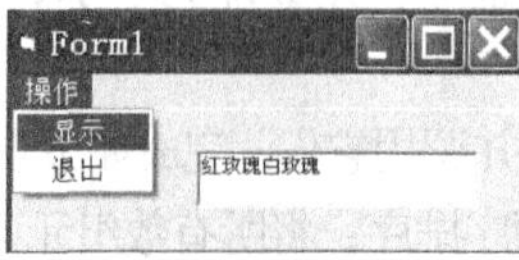

图 25　运行界面

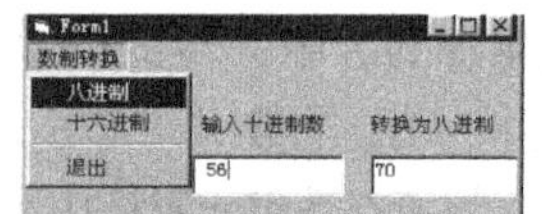

图 26　数制转换

十进制转换为八进制的函数为 Oct(*N*)，转换为十六进制的函数为 Hex(*N*)。

（3）设计一个“图片浏览”应用程序，设计界面如图 27 所示。程序运行后，单击“图片浏览”按钮时，弹出打开文件对话框，选择一个 BMP 文件后，该图片即显示在图形框中。

（4）设计一个应用程序，运行界面如图 28 所示。当用户单击工具栏中的某个按钮时，系统可对两个文本框中的操作数做相应的算术运算，并将结果显示在“计算结果”文本框中。

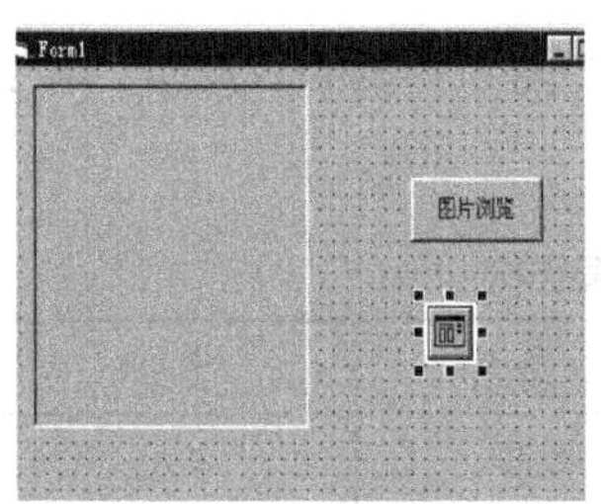

图 27　图片浏览

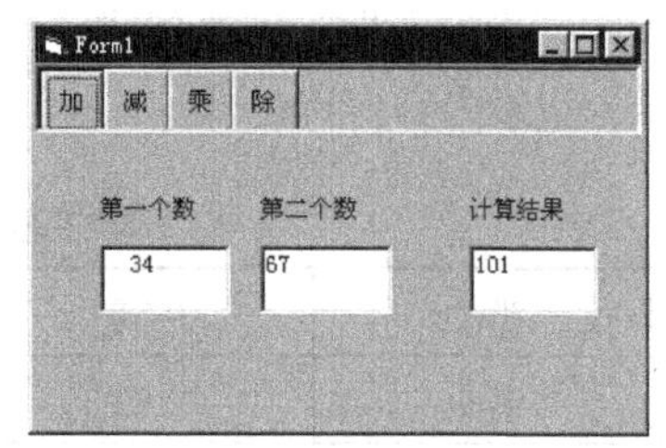

图 28　运行界面

（5）在名称为 Form1 的窗体上放置一个名称为 Drive 的 DriveListBox 控件，一个名称为 Dir 的 DirListBox 控件和一个名称为 File1 的 FileListBox 控件，如图 29 所示。程序运行时，可以对系统中的文件进行浏览，当双击 File1 中的文件名时，用 MsgBox 显示文件名（不显示路径名），如图 30 所示。

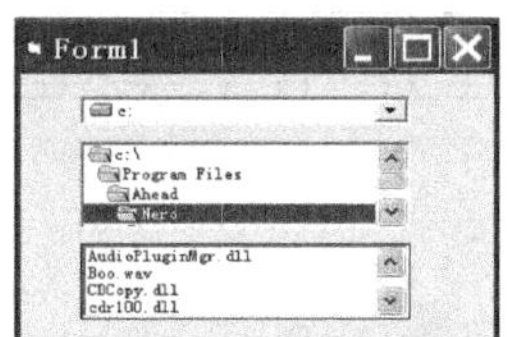

图 29　在 Form1 上放置控件

图 30　用 MsgBox 显示文件名

实训 10　图形操作

1．目的

（1）理解 VB 的图形功能。

（2）掌握 VB 的图形控件和图形方法。

（3）掌握建立坐标系的方法。

（4）掌握几何图形的绘制。

2．内容

（1）创建一个工程，使用形状控件绘制各种不同的图形，修改控件的有关属性，观察图形的变化情况。

（2）使用 Pset 方法在窗体上画 100 个大小不同的随机点，点的颜色也随机变化。

（3）用画圆的方法画太极图，如图 31 所示。

图 31　太极图

（4）绘制余弦曲线。

实训 11　数据库编程

1．目的

（1）理解数据库的基本概念。

（2）掌握数据库的创建及修改方法。

（3）掌握对数据库访问的方法。

2．内容

（1）利用 VB 提供的数据管理器创建一个有关学生基本情况的数据库。学生基本情况表的结构如表 1 所示，记录内容自行设计。

表 1　　学生基本情况表结构

字段名	类型	宽度	字段名	类型	宽度
学号	Text	6	专业	Text	10
姓名	Text	10	出生年月	Date	8
性别	Text	2	照片	Binary	

（2）利用 ADO 控件编写学生档案管理程序（数据表为上题建立的学生基本情况表）。要求程序具有增加、删除和修改记录的功能。

实训 12　多媒体程序设计

1．目的

（1）熟悉多媒体设备的控制方法。

（2）通过 MMControl 控件的使用，了解 MCI 命令的含义及发送方法。

（3）学习多媒体编程技巧。

2．内容

（1）参照例 13.1，使用多媒体控件编制一个可以播放 CD 盘上音频文件的程序。

（2）调试例 13.2。

实训 13　ActiveX 控件

1．目的

（1）掌握 ActiveX 控件的概念。

（2）掌握简单 ActiveX 控件的制作、测试及使用。

2．内容

（1）制作一个 ActiveX 控件，它可以用来显示当前的日期、星期和时间。

（2）在 VB 程序中使用（1）中制作的 ActiveX 控件。